中外

饮食文化

Chinese and Foreign Diet Culture

修订版

主　编◎隗静秋
副主编◎隗　玮
　　　　董　强
　　　　王　标

经济管理出版社
ECONOMY & MANAGEMENT PUBLISHING HOUSE

图书在版编目（CIP）数据

中外饮食文化/隗静秋主编. —修订版. —北京：经济管理出版社，2015.4（2024.1 重印）
ISBN 978 - 7 - 5096 - 3634 - 3

Ⅰ. ①中… Ⅱ. ①隗… Ⅲ. ①饮食—文化—世界 Ⅳ. ①TS971

中国版本图书馆 CIP 数据核字（2015）第 039471 号

组稿编辑：何　蒂
责任编辑：何　蒂　杜　菲
责任印制：司东翔
责任校对：赵天宇

出版发行：经济管理出版社
　　　　　（北京市海淀区北蜂窝 8 号中雅大厦 A 座 11 层　100038）
网　　　址：www. E - mp. com. cn
电　　　话：（010）51915602
印　　　刷：北京虎彩文化传播有限公司
经　　　销：新华书店
开　　　本：720mm×1000mm/16
印　　　张：16
字　　　数：288 千字
版　　　次：2015 年 7 月第 1 版　　2024 年 1 月第 11 次印刷
书　　　号：ISBN 978 - 7 - 5096 - 3634 - 3
定　　　价：39.00 元

目录

第一章 | 绪 论

第一节 饮食文化的概念

一、文化

◎ 1. "文化"一词在中国的演变发展

"文化"是我们耳熟能详的一个词汇，同时，它在中国语言系统中也是古已有之的词语，但是，它的含义与今天我们所理解的有所不同。"文"的本义是指各色交错的纹理。《易·系辞下》中有"物相杂，故曰文"。这应当是对"文"做出的最早的解释。《礼记·乐记》载"五色成文而不乱"。《说文解字》曰："文，错画也，象交叉。"均指此义。后来，"文"在此基础上又有若干引申义。一为包括语言文字在内的各种象征符号，后引申为诗词曲赋。如《尚书·序》记载伏羲画八卦，造书契，"由是文籍生焉"。二为文物、典籍以及礼乐制度。如《论语·子罕》所载"文王既没，文不在兹乎"。三为由纹理的本义引申出彩画、装饰、人为修养之义，与"质"、"实"对称，因此《尚书·舜典》疏曰"经纬天地曰文"，《论语·雍也》称"质胜文则野，文胜质则史，文质彬彬，然后君子"。四为在礼乐制度和修养的基础上引申出美、善、德行之义，这便是《礼记·乐记》所说的"礼减而进，以进为文"，郑玄注"文犹美也，善也"。

"化"，本指变化、生成、造化，主要是事物形态或性质的变化。如《庄子·逍遥游》载"化而为鸟，其名曰鹏"，化指变化；《易·系辞下》载"男女构精，万物化生"，化指生成等。后来，"化"在此基础上又引申出风俗、教化等含义。

"文"与"化"并联使用，较早见于战国末年儒生所辑的《易·贲卦·象传》："刚柔交错，天文也。文明以止，人文也。观乎天文，以察时变；观乎人文，以化成天下。"日月往来交错文饰于天，即"天文"，亦即天道——自然规律。"人文"，指人伦——社会规律，即社会生活中人与人之间纵横交织的关系，如君臣、父子、夫妇等构成复杂网络。这段话的含义是：治国者须观察天文，以明了时序之变化，又须观察人文，使天下之人均能遵从文明礼仪，行当所行，止当所止。这段文字中"文"与"化"虽然是分开使用，但是"人文"与"化成天下"紧密相连，"以文教化"的思想开始变得明朗。

西汉后，"文"与"化"方合成一个整词，但意义与今天人们常说的"文化"一词有所不同。如《说苑·指武》中"圣人之治天下也，先文德而后武力。凡武之兴，为不服也。文化不改，然后加诛"。这里的"文化"，指的是文治和教化。到了近代（"五四"前后），在译介 Culture 一词时，"文化"一词才被赋予新意，也就是我们今天通常所理解的意义，即物质领域和精神领域的总和。

◎ 2. 西方对"文化"内涵的诠释

西方论述"文化"要比中国晚，但是却比中国古代文献中的论述要更加宽泛。西方语言中的 Culture 在《通用词典》中被定义为"人类为使土地肥沃，种植树木和栽培植物所采取的耕耘和改良措施"，并注有"耕种土地是人类所从事的一切活动中最诚实、最纯洁的劳动"。看来，当时西方人观念里的"文化"，只是表示人类某种活动的形式。

从字源上看，英文和法文中"文化"一词均为 Culture，德文则是 Kulture，原是从拉丁文的 Cultura 演化而来。Cultura 原形为动词，本意是耕种。十六七世纪逐渐引申为对树木禾苗的培育，进而表示对人类知识、情操、心灵的化育。现今英文中"农业"（Agriculture）、"蚕丝业"（Silk Culture）、"体育"（Physical Culture），显然都包含了文化的含义在内。很显然，西方对于"文化"的内涵的理解从最初的物质，已然上升到了精神层面。

◎ 3. "文化"的概念在现代的发展

文化是一个非常宽泛的概念，自 20 世纪初以来，不少哲学家、社会学家、人类学家、历史学家和语言学家一直努力，试图从各自学科的角度来界定文化的概念。然而，迄今为止仍没有获得公认的、令人满意的定义。据统计，有关"文化"的各种不同的定义至少有 200 多种。但是随着时间的流变和空间的转换，现在人们对于"文化"的概念基本已经形成了以下共识：

凡是超越本能的、人类有意识地作用于自然界和社会的一切活动及其结

果，都属于文化；或者说，"自然的人化"即是文化。

广义的"文化"指人类改造自然、适应自然、融入自然的过程所创造的一切物质产品和精神产品的总和，着眼于人类与一般动物、人类社会与自然界的本质区别，其涵盖面非常广泛，所以又称作"大文化"。关于"大文化"的结构与分类，有两分法，即物质文化与精神文化；有三分法，即物质、制度和精神；有四分法，即物质、制度、风俗习惯、思想价值。另外，还有六分法，即物质、社会关系、精神、艺术、语言符号、风俗习惯。

这里，着重介绍张岱年、方克立提出的四分法，即物态文化层、制度文化层、行为文化层及意识文化层。物态文化层约相当于物质文化，表现为物体形态，故称物态文化，它是人的物质生产活动及其产品的总和，属实体文化，如服饰文化、饮食文化、建筑艺术文化均属物态文化层。制度文化层指各种社会规范，它规定人们必须遵循的制度，反映出一系列的处理人与人相互关系的准则，如家族制度、婚姻制度、官吏制度、经济制度、政治法律制度、伦理道德等。行为文化层多指人际关系中约定俗成的礼仪、民俗、风俗，即行为模式。这是一类以民俗民风形态出现，见之于日常起居动作之中，具有鲜明、民族、地域特色的行为模式。行为文化有三个特征，一是集体约定俗成，并反复履行；二是形式类型化、模式化；三是时间上一代传一代。心态文化层指价值观念、审美情趣、思维方式、心理活动等。这是文化的核心。

本书所研究的饮食文化，也主要是从这四方面来展开论述，并侧重制度、行为和意识文化层。

狭义的"文化"侧重指人类的精神创造活动及其结果，所以又被称作"小文化"。1871 年英国文学家泰勒提出文化"是包括知识、信仰、艺术、道德、法律、习俗和任何人作为一名社会成员而获得的能力和习惯在内的复杂整体"，是狭义"文化"早期的经典解说。在汉语言系统中，"文化"的本义是"以文教化"，也属于"小文化"范畴。《现代汉语词典》关于"文化"的释义，即"人类在社会历史发展过程中所创造的物质财富和精神财富的总和，特指精神财富"，当属狭义文化。一般而言，凡涉及精神创造领域的文化现象，均属狭义文化。

二、饮食文化的概念

◎ 1. 饮食的含义
"饮"的繁体"飲"属会意字，右边是人形，左上边是人伸着舌头，左下

边是酒坛（酉），像人伸舌头向酒坛饮酒。小篆演变为"飲"，隶书作"饮"，本义指喝。"食"本义指饭食，亦作动词"吃"使用。后常作为部首使用，《说文解字》称"凡食之属皆从食"。"饮食"一词最早大约出现于春秋战国时期。《礼记·礼运》谓"饮食男女，人之大欲焉。"

饮食有广义和狭义之分。广义的饮食，包括三个部分：一是饮食原料的加工生产，即制成产品的过程；二是成品即饮品、食品；三是对饮食品的消费，也就是吃喝。狭义的饮食，仅指消费饮食品的过程。

◎ **2. 饮食文化的概念**

从字面意思来看，"饮食"一词的基本含义非常简单，饮食也是最为我们熟悉的事情。但是看似平凡简单的事情，却蕴含着让人着迷的道理。为什么不同的地域有着不同的饮食习惯？为什么一边是"朱门酒肉臭"，一边是"路有冻死骨"？为什么中国人进食用筷子，西方人进食用刀叉，而印度、中东很多地方的人们进食则用手指？为什么中国人吃饭喜欢围桌聚餐、同盘而食，而西方人吃饭则分盘而食、人各一份？同一种动物或植物，为什么在一些地方被认为是珍馐佳肴，而在另外一些地方则被奉为神灵？这些问题与饮食文化都有着密切的关系。

那么，什么是饮食文化呢？

同文化一样，饮食文化也有广义和狭义之分。广义的饮食文化是指特定社会群体在食物原料开发利用、食品制作和饮食消费过程中的技术、科学、艺术以及以饮食为基础的习俗、传统、思想和哲学，即人们在食生产和食生活的过程中所创造的物质文化与非物质文化的总和。而狭义的饮食文化是指人类在饮食生活中创造的非物质文化，如饮食风俗、饮食思想、饮食行为等。

需要特别指出的是，狭义的饮食文化与广义的饮食文化有着不可分割的联系，二者是对立统一的。我们在研究饮食风俗、饮食思想、饮食传统时，不能忽略物质层面的基础和决定作用。任何一种食物，不管形状如何美观、气味如何芳香、色泽如何诱人，都必须建立在满足食欲的基础上。另外，从饮食文化史来看，不同的饮食原料，不同的加工过程，最终形成了不同的饮食风俗和饮食思想。

◎ **3. 饮食文化的内容**

在一个特定的社会群体中，如国家、民族、村庄、家庭等，人们的饮食行为在特定的自然和社会环境的影响下，形成了种种属于本群体的特色，反过来，这些特色也就成了特定群体的文化标识。如果要以一个特定的社会群体作为人类文化的研究对象时，其饮食文化自然而然成为文化研究的基本内容

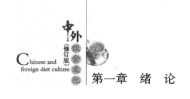

之一。

饮食文化内容宽泛，可以从地域、民族、宗教、国家、阶层等各个角度进行分类。从内部结构上进行划分，饮食文化可分为饮食物质文化、饮食制度文化、饮食行为文化和饮食心理文化。

（1）饮食物质文化：指人类在饮食过程中所涉及的一切物质性东西，包括烹饪原料、饮食厨具和餐具、食物等。

（2）饮食制度文化：指与人类饮食密切相关的各种制度，如各种宴会制度、分餐制度、合餐制度、宾主进食制度等。

（3）饮食行为文化：指人们在开发与生产、种植食物原料，加工制作食品，消费各种食物过程中的各种行为，以及在这一过程中与人类饮食相关的约定俗成的礼仪、民俗、风俗，如中国汉族人在元宵节吃汤圆、端午节吃粽子、生育食俗、宗教食俗等。

（4）饮食心理文化：指人类在饮食中产生、发展和形成的价值观念、审美情趣、思维方式、心理活动等。如中国人往往以"好吃不好吃"作为菜肴优劣的评判标准，而西方人往往以是否有营养作为食物好坏的标准。另外，中国人认为天人合一，讲究和谐统一，反映在饮食上就是注重调和；西方人突出个人，注重个体特色，反映在饮食上就是保持和突出各种饮食原料的个性。

第二节 饮食文化的特征与功能

一、饮食文化的基本特征

◎ 1. 生存性

"民以食为天。"饮食是人类生存和发展的根本条件。西方观点则认为："世界上没有生命则没有一切，而所有的生命都需要食物。"人类饮食的历史其实就是人类适应自然、征服与改造自然以求得自身生存和发展的历史。

◎ 2. 传承性

不同地区、不同国家和不同民族由于区位文化的稳定发展以及长期内循环下的世代相传，使得区域内的饮食文化传承得以保持原貌。食物原料及其生产、加工；基本食品的种类、烹制方法、饮食习惯与风俗，几乎都是这样世代

相传重复存在，甚至同一区域内食品的生产者与消费者的心理和观念也是基于这一基础产生的。

◎ **3. 地域性**

地理环境是人类生存活动的客观基础。人类为了生存下去，不得不努力利用客观条件改变自己所处的环境，以便最大效能地获取必需的生活资料。不同地域的人们因为获取生活资料的方式、难易程度及气候因素等的不同，自然会产生并累积不同的饮食习俗，最终形成悬殊多姿的饮食文化。这就是所谓的"一方水土养育一方人"。相关研究认为，早在距今 10000～4000 年前的时间里，中国便形成了以粟、菽、麦等"五谷"为主要食物原料的黄河流域饮食文化区、以稻为代表主食原料的长江流域饮食文化区、以肉酪为主要食料的中北草原地带饮食文化区三大饮食文化不同风格的区域类型。又经过约 4000 年之久的演变，至 19 世纪末，在今天的中国版图内，出现了东北、中北、京津、黄河下游、黄河中游、西北、长江下游、长江中游、西南、青藏高原、东南 11 个子属饮食文化区位。

◎ **4. 民族性**

不同的民族由于长期赖以生存的自然环境、经济生活、生产经营的内容、生产力水平与技术、宗教信仰等均存在差异，所以几乎每一个少数民族都有各自不同的饮食习俗和爱好，并最终形成了独具特色的饮食文化。其特性主要体现在传统食物的摄取、食物原料的烹制技法以及食品的风味特色上。它包括不同的饮食习惯、饮食礼仪和饮食禁忌等内容。如满族人最喜欢食用的是"福肉"（清水煮白肉），过年时主要吃饺子和"年饽饽"，冬季的美味是白肉酸菜火锅。赫哲族以狩猎为主，由于气候寒冷，故以鱼、兽为主要饮食，而最突出的则是将生鱼拌以佐料而食的"杀生鱼"。北方的蒙古族，由于地处沙漠和草原，他们的饮食以羊肉和各种奶制品为主，一般羊肉不加调味品，以原汁煮熟，手扒为主，宴客或喜庆的宴会，则以全羊席为最贵。维吾尔族日常饮食主要以牛乳、羊肉、奶皮、酥油、馕、水果、红茶为多。藏族人的饮食以牛、羊、马、骆驼、牦牛的肉和乳为主，并大量食用青稞、小麦以及少量的玉米、豌豆，平常饮食称之为糌粑、青稞酒。

◎ **5. 审美性**

审美性既是对千千万万食品具体的、生动形象的抽象逻辑性描述，同时又是随着社会进步、科技进步以及由此推动的价值观念、审美观念的发展而发展变化的历史发展性概念。随着人类饮食生活实践活动的不断拓展、不断深化而呈现出与时俱进的特征。某一新技术、新材料、新工艺、新需求的不断出现必

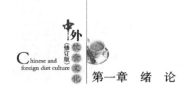

然在食品功能与形式的统一上开拓、发展饮食美的具体形态。火的发明与运用，使人类结束了茹毛饮血的蒙昧时代，从而进入炙烤熟食的文明时代，这就为饮食美的发展提供了最基础的条件。陶器的发明和使用，同样为人类食物的美化提供了物质条件。随之而来的是，调味品的不断被发现、人类烹饪技术和经验日臻完善、烹饪器具的日渐丰富、人类对食物质地的优劣、味道色泽等的认识也不断提升。在这个过程中，人类其实逐渐地将自身的审美意识融入饮食中。发展至今天，饮食文化的审美性得到了更好地拓展和延伸，人为的力量和成分越来越多，审美性的特征也就会脱离自然自发而进入有意识开发的阶段。

二、饮食文化的功能

综观人类文明发展史，人类自出现到现今的大多数时间都是为基本的"口腹之欲"而奔走，即使在物质生活达到空前高度的今天，世界上仍然有无数的人们挣扎在温饱线上。因此，饮食的首要功能乃是满足人类最基本的生理需要。当然，今天的饮食文化已经达到了相当高级、文明的阶段，除了满足人类最基本的生理需要，它还具有以下几种基本功能：

◎ **1. 生活实用功能**

生活实用功能主要表现在补充人体所必需的营养物质、预防与治疗某些疾病的发生、美容健体以及延缓人体衰老等各个方面。

饮食在进入人体以后，滋养人的脏腑、气血、经脉、四肢、肌肉乃至骨骼、皮毛、九窍等各个部位。当饮食入胃后，通过胃的消化吸收，脾的运化，然后输往全身。人体所需的营养物质，必须依靠饮食源源不断地予以补充。一个人一生中摄入的食物超过自己体重的 1000～1500 倍，这些食物中的营养素，几乎全部转化成人体的组织和能量，以满足生命运动的需要。一些常见的食物，如蔬菜补钙、紫菜补镁、猪肝补铜、牛肾补钼、鲜枣补维生素 C。

对症进食不仅可充分利用粮食、蔬菜的营养作用，还有较好的预防和治疗疾病的效果。如为了不让感冒病毒大规模地袭击人体，在感冒易发季节，就多吃一些大蒜，这是因为大蒜中含有丰富的抗病毒成分，会增强身体的免疫力；醉酒呕吐后最好喝些番茄汁，可以及时补充体内流失的钾、钙、钠等元素；喜欢运动的人最好多吃香蕉，因为运动时，身体中的很多矿物质会随汗液排出体外，主要是钾和钠两种元素，身体中钠的"库存"量相对较大，而且钠也比较容易从食物中得到补充，但钾元素在体内的含量比较少，因此运动后更要注意选择含有丰富钾元素的食品及时补充。

历代医家都主张"药补不如食补"，因为食物与人们的关系最为密切。如春季食补宜选用清淡温和且补益元气的食物。低脂肪、高维生素、高矿物质的食物，如新鲜蔬菜等对于因冬季过食膏粱厚味，近火重裘所致内热偏亢者，还可起到清热解毒、凉血明目等作用。

人们随着年龄的增长，身体中的肌肉会变少，脂肪开始增加，营养需求也必须随之改变。这时可以通过正确的膳食来控制身体变化，对抗新陈代谢减慢，以延缓人体衰老。

◎ **2. 社会整合功能**

饮食文化的社会整合功能主要表现在纪念功能、教化功能、文化传承功能、增进感情功能、创造价值功能。

饮食是人类最为基本的生活状态，自然容易与历史发生一定的关联。如中国的传统节日端午节，人们吃粽子纪念屈原。

中国饮食文化丰富多彩，博大精深，通过认识和了解中国饮食文化，可以增强民族自豪感和民族自信心。而且饮食文化中包含有很多礼仪方面的知识，传递和体现了一种"礼数"。

《礼记·礼运》有云："夫礼之初，始诸饮食。"古代人把黍米、切割成块的猪肉烤熟吃，用双手捧着小坑的积水喝，均为饮食礼仪的原始体现。到了春秋战国时期，"食不语，寝不言"，即吃饭时不交谈，睡觉时不说话；"虽疏食、菜羹、瓜祭，必齐如也"，吃糙米饭菜汤瓜果时也须先祭，并表现出斋戒般的恭敬；"席不正，不坐"，是说座席不端正就不坐；"乡人饮酒，长者出，斯出矣"，意思是说，同本地方的人一道饮食，要等老人都离席而去，自己才最后告退。中国饮食礼仪由来之久，在世界饮食文化史上也是独树一帜的。

人们可以通过饮食来交流感情，而在品尝不同口味菜肴的过程中，往往会赋诗作画，清谈低唱，在诗情画意的氛围中，人们的感情得到了增强。即使是普普通通的一顿家常便饭，一家人欢声笑语，其乐融融，同样也可以增进感情。

饮食文化的生活实用功能、纪念功能、教化功能、文化传承功能、增进感情功能，都表明它在创造价值。非但如此，饮食文化同样也在创造物质财富和精神财富。

◎ **3. 审美娱乐功能**

现代社会生活节奏加快、社会压力更加沉重，人们在注重饮食营养、健康的同时，追求饮食文化的精神娱乐性，从而获得物质和精神的双重享受。

人们善于从饮食文化中去发现美、创造美、欣赏美，无论是从饮食本身、

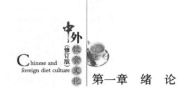

饮食器具还是饮食环境，对于美的发掘和欣赏总是贯穿整个饮食活动中。诗人李白喜饮酒作诗，"举杯邀明月，对影成三人"，品酒的同时"怡情悦性"。宋代文人苏东坡则在中秋之夜欢饮达旦，作《水调歌头》抒发思亲之情，从而铸就千古名篇。

第三节 中国饮食文化现状

历史的洪流滚滚向前，人类社会也是日新月异地飞速发展，现代中国的饮食文化在曾经灿烂辉煌的古代文化的基础上，在与世界交流的日益频繁的情况下具有了新的面貌。

◎ **1. 饮食生产工具与生产方式日趋现代化**

饮食生产工具的日趋现代化集中体现在能源和设备上。如今，城市里液化气、太阳能、电能等能源已经取代木柴、煤。从生产设备上来说，电饭煲、微波炉、电烤箱等设备越来越多地融入了人们的日常生活中，从而使人们的饮食制作过程变得省时省力。

饮食生产方式的现代化表现在两个方面：一是餐饮业中越来越多地出现以机械代替手工操作的劳动，如绞肉机代替厨师的手工切割、制茸；饺子机也可以避免手包饺子的烦琐，这些都减轻了手工烹饪繁重的劳动。二是食品工业兴起，火腿、罐头、香肠、面条、包子、饺子等传统手工生产的食品进入食品工厂进行流水线作业，使得大批量的食品生产更加规范和标准。

◎ **2. 烹饪原料日益丰富，生产技术日臻完善**

随着改革开放的日益深入，我国从国外引进了许多优质的饮食原料，科学技术的不断进步也使得这些饮食原料大为丰富。渔业机械化带动了捕捞技术的发展；养殖业的发展促进了海产品生产量的大大增加。烹饪原料的丰富为烹饪技术的创新提供了物质基础。

◎ **3. 饮食文化交流逐渐频繁，饮食市场空前繁荣**

现代社会中日益发达的交通、迅猛增长的人口流动量、迅捷的信息传播、日益频繁的民族、地区和国家的交流，都潜在地促成了烹饪技术的大大提高。中国不仅在国内进行了各种类型的交流活动，如各种食品制造技术的交流等，而且引进国外先进的技术和设备，相互学习，共同提高，促进饮食文化的飞速发展。

随着中国与世界各国的交流逐渐深入，旅游业兴旺起来并迅猛发展，各种高档酒店、餐饮店陆续开张。饮食文化作为了解和领悟一个国家文化的重要一环，饮食市场也空前繁荣起来。

◎ **4. 理论研究不断深入，科学饮食日益讲究**

中国古代由于历史的因素，饮食文化的研究无论是从深度还是从广度上，从研究者到研究对象上都受到相当程度的限制。新中国成立后，国家采取了一系列措施培养该行业的人才，如兴办学校、创办刊物、出版相关领域书籍等。更令人可喜的是，自改革开放以来，国际饮食文化的交流活动不断进行，研究者队伍持续壮大，研究水平得到了不断提高，研究范围也变得空前广阔，成果不断涌现。

在如此发达的时代里，人们对于饮食的要求也越来越高，而且更加注意饮食的科学性和美感相结合，既要吃得健康，又要具有充分的娱乐性。

知识链接　　☞【中国饮食文化的影响】

如今，世界各地都或多或少受到中国饮食文化的影响。那么，中国的烹饪原料、烹饪技法、传统食品、食风食俗等又是如何传播到世界各地去的呢？

早在秦汉时期，中国就开始了饮食文化的对外传播。据史书记载，西汉时张骞出使西域通过丝绸之路同中亚各国开展了经济和文化的多种交流。张骞等人从西域引进了胡瓜、胡桃、胡荽、胡麻、胡萝卜、石榴等物产外，同时也把中原的桃、李、杏、茶叶等物产传到了西域。今天在原西域地区的汉墓出土文物中，就有来自中原的木筷。

西南丝绸之路较西北丝绸之路还要早，北起西南重镇成都，途经云南到达中南半岛缅甸和印度。东汉建武年间，汉光武帝刘秀派伏波将军马援南征，到达交趾（今越南）一带。当时，部分汉朝官兵在当地筑城居住。至今，越南等东南亚国家仍然保留着端午节吃粽子的习俗。

我国的饮食文化对朝鲜的影响颇深。据《汉书》记载，秦代时"燕、齐、赵民避地朝鲜数万口"。汉代的时候，中国人卫满曾一度在朝鲜称王，此时中国的饮食文化对朝鲜的影响最深。朝鲜人的饮食习惯都明显地带有中国的特色，在烹饪理论上，朝鲜也讲究中国的"五味"、"五色"等说法。

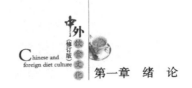

受中国饮食文化影响最大的国家是日本。公元8世纪中叶，唐朝高僧鉴真东渡日本，带去了大量中国食品，如干薄饼、干蒸饼等糕点，还有制造糕点的工具和技术。日本人称这些中国点心为果子，并依样仿造。当时在日本市场上能够买到的唐果子就有20多种。端午节吃粽子的习俗引入日本后，日本人根据自己的饮食习惯作了一些改进，并发展出若干品种，如道喜粽、饴粽、葛粽等。此外，日本还从中国传入了面条、馒头、饺子、馄饨等。日本人吃饭时使用筷子就是受中国的影响。日本人调味时使用的酱油、醋、豆豉以及经常食用的豆腐、酸饭团、梅干、清酒等，都来源于中国。饶有趣味的是，日本人称豆酱为唐酱、蚕豆为唐豇、辣椒为唐辛子、萝卜为唐物、花生为南京豆等。为了纪念传播中国饮食文化的日本人，日本还将一些引进的中国食品以传播者的名字命名。如明朝万历年间，日本僧人泽庵学习中国烹饪技艺，用萝卜拌上盐和米糠进行腌渍，便将其称之为泽庵渍；清朝顺治年间，另一位僧人隐元从中国传入菜豆，日本人便称之为隐元豆。

中国饮食文化的传播除了通过西北和西南两条丝绸之路外，还有一条海上丝绸之路，它扩大了中国饮食文化在世界上的影响。

泰国地处海上丝绸之路的要冲，加上和我国有着便利的陆上交通，因此两国交往甚多。泰国人自唐代以来便和中国的汉族交往频繁，19世纪，我国广东、福建、云南等地的居民大批移居东南亚，其中不少人在泰国定居。泰国人的米食、挂面、豆豉、干肉、腊肠以及就餐用的羹匙等，都和中国有许多共同之处。中国陶瓷传入泰国之前，当地人多以植物叶子作为餐具。瓷器的传入使当地居民的生活习俗大为改观。同时，中国移民还把制糖、制茶、豆制品加工等生产技术带到了泰国，促进了当地饮食产业的发展。

此外，中国饮食文化对缅甸、老挝、柬埔寨等国的影响也很大，其中对缅甸的影响较为突出。公元14世纪初，元朝军队深入缅甸，驻防达20年之久。同时，许多中国商人也旅居缅甸，给当地人生活的方方面面都带来很大的变革。由于这些中国商人多来自福建，所以缅语中与饮食文化有关的名词，不少是用福建方言来拼写的，像筷子、豆腐、荔枝等。

距离中国稍远的几个东南亚岛国，像菲律宾、马来西亚、印度尼西亚等，也不同程度地受到了中国饮食文化的影响。

菲律宾人从中国引进了白菜、菠菜、芹菜、花生、大豆、梨、柿、柑

桔、水蜜桃、香蕉、柠檬等蔬菜和水果，菲律宾人的日常饮食则离不开米粉、豆干、豆豉等，使用的炊具也是中国式的尖底锅和小煎平锅。菲律宾人特别爱吃粽子，他们不仅在端午节吃，平时还把粽子当成风味小吃。其造型依照中国古制，呈长条形，很有浙江嘉兴地区的风味。

马来西亚在饮食习惯上也受到了中国的影响。据考证，马来人的祖先主要是来自我国云南一带种植水稻的民族。马来人的大米从种植到收获，都相类于中国古代的祭祀活动和礼仪。马来菜的烹制方法和中国菜相似。

中国的饮食文化对印度尼西亚的影响历史悠久。历代来到当地的中国移民，向当地人提供了酿酒、制茶、制糖、榨油、水田养鱼等技术，并把中国的大豆、扁豆、绿豆、豆腐、豆芽、酱油、粉丝、米粉、面条等引入印度尼西亚，极大地丰富了当地人的饮食生活。

茶作为中国饮食文化的一项重要内容，对世界各国的影响最为深远。各国语言中的"茶"和"茶叶"这两个词的发音，都是从汉语演变而来的。中国的茶改变了许多外国人的饮食习俗，如日本人由于受到中国茶文化的影响而形成了独具特色的"茶道"。

思考题

1. 什么是饮食文化？
2. 饮食文化主要研究哪些内容？
3. 请举例阐述饮食文化的特征与功能。

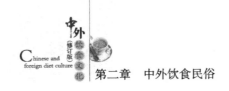

第二章

第二章　中外饮食民俗

一、民俗与饮食民俗

◎ 1. 民俗

民俗，又称风俗、习俗、民风、风俗习惯等。民俗是民间社会生活中传承文化事象的总称，是一个国家或地区、一个民族世代传袭的非制度性文化，是广大民众在长期的历史生活过程中所创造、享用并传承的物质生活与精神生活文化。

从民俗与人类社会的关系来看，民俗起源于人类社会群体生活的需要，在特定的民族、时代和地域中形成，并不断循环往复，沿袭、演变，服务于特定的民众的日常生活。民俗包括生产消费民俗、社会风情民俗、精神信仰民俗和文化游乐民俗。民俗是在一定自然条件和社会条件下形成的，受到经济、政治、宗教、民族、语言、地理等多种因素的影响。民俗虽然源于传统，但在当今社会中仍然发挥着巨大的作用。

◎ 2. 饮食民俗

饮食民俗是由一个国家、地区或民族中的广大民众在筛选食物原料、加工和烹制及食用食物的过程中约定俗成并传承不息的风俗习惯。饮食民俗大致包括物质系统、行为系统和观念系统三方面的内容。物质系统包括食物的来源、种类、食用方法；不同国家、不同地区、不同民族的饮食结构以及在不同时节的饮食组合。行为系统包括不同国家、不同地区、不同民族在不同时节、不同场合的饮食礼仪。观念系统包括不同国家、不同地区、不同民族与宗教信仰等有关的饮食禁忌。

饮食民俗具有强烈的民族和地方特色。中国食俗按照其功能一般分为日常食俗、年节食俗、礼仪食俗和宗教食俗等；若按民族的不同来区别，则可分为汉民族食俗、少数民族食俗等类别。

二、饮食民俗形成的原因

◎ 1. 经济因素

饮食民俗的产生与发展，既受到社会生产发展水平的制约，也受到农业、畜牧业、渔业等经济产业布局的制约。一个国家和地区处于什么样的时代，有什么样的物质生产基础，便会产生相应的膳食结构、肴馔风格和饮食风俗。像元谋猿人时代茹毛饮血、北京猿人时代火炙石燔、山顶洞人时代捕捞鱼虾、河姆渡人时代试种五谷，这些获取食物的方式反复层演、不断重复、代代相传，便形成了饮食风俗。而当今社会，流行的是电器炊具，再进行茹毛饮血或者火炙石燔，则与当今社会格格不入。再如鄂温克族猎熊、哈萨克族牧羊、高山族种芋头、土家族栽栗树，不同地区农业生产、畜牧业生产或渔业生产等经济活动的差异性，为各地饮食民俗的多样性提供了物质基础。

◎ 2. 政治因素

饮食民俗通常受到政治形势的支配，尤其是当权者的好恶和施政方针，往往会左右民间食俗风尚的兴衰。像唐王朝崇奉道教，视鲤鱼为神仙的坐骑，加上"李"为国姓，讲究避讳，故唐人多不食鲤鱼，唐代也极少见鲤鱼菜谱。又如元代对各少数民族和宗教采取宽容、利用的政策、重视边陲和内地经济文化的交流，所以"西天食品"、"维吾尔食品"、"西夏食品"、"蒙古食品"、"女真食品"、"高丽食品"得以介绍到中原。还有明代宫廷时兴用红木八仙桌宴赏群臣，清代王公以能吃到御赐的"福肉"为荣，上行下效，都蔚然成风。再如当今社会流行绿色食品、黑色食品、粗粮等，都与政策的引导有着密切的关联。

◎ 3. 自然因素

饮食民俗对自然环境有很强的选择性和适应性，地域和气温不同，食性自然不同。中国地大物博，疆域辽阔，各地的地形、气候、土壤、生物、水质等因素都有或多或少、或大或小的差异，从热带雨林到高山冻土、从内陆到海洋生长着各种不同生态环境下的动植物，品种之繁多，物产之丰富，是任何国家都无法比拟的。这样的自然环境为制作各种食品提供了丰富多样的原料。生活在天南海北的各民族、各地区的人们，根据不同的需要就地取材，制作出了具有各种民族风味和地方风味的食品。像西北迎宾多羊馔，东南待客重水鲜，壮族会做竹筒糯米饭；以及东淡、西浓、南甜、北咸口味嗜好的分野，春酸、夏苦、秋辣、冬咸季节调味的变化，均与"就地取食"、"因时制菜"的生存习

性相一致。这种饮食上的地区性差异，正是各种菜系或乡土菜种风味特征形成的主要外因。

再如中国八大菜系的形成也很好地说明了自然因素对食俗的影响。四川物产富饶，不仅禽兽蔬菜品种繁多，而且土特产也非常丰富。加之四川属于盆地地形，常年多雾，气重湿润，所以当地的人们喜好辛辣，习以为俗。广东地处亚热带，夏季时间长，冬季比较暖和，气温偏高，烹饪上故而逐渐形成了清淡、生脆、爽口的风味特色，当地的植物水果鲜蔬盛名久远。山东地处黄河下游，东部海岸漫长，盛产海鲜，故其菜肴以海味取胜。湖南大部分地区地势偏低，气温高而潮湿，所以湖南人和四川人一样喜欢吃辣椒，因为辣椒可以起到提热祛湿祛风之功效。而湘菜以辣味和熏腊为主也就很容易理解了。

可以说，如果我国各地的自然条件是相同的，那么，其饮食文化也就不可能如此丰富多彩。

◎ **4. 民族和宗教信仰因素**

"民俗是退化的宗教"，不少食俗是从原始信仰崇拜或现代人为宗教的某些仪式演变而来的。像蒙古族尚白，以白马奶为贵；高山族造船后举行"抛舟"盛典，宴请工匠和村民；布朗族逮着竹鼠必须戴花游寨后方可吃掉；水族供奉司雨的"霞神"完毕，大伙才能分享祭品；还有佛家弟子过"浴佛节"，穆斯林过"斋月"，广州商人正月请"春酒"，厨师八月十三朝拜"詹王"等食俗的出现，皆源于此。宗教教义和戒律对教徒的约束力极大，故而此类食俗一旦形成往往就很难变更。

不同的宗教信仰对饮食往往有不同的规定，有些规定甚至非常严格。佛教都是素食者，他们禁止杀生，不吃任何动物肉类，禁止饮酒；伊斯兰教对于饮食的规定比其他宗教规定得更详细，伊斯兰教徒严格禁止吃猪肉，连从事猪肉买卖都一律禁止，伊斯兰教还禁止饮酒，教徒认为，醉酒后祈祷到不了"真主"那里，伊斯兰教虽然不禁止吃马肉、驴肉和骡子肉，但是若有教徒食用，仍然会受到其他教徒的指责，他们也禁止吃无鳞的鱼。印度教认为牛是神圣的，因此绝对禁止食用牛肉但鼓励食用印度酥油（澄清的黄油）和牛奶，严格的印度教徒禁止杀生，不吃任何动物肉类，不吃洋葱、大蒜、蘑菇及其他带血色的蔬菜，如西红柿等，在斋戒日完全禁食，但椰子则被规定为神圣的吉祥果，每逢喜事或新企业开张时，必定要打开一个椰子以预示事业获得成功。

◎ **5. 语言文字因素**

语言既是人们交流思想感情的工具，又是食俗世代传承的工具，同时语言本身也是民俗事象之一。像刀工、涨发、焯水、走油、火候、调味、端托、折

花这类烹饪术语的问世；餐旅业中常见的店名、菜名、席名、台名、楹联、字幌、厨谚和歇后语的流行以及某些食品的传闻掌故、某些地区的饮馔歌谣、某些菜种的方言土语、某些名师的雅号美称之类，无不具有这种属性。而且不少涉馔语言被各阶层采用后，就变成全社会习用的普通词汇。随着这类词汇的广泛传播，它所体现的食俗也就逐步地深入人心了。

第一节　中国饮食民俗

饮食民俗的外延宽泛，涵盖面极大，几乎涉及人类饮食生活的全部领域，并且影响农业开发、手工业生产、商业贸易、城镇建设、工艺美术、中医食疗、文学艺术、娱乐杂兴、人际交往、伦理道德、社会风气、宗教信仰以及民族关系等方面。为了便于学习和研究，我们将中国饮食民俗分为居家日常食俗、传统年节食俗、人生礼仪食俗、宗教信仰食俗以及少数民族食俗。

一、居家日常食俗

◎ 1. 餐制

餐制即每日吃饭的次数，是从生理需要出发，为恢复体力而形成的饮食习惯。

远古时期，人们的食物主要来自采集的自然蔬果和捕获的猎物，由于食物来源的不可控性和保存不便等原因，饮食时间并没有形成惯制。

人类进入农耕社会后，餐制开始形成。上古时期到汉代以前采用的是两餐制，到了汉代，三餐制的食俗开始确立。

在上古时期，人们采用的是两餐制。殷代甲骨文中有"大食"、"小食"之称，它们在卜辞中的具体意思分别是指一天中的朝、夕两餐，大致相当于现在的早、晚两餐。

《孟子·滕文公上》："贤者与民并耕而食，饔飧而治。"赵岐注："饔飧，熟食也。朝曰饔，夕曰飧。"古人把太阳行至东南方的时间称为隅中，朝食就在隅中之前。晚餐叫飧，一般在申时，即下午四时左右吃。古人的晚餐通常只是把朝食吃剩下的食物热一热吃掉。现在晋、冀、豫等省一些山区仍保留着一日两餐，晚餐吃剩饭而不另做的习惯。

这种两餐制的区别还体现在食量上。一般早餐吃得多些，而晚餐吃得少些。这与农业社会的生产方式有着重要关系。早餐后人们出发生产，要消耗体力，为了保证一天劳作所需要的能量，早餐必须多吃一些，而晚归后的晚餐过后，太阳很快西下，天色变暗，无法进行农业生产，所以可以少吃一些。餐制适应了"日出而作，日入而息"的生产作息制度。

生产的发展，影响到生活习惯的改变。至周代特别是东周时代，"列鼎而食"的贵族阶层，一般已采用了三餐制。《周礼膳夫》中有"王日一举……王齐（斋）日三举"的记载。据东汉郑玄解释，"举"是"杀牲盛馔"的意思。"王日一举"是说"一日食有三时，同食一举"，指一般情况下，周王每天吃早饭时要杀牲畜作为肴馔，但中、晚餐时不另外再杀，而是继续食用朝食后剩余的牲畜。"王斋日三举"意思是说，斋戒时不可吃剩余的牲畜，必须一日内三次杀牲，一日三餐每次都食用新鲜的肴馔，这种做法当时称为"齐（斋）必变食"（《论语·乡党》）。斋戒时每日三次杀牲，正是以一日三餐的饮食习惯为基础的。

当然，这种一日三餐的食俗并不普及，普通民众依然是一日两餐。

汉唐时期是三餐制食俗确立与巩固的时期。

大约到了汉代，一日三餐的习惯渐渐为民间所采用。《论语·乡党》："不时，不食。"是说不到该吃饭的时候不吃。郑玄解释为："一日之中三时食，朝、夕、日中时。"郑玄是以汉代人们的饮食习惯来注解孔子这句话的，这说明汉代已初步形成了三餐制的饮食规律。那时第一顿饭为朝食，即早食，一般安排在天色微明以后。第二顿饭为昼食，即中午之食。第三顿饭为晡食，也称飧食，即晚餐，一般是在下午3～5时。

虽说一日三餐的餐制自汉代之后已在民间普遍实行，但有些地方还有随着季节不同和生产需要，而采用两餐制的，有些穷苦人家，也常年采用两餐制。在社会上层，特别是皇帝饮食并非如此，按照当时礼制规定，皇帝的饮食多为一日四餐。班固《白虎通义·礼乐》中说，天子"平旦食，少阳之始也；昼食，太阳之始也；晡食，少阴之始也；暮食，太阴之始也"。可见，饮食餐数的施行情况主要因饮食者身份地位的不同而存在着差异。总体上看，直至今日，一日三餐仍是人们日常的主流。

◎ **2. 食物结构**

汉民族是我国的主体民族，其传统食物结构是以植物性食料为主。主食是五谷，辅食是蔬果，外加少量的肉食。以畜牧业为主的一些少数民族则是以肉食为主食。

中外饮食文化

从新石器时代始，我国的黄河、长江流域即已进入农耕社会，人们的饮食以谷物为主。但因各地自然条件存在差异，谷的种类有所不同。我国存在以黄河流域与长江流域两种不同的主食类型，前者以粟为主，后者以稻为主。稻几乎是南方水田惟一可选取的主食作物，而在北方旱地则有粟、黍、麦、菽等作物可供选择。

战国以后，随着磨的推广应用，粉食逐渐盛行，麦的地位便脱颖而出。北方的小麦逐步取代了粟的地位，成为人们日常生活的主粮。而南方的稻米却历经数千年，其主粮地位一直未曾动摇。不仅如此，唐宋以来，水稻还源源不断地北调。中国历史上先后出现了"苏湖熟，天下足"，"湖广熟，天下足"的谚语，苏湖、湖广均为盛产水稻之地。这反映出水稻地位的重要。

明清时期，我国的人口增长很快，人均耕地急剧下降。从海外引入的番薯、玉米、马铃薯等作物，对我国食物结构的变化产生了一定的影响，并成为丘陵山区的重要粮食来源。

我国古代很早就形成了谷食多、肉食少的食物结构，这在平民百姓身上体现得更加明显。《孟子·梁惠王上》："鸡豚狗彘之畜，无失其时，七十者可以食肉矣。"人生七十古来稀，要到古稀之年才能吃上肉，可见吃肉之不易。长期以来，肉食在人们食物结构中所占的比例很小。而在所食的动物食物中，猪肉、禽类所占比重较大。在北方，牛羊奶酪占有重要地位；在湖泊较多的南方及沿海地区，水产品所占比重较高。直至今日，虽然我国食物结构有所调整，营养水平有较大提高，但仍保持着传统食物结构的基本特点。近年来，随着经济水平的提高，肉、禽、蛋、奶的比重已有明显增加。

◎ 3. 饮食特点

中国普通家庭的菜品多选用普通原料，制作朴实，不重奢华，以适合家庭成员口味为前提，家常味浓。各家既能兼取百家之长，又有各家的特色。历史上也有讲究吃喝的殷实之家，或达官显贵、名门望族，发展成熟的多成一家风格，如谭家菜、孔府菜等。

日常饮食，不受繁文缛节的束缚，气氛宽松自由。中国有尊老爱幼的传统美德，通常情况下，老少优先。某些特殊情况下，也有特殊照顾，如病人、孕妇，承担重要任务、为家庭赢来荣誉的成员均有优待。平日里若有客人到来，则要盛情款待。讲究主以客尊、客随主便、礼尚往来。习惯上遵从老敬烟、少倒茶、男斟酒、女上菜的原则。

日常饮食既是身体健康成长、人丁兴旺发达的保证，又是家庭和睦、亲情浓郁的体现，所以日常饮食多具有宽松自由的氛围，人情味浓厚，往往是在欢

声笑语中度过吃饭时的美好时光，这种浓郁的亲情不是山珍海味、佳肴珍馐所能代替的，即使是普普通通的一顿家常便饭，比正襟危坐的高档宴席要更有食欲，这也许就是日常饮食的魅力所在。

二、传统年节食俗

年节是有固定庆贺时间、有特定主题与活动方式、参与人数众多、世代承袭的社会活动日。其中，饮食作为中华民族传统节日文化的主体内容和重要组成部分，在传统节日中有着无可取代的地位。我国传统节日里，几乎每个节日都有相对应的饮食内容，从而形成了独特的年节饮食民俗。

◎ 1. 春节食俗

春节，传统名称为新年、大年、新岁，但口头上又称度岁、庆新岁、过年。古时春节曾专指节气中的立春，也被视为一年的开始，后来改为农历正月初一开始为新年，也叫"元旦"，"元"的本意为"头"，后引申为"开始"，因为这一天是一年的头一天、春季的头一天、正月的头一天，所以称为"三元"；因为这一天还是岁之朝、月之朝、日之朝，所以又称"三朝"；又因为它是第一个朔日，所以又称"元朔"。正月初一还有上日、正朝、三朔、三始等别称，意即正月初一是年、月、日三者的开始。

汉族的春节习俗一般以吃年糕、饺子、糍粑、汤圆、荷包蛋、大肉丸、全鱼、美酒、福橘、苹果、花生、瓜子、糖果、香茗及肴馔为主；并伴有掸扬尘、洗被褥、备年货、贴春联、贴年画、贴剪纸、贴福字、点蜡烛、点旺火、放鞭炮、守岁、给压岁钱、拜年、走亲戚、上祖坟、逛花市等众多活动。如年夜饭，尤为讲究：一是全家一定要团聚在一起，如果由于某种原因不能赶回团聚的人，必须为他留一个座位和一套餐具，体现团圆之意；二是饭食非常丰盛，重视"口彩"，把年糕叫"步步高"，把饺子叫"万万顺"，必不可少的一道菜是鱼，寓意"年年有余"，而且这条鱼只准看不准吃，名为"看余"，必须留待初一才能食用，北方无鱼的地区，多是刻条木头鱼替代；三是座次有序，多为祖辈居上，孙辈居中，父辈居下，不分男女老幼都要饮酒。吃饭时关门闭户，热闹尽兴而止。

除夕的家宴菜肴各地都有自己的特色。旧时北京、天津一般人家做大米干饭，炖猪肉、牛羊肉、炖鸡，再做几个炒菜。陕西家宴一般为四大盘、八大碗，四大盘为炒菜和凉菜，八大碗以烩菜、烧菜为主。安徽南部仅肉类菜肴就有红烧肉、虎皮肉、肉圆子、木须肉、粉蒸肉、炖肉及猪肝、猪心、猪肚制品

等。湖北东部地区为"三蒸"、"三糕"、"三丸"。"三蒸"为蒸全鱼、蒸全鸭、蒸全鸡;"三糕"是鱼糕、肉糕、羊糕;"三丸"是鱼丸、肉丸、藕丸。哈尔滨一带一般人家炒 8 个、10 个或 12 个、16 个菜不等,主料一般是鸡、鸭、鱼、肉和蔬菜。浙江有些地方一般为"十大碗",讨"十全十福"之彩,以鸡、鸭、鱼、肉及各种蔬菜为主。江西南昌地区一般十多道菜,讲究四冷、四热、八大菜、两个汤。

各地除夕家宴上都有一种或几种必备的菜,而这些菜往往附有吉祥的含义。如苏州一带,餐桌上必有青菜(安乐菜)、黄豆芽(如意菜)、芹菜(勤勤恳恳)。湖南中南地区必有一条 1 公斤左右的鲤鱼,称"团年鱼",必有一个 3 公斤左右的猪肘子,称"团年肘子"。安徽中南地区的餐桌上有两条鱼,一条完整的鲤鱼,只能看却不许吃,既敬祖又表示年年有余;另一条是鲢鱼,可以吃,象征连子连孙、人丁兴旺。

吃年夜饭,是春节家家户户最热闹愉快的时候。大年夜,丰盛的年菜摆满一桌,阖家团聚,围坐桌旁,共吃团圆饭,心头的充实感真是难以言喻。人们既是享受满桌的佳肴盛馔,也是享受那份快乐的气氛。年夜饭的名堂很多,南北各地不同,有饺子、馄饨、长面、元宵等,而且各有讲究。北方人过年习惯吃饺子,是取新旧交替"更岁交子"的意思。又因为白面饺子形状像银元宝,一盆盆端上桌象征着"新年大发财,元宝滚进来"之意。饺子寓意团圆,表示吉利和辞旧迎新。为了增加节日的气氛和乐趣,历代人们在饺子馅上下了许多功夫,人们在饺子里包上钱,谁吃到来年会发大财;在饺子里包上蜜糖,谁吃到意味着来年生活甜蜜;等等。

历史的长河流至今日,拜年已成了人们之间相互的问候和祝福,"互拜"也就成了拜年的核心。拜年一般有用年糕之俗。年糕作为一种节日美食,在我国具有悠久的历史,而且岁岁为人们带来新的希望。正如清末的一首诗中所云:"人心多好高,谐声制食品,义取年胜年,籍以祈岁谂。"汉朝人对米糕就有"稻饼"、"饵"、"糍"等多种称呼。年糕多用糯米磨粉制成,而糯米是江南的特产,在北方有糯米那样黏性的谷物,古来首推黏黍(俗称小黄米)。这种黍脱壳磨粉,加水蒸熟后,又黄、又黏而且还甜,是黄河流域人民庆丰收的美食。明崇祯年间刊刻的《帝京景物略》一文中记载当时的北京人每于"正月元旦,啖黍糕,曰年年糕"。不难看出,"年年糕"是北方的"黏黏糕"谐音而来。年糕的种类很多,具有代表性的有北方的白糕、塞北农家的黄米糕、江南水乡的水磨年糕、台湾的红龟糕等。年糕有南北风味之别。北方年糕有蒸、炸两种,均为甜味;南方年糕除蒸、炸外,尚有片炒和汤煮诸法,味道

甜咸皆有。

　　拜年人每到一家，家主人都要赠以瓜子、花生、暖糖等香甜货，统称"果子"，再穷的人家也要炒些黄豆粒应酬，这是新年的"彩头"。如果拜年人到了谁家没有彩头压压手，双方都不快，认为手里空空的会受穷。拜年中最光彩的彩头是"喝年酒"，又叫"揣元宝酒"。酒不论好坏，肴不论多少，拜年人到家磕头拜年后，坐下就喝酒，喝一杯酒就离开不挽留，坐下喝半天不动也不逐客。一些富人及亲朋之间，亦借年酒之名办酒席相互邀请，俗叫"聚聚"，也叫"喝春酒"。

　　正月初七是人日，亦称"人胜节"、"人庆节"、"人口日"、"人七日"等。传说女娲初创世，在造出了鸡、狗、猪、牛、马等动物后，于第七天造出了人，所以这一天是人类的生日。汉朝开始有人日节俗，魏晋后开始重视。唐代之后，更重视这个节日。每至人日，皇帝赐群臣彩缕人胜，又登高大宴群臣。民间此日要吃春饼卷"盒子菜"（一种熟肉食品），并在庭院摊煎饼"熏天"。此外，有的地方会吃七宝羹——用7种菜做成的羹，据说此物可以除去邪气、医治百病。各地物产不同，所用果菜不同，取意也有差别。广东潮汕用芥菜、芥蓝、韭菜、春菜、芹菜、蒜、厚瓣菜；客家人用芹菜、蒜、葱、芫荽、韭菜加鱼、肉等；台湾、福建用菠菜、芹菜、葱蒜、韭菜、芥菜、荠菜、白菜等。其中芹菜和葱兆聪明，蒜兆精于算计，芥菜令人长寿，如此种种。

　　◎ 2. 元宵节食俗

　　元宵节，又称"上元节"，是我国传统节日。正月是农历的元月，古人称其为"宵"，而十五日又是一年中第一个月圆之夜，所以称正月十五为元宵节。又称小正月、元夕或灯节，是春节之后的第一个重要节日。

　　元宵节食俗的形成有一个较长的过程，据一般的资料与民俗传说，正月十五在西汉已经受到重视。汉文帝登基后，把平定"诸吕之乱"的正月十五，定为与民同乐日，都城里到处张灯结彩，以示庆祝，正月十五便成了一个普天同庆的民间节日——"闹元宵"。汉武帝正月上辛夜在甘泉宫祭祀"太一"（主宰世界一切的神）活动，被后人视作正月十五祭祀天神的先声。不过，正月十五真正作为民俗节日是在汉魏之后。东汉佛教文化的传入，对于元宵节风俗的形成有着重要的推动意义。也有说法认为元宵节起源于"火把节"，汉代民众在乡间田野持火把驱赶虫兽，希望减轻虫害，祈祷获得好收成。直到今天，中国西南一些地区的人们还在正月十五用芦柴或树枝做成火把，成群结队高举火把在田头或晒谷场跳舞。另有一说是元宵燃灯的习俗起源于道教的"三元说"，正月十五日为上元节，七月十五日为中元节，十月十五日为下元

节，主管上、中、下三元的分别为天、地、人三官，天官喜乐，故上元节要燃灯。

元宵节的应节食品，在南北朝是浇上肉汁的米粥或豆粥，但这项食品主要用来祭祀，还谈不上是节日食品。

元宵节的食品出现于唐宋时的有油锤。一般认为，唐朝还没有元宵，当时元宵节的食物是"焦堆"和"面蚕"。所谓"焦堆"，一说为蒸饼，一说为"煎堆"，即麻团，制作方法近似现代的元宵，只是用油煎而不是用水煮，体量也比今天的元宵略大。唐代诗人王梵志称"贪他油煎堆，爱若菠萝蜜"，可见唐代"焦堆"已有糖馅，之所以用油煎法，因炸制脱水后能长期保存，可以做祭祖的供品，此外还可当作礼品互赠。"焦堆"另一个叫法是"油锤"。"上元节食焦锤最盛且久。"据宋代的《太平广记》记载：油热后从银盒中取出锤子馅，用物在和好的软面中团之，将团得锤子放到锅中煮熟。用银笊捞出，放到新打的井水中浸透。再将油锤子投入油锅中，炸三五沸取出。吃起来"其味脆美，不可言状"。唐宋时的油锤就是后世所言的炸元宵。油锤经过1000多年的发展，其制法与品种已颇具地方特色，仅广东一省，便有番禺的"通心煎堆"、东莞的"碌堆"、湛江的"煎堆"等，真可谓唐宋食风今犹在。面蚕为何物，众说纷纭，一般认为是人日（农历正月初七）做的一种馍花，以面做成蚕形，蒸制而成，可以用来食用、祭祀，以求新的一年多产丝绸，唐代"钱帛兼行"，丝绸具有货币的部分功能，所以人们对蚕特别重视。

宋代民间即流行一种元宵节吃的新奇食品。这种食品，最早叫"浮元子"，后称"元宵"，生意人还美其名曰"元宝"。元宵以白糖、玫瑰、芝麻、豆沙、核桃仁、果仁、枣泥、桂花等为馅，用糯米粉包成圆形，可荤可素，风味各异。可汤煮、油炸、蒸食，有团圆美满之意。到南宋时，就有所谓"乳糖圆子"的出现，这应该就是汤圆的前身了。

到了明朝，人们以"元宵"来称呼这种糯米团子。刘若愚的《酌中志》记载了元宵的做法："其制法，用糯米细面，内用核桃仁、白糖、玫瑰为馅，洒水滚成，如核桃大，即江南所称汤圆也。"清康熙年间，御膳房特制的"八宝元宵"，是闻名朝野的美味。

近千年来，元宵的制作日见精致。光就面皮而言，就有江米面、黏高粱面、黄米面和苞谷面。馅料的内容更是甜咸荤素、应有尽有。甜的有所谓桂花白糖、山楂白糖、什锦、豆沙、芝麻、花生等。咸的有猪油肉馅，可以作油炸炒元宵。素的有芥、蒜、韭、姜组成的五辛元宵，有表示勤劳、长久、向上的意思。

制作的方法也南北各异。北方的元宵多用箩滚手摇的方法，南方的汤圆则多用手心揉团。元宵大可如核桃，小可似黄豆，煮食的方法有带汤、炒吃、油氽、蒸食等。不论有无馅料，都同样的美味可口。实心的小元宵若加酒酿、白糖、桂花煮食，风味独特，宜于滋补。目前，元宵已成了一种四时皆备的点心小吃，随时都可以来一碗以解馋。

在南方，元宵是很多重要节日的节食，如大年夜往往不吃饺子，而是吃元宵，相比之下，北方食用元宵要少得多，所以北方一般不包元宵，而是摇元宵，口感虽差，但产量大，能保证节日供给。

元宵在南北受欢迎程度不同，原因多元，首先是北方干燥，元宵不如面食那样容易保存；其次元宵黏度大，不易消化，再者江米多产于南方，价格相对昂贵。

◎ **3. 清明节食俗**

清明，农历二十四节气之一。中国传统的清明节大约始于周代，距今已有2500多年的历史。

西汉时期的《淮南子·天文训》中有记载："春分后十五日，斗指乙，则清明风至。"《岁时百问》则说"万物生长此时，皆清洁而明净。故谓之清明。"清明一到，气温升高，正是春耕春种的大好时节，故有"清明前后，种瓜种豆"。清明节是一个纪念祖先的节日，主要活动有扫墓祭祖、踏青、植树等，扫墓是慎终追远、敦亲睦族及行孝的具体表现。

在清明节的饮食方面，各地有不同的节令食品。由于寒食节与清明节合二为一的关系，一些地方还保留着清明节吃冷食的习惯。在山东，即墨吃鸡蛋和冷饽饽，莱阳、招远、长岛吃鸡蛋和冷高粱米饭，据说不这样的话就会遭冰雹。泰安吃冷煎饼卷生苦菜，据说吃了眼睛明亮。晋中一带还保留着清明前一日禁火的习惯。晋南人过清明时，习惯用白面蒸大馍，中间夹有核桃、枣儿、豆子，外面盘成龙形，龙身中间扎一个鸡蛋，名为"子福"。要蒸一个很大的总"子福"，象征全家团圆幸福。上坟时，将总"子福"献给祖灵，扫墓完毕后全家分食之。江南一带清明节时有吃青团的风俗。将嫩艾、小棘姆草用水焯一下，然后捣乱挤压出汁，将这种汁和糯米一起舂合，使青汁和米粉相互融合，然后包上豆沙、枣泥等馅料，用芦叶垫底，放到蒸笼内。蒸熟出笼的青团色泽鲜绿，香气扑鼻，是江南一带清明节最有特色的节令食品。在浙江温州一带有吃绵菜饼的习俗，绵菜饼就是绵菜做的饼，也有人称为清明饼，绵菜是照温州话翻译过来的，它的学名叫曲鼠草，在清明时节才会有。在浙江湖州，清明节家家裹粽子，可作上坟的祭品，也可做踏青带的干粮。俗话说："清明粽

子稳牢牢。"清明前后，螺蛳肥壮。俗话说："清明螺，赛只鹅。"农家有清明吃螺蛳的习惯，这天用针挑出螺蛳肉烹食。此外，还要办社酒。同一宗祠的人在一起聚餐。没有宗祠的人家一般同一高祖下各房子孙们在一起聚餐。社酒的菜肴，荤以鱼肉为主，素以豆腐青菜为主，酒以家酿甜白酒为主。浙江桐乡河山镇有"清明大似年"的说法，清明夜重视全家团圆吃晚餐，饭桌上少不了这样几个传统菜：炒螺蛳、糯米嵌藕、发芽豆、马兰头等。这几样菜都跟养蚕有关。把吃剩的螺蛳壳往屋里抛，据说声音能吓跑老鼠，毛毛虫会钻进壳里做巢，不再出来骚扰蚕。吃藕是祝愿蚕宝宝吐的丝又长又好。吃发芽豆是博得"发家"的口彩。吃马兰头等时鲜蔬菜，是取其"青"字，以合"清明"之"青"。

◎ 4. 端午节食俗

端午节为每年农历五月初五，又称端阳节、午日节、五月节、五日节、艾节、端午、重午、午日、夏节，本来是夏季的一个驱除瘟疫的节日，后来楚国诗人屈原于端午节投江自尽，就变成纪念屈原的节日。端者，初也，五为阳数，故又称"端阳节"。

端午节吃粽子，这是中国人民的又一传统习俗。粽子，又叫"角黍"、"筒粽"。其由来已久，花样繁多。据记载，早在春秋时期，用菰叶（茭白叶）包黍米成牛角状，称"角黍"；用竹筒装米密封烤熟，称"筒粽"。东汉末年，以草木灰水浸泡黍米，因水中含碱，用菰叶包黍米成四角形，煮熟，成为广东碱水粽。晋代，粽子被正式定为端午节食品。这时，包粽子的原料除糯米外，还添加中药益智仁，煮熟的粽子称"益智粽"。时人周处《岳阳风土记》记载："俗以菰叶裹黍米……煮之，合烂熟，于五月五日至夏至啖之，一名粽，一名黍。"南北朝时期，出现杂粽。米中掺杂禽兽肉、板栗、红枣、赤豆等，品种增多。到了唐代，粽子用米已"白莹如玉"，其形状出现锥形、菱形。宋朝时，已有"蜜饯粽"，即果品入粽。诗人苏东坡有"时于粽里见杨梅"的诗句。元、明时期，粽子的包裹料已从菰叶变革为箬叶，后来又出现用芦苇叶包的粽子，附加料已出现豆沙、猪肉、松子仁、枣子、胡桃等，品种更加丰富多彩。一直到今天，每年五月初，中国百姓家家都要浸糯米、洗粽叶、包粽子，其花色品种更为繁多。从馅料看，北方多包小枣的北京枣粽；南方则有豆沙、鲜肉、火腿、蛋黄等多种馅料，其中以浙江嘉兴粽子为代表。吃粽子的风俗，千百年来，在中国盛行不衰，而且流传到朝鲜、日本及东南亚诸国。

雄黄酒是用研磨成粉末的雄黄泡制的白酒或黄酒，一般在端午节饮用。端

午时节及节后，气候炎热，蝇虫飞动，毒气上升，疫病萌发。古人认为人是吃五谷杂粮生百病的，而病从口入，多为邪杂之气，经口鼻吸入。人们在长期同各种病魔斗争过程中，发现饮雄黄酒、佩戴香包能驱邪解毒。雄黄许多地方都盛产，人们在不断的实践过程中用雄黄酿成雄黄酒，《清嘉录》记载："研雄黄末，屑蒲根，和酒饮之，谓之雄黄酒。"即在酒里加上雄黄。雄黄，橘红色，可入药解病毒。雄黄酒是端午节的美酒。旧时建宁几乎家家酿雄黄酒，但多为男人饮，有些会喝酒的女人也饮些，小孩不能饮，大人就用手蘸酒在小孩面庞耳鼻手心足心涂抹一番。后来人们就在雄黄里加入艾叶、熏草等原料制成香包供妇女和儿童佩戴。香包以药物之味，经口鼻吸入，使经脉大通，祛邪扶正，以达到祛病强身之功效。而且雄黄、艾叶、熏草都挥发一种奇异的香味，蛇虫闻到之后都会远离，既减少了传染源，又可起到杀除病菌，消除汗臭，清爽神志的作用。

端午节除了人们所共知的吃粽子外，各地还有丰富的食俗。

（1）吃黄鳝。我国江汉平原每逢端午节时，还必食黄鳝。端午时节的黄鳝，圆肥丰满，肉嫩鲜美，营养丰富，不仅食味好，而且具有滋补功能。因此，民间有"端午黄鳝赛人参"之说。

（2）吃面扇子。甘肃省民勤县一带，端午节这天都蒸"面扇子"。面扇子用发面蒸制，呈扇形，有5层。每层撒上碾细的熟胡椒粉，表面捏成各种花纹，染上颜色，十分好看。这种食俗据说是由端午节制扇、卖扇、赠扇的风俗演变而来的。

（3）吃茶蛋。江西南昌和湖北部分地区，端午节要煮茶蛋和盐水蛋吃。蛋有鸡蛋、鸭蛋、鹅蛋。蛋壳涂上红色，用五颜六色的网袋装着，挂在小孩子的脖子上，意谓祝福孩子逢凶化吉，平安无事。

（4）吃大蒜蛋。河南、浙江、湖北等省农村每逢端午节这天，家里的主妇起得特别早，将事先准备好的大蒜和鸡蛋放在一起煮，供一家人早餐食用。有的地方，还在煮大蒜和鸡蛋时放几片艾叶。早餐食大蒜、鸡蛋、烙油馍，这种食法据说可避"五毒"，有益健康。

（5）吃打糕。端午节是吉林省延边朝鲜族人民隆重的节日。这一天最有代表性的食品是清香的打糕。打糕，就是将艾蒿与糯米饭，放置于独木凿成的大木槽里，用长柄木槌打制而成的米糕。这种食品很有民族特色，又可增添节日的气氛。

（6）吃煎堆。福建晋江地区，端午节家家户户还要吃"煎堆"。所谓煎堆，就是用面粉、米粉或番薯粉和其他配料调成浓糊状，下油锅煎成一大片。

相传古时闽南一带在端午节之前是雨季，阴雨连绵不止，民间说天公穿了洞，要"补天"。端午节吃了"煎堆"后雨便止了，人们说把天补好了。这种食俗由此而来。

（7）吃薄饼。在温州地区，端午节家家还有吃薄饼的习俗。薄饼是采用精白面粉调成糊状，在又大又平的铁煎锅中，烤成一张张形似圆月，薄如绢帛的半透明饼，然后用绿豆芽、韭菜、肉丝、蛋丝、香菇等作馅，卷成圆筒状，一口咬去，可品尝到多种味道。

◎ 5. 七夕节

每年农历七月初七是我国汉族的传统节日七夕节。因为此日活动的主要参与者是少女，而节日活动的内容又是以乞巧为主，故而人们称这天为"乞巧节"或"少女节"、"女儿节"。七夕节是我国传统节日中最具浪漫色彩的一个节日，也是过去姑娘们最为重视的日子。在这一天晚上，妇女们穿针乞巧，祈祷福禄寿活动，礼拜七姐，仪式虔诚而隆重，陈列花果、女红，各式家具、用具都精美小巧、惹人喜爱。

据史料记载，七夕习俗起源于汉代，东晋葛洪的《西京杂记》有"汉彩女常以七月七日穿七孔针于开襟楼，人俱习之"的记载，这是我们在古代文献中所见到的最早的关于乞巧的记载。后来的唐宋诗词中，妇女乞巧也被屡屡提及，唐朝王建有诗说"阑珊星斗缀珠光，七夕宫娥乞巧忙"。据《开元天宝遗事》载，唐太宗与妃子每逢七夕在清宫夜宴，宫女们各自乞巧，这一习俗在民间也经久不衰，代代延续。

七夕的应节食品，以巧果最为出名。巧果又名"乞巧果子"，款式极多。主要的材料巧果是油面糖蜜。《东京梦华录》中称之为"笑厌儿"、"果食花样"，图样则有捺香、方胜等。宋朝时，市街上已有七夕巧果出售。

巧果的做法是：先将白糖放在锅中熔为糖浆，然后和入面粉、芝麻，拌匀后摊在案上擀薄，晾凉后用刀切为长方块，折为梭形面巧胚，入油炸至金黄即成。手巧的女子，还会捏塑出各种与七夕传说有关的花样。此外，乞巧时用的瓜果也可多种变化。或将瓜果雕成奇花异鸟，或在瓜皮表面浮雕图案，称为"花瓜"。

山东荣成有两种活动，一种是"巧菜"，即少女在酒杯中培育麦芽，另一种是"巧花"，也是由少女用面粉塑制各种带花的食品。在福建仙游也有一个十分古老的习俗，这天每家每户都去做炒豆，材料是白糖，黄豆，还有生花生。黄豆要提前一天浸泡，然后第二天在锅里炒半熟拿出来备用，花生也是要在锅里炒热拿起，接着把白糖倒进锅里煮，等糖化了，再把黄豆和花生倒进锅里一起煮。

知识
链接

☞【闽台七夕节】

　　闽南和台湾的七夕节又是"七娘妈"的诞辰日。民间十分盛行崇拜七娘妈这一被奉为保护孩子平安和健康的偶像。据闽南籍台湾学者林再复的《闽南人》一书考证，闽南人过去越峡跨洋到台湾或异国他邦经商、谋生，大都多年未能归，妇女们只好把所有的希望都寄托在孩子身上，有了希望才有生活下去的勇气。所以，七夕这一相思传情的节日又演变成对保护孩子的"七娘妈"神的祈祷。每年这天，人们三五成群到七娘妈庙供奉花果、脂粉、牲礼等。台湾民间还流行一种"成人礼"，即孩子满 15 岁时，父母领着他带着供品到七娘妈庙酬谢，答谢"七娘妈"保护孩子度过了幼年、童年和少年时代。在这一天，台南地区要为16 岁的孩子"做十六岁"，行成人礼。台湾民众认为，小孩在未满 16 岁之前，都是由天上的仙鸟——鸟母照顾长大的。鸟母则是由七娘妈所托，因此，七娘妈就成了未成年孩子的保护神。婴儿出生满周岁后，虔诚的母亲或祖母就会抱着孩子，带上丰盛的祭品，另加鸡冠花与千日红，到寺庙祭拜，祈愿七娘妈保护孩子平安长大，并用古钱或锁牌串上红包绒线系在颈上，一直戴到 16 岁，才在七夕节那天拿下锁牌，并到寺庙答谢七娘妈多年的保佑。有的家长除了在七夕节这天祭谢"七娘妈"之外，还专门为孩子举行成人礼的事而宴请亲友，庆贺一番。闽南、台湾民间七夕虽不很重乞巧，但很看重保健食俗。每到七夕之际，几乎家家户户要买来中药使君子和石榴。七夕这天晚餐，就用使君子煮鸡蛋、瘦猪肉、猪小肠、螃蟹等，晚饭后，分食石榴。这两种食物均有一定的驱虫功能，因而很受欢迎。说来有趣，台湾七夕的晚餐，民间还习惯煮食红糖干饭，这对诱虫吃药也起了辅助作用。因何有此独特节俗？相传出自海峡两岸尊奉的北宋名医"保生大帝"吴云东。那是景佑元年（1034 年）夏令，闽南一带瘟疫流行，好心的名医吴云东带着徒弟四处采药救治百姓。他见许多大人小孩患有虫病，就倡导人们在七夕这天购食使君子、石榴。因七夕这天好记，其间又是石榴成熟季节。所以，民众都遵嘱去做，起到了意想不到的保健作用，后来便相沿成俗，并随着闽南移民过台湾而沿袭至今。由于吴云东医术高超，医德高尚，上自皇家，下至贫民，都尊崇他为医神。宋代乾道年间（1165～1173 年），皇上封他为"忠显侯"、

中外饮食文化

"大道真人"。明成祖永乐十七年（1419年），又追封吴云东为"医灵妙道真君"、"万寿无极保生大帝"，在台湾，祭祀保生大帝的庙宇竟多达162座。在崇尚过新节、洋节的当今，闽南、台湾两地七夕节俗如此有情有味，多彩多姿，这在其他地区恐怕不多见。

◎ 6. 中秋节

农历八月十五是我国的传统节日中秋节，与春节、清明节、端午节并称为中国汉族的四大传统节日。中秋祭月，在我国是十分古老的习俗。据史书记载，早在周朝，古代帝王就有春分祭日、夏至祭地、秋分祭月、冬至祭天的习俗。其祭祀的场所称为日坛、地坛、月坛、天坛。分设在东南西北四个方向。北京的月坛就是明清皇帝祭月的地方。《礼记》记载："天子春朝日，秋夕月。朝日之朝，夕月之夕。"这里的夕月之夕，指的正是夜晚祭祀月亮。这种风俗不仅为宫廷及上层贵族所奉行，随着社会的发展也逐渐影响到民间。

古时汉族的中秋宴俗，以宫廷最为精雅。如明代宫廷时兴吃螃蟹。螃蟹用蒲包蒸熟后，众人围坐品尝，佐以酒醋。食毕饮苏叶汤，并用之洗手。宴桌四周，摆满鲜花、大石榴以及其他时鲜，演出中秋的神话戏曲。清宫多在某一院内向东放一架屏风，屏风两侧搁置鸡冠花、芋头、花生、萝卜、鲜藕。屏风前设一张八仙桌，上置一个特大的月饼，四周缀满糕点和瓜果。祭月完毕，按皇家人口将月饼切作若干块，每人象征性地尝一口，名曰"吃团圆饼"。

在民间，每逢八月中秋，也有左右拜月或祭月的风俗。"八月十五月儿圆，中秋月饼香又甜"，这句名谚道出中秋之夜城乡人们吃月饼的习俗。月饼最初是用来祭奉月神的祭品，后来人们逐渐把中秋赏月与品尝月饼，作为家人团圆的一大象征，慢慢地，月饼也就成为了节日的必备礼品。

清代，中秋吃月饼已成为一种普遍的风俗，且制作技巧越来越高。清人袁枚《随园食单》介绍道："酥皮月饼，以松仁、核桃仁、瓜子仁和冰糖、猪油作馅，食之不觉甜而香松柔腻，迥异寻常。"北京的月饼则以前门致美斋所制为第一。遍观全国，已形成京、津、苏、广、潮五种风味系列，且围绕中秋拜月、赏月还产生了许多地方民俗，如江南的"卜状元"：把月饼切成大、中、小三块，叠在一起，最大的放在下面，为"状元"；中等的放在中间，为"榜眼"；最小的放在上面，为"探花"。而后全家人掷骰子，谁的数码最多，即为状元，吃大块；依次为榜眼、探花，游戏取乐。

南京人在中秋节除爱吃月饼外，必吃金陵名菜桂花鸭。桂花鸭，又名盐水鸭，每年中秋前后的盐水鸭色味最佳，是因为鸭在桂花盛开季节制作的，故美

28

名曰：桂花鸭。桂花鸭肥而不腻，味美可口，具有香、酥、嫩的特点。

四川人过中秋除了吃月饼外，还要打粑、杀鸭子，吃麻饼、蜜饼等。

我国少数民族对中秋节也非常看重，活动多样，并且有风味独特的中秋食品。布依族在中秋节当天晚上有偷老瓜煮糯米饭的习俗。朝鲜族在中秋这天宰牛杀鸡，烹煮佳肴，用新谷制作打糕和松饼等节日食品。

今天，月下游玩的习俗已远没有旧时那么盛行。但设宴赏月仍然盛行，人们把酒问月，庆贺美好的生活，或祝远方的亲人健康快乐，和家人"千里共婵娟"。月饼发展到今日，品种更加繁多，风味因地各异。其中京式、苏式、广式、潮式等月饼广为我国南北各地的人们所喜食。

◎ **7. 重阳节**

农历九月九日为传统的重阳节，又称"老人节"。因为《易经》中把"六"定为阴数，把"九"定为阳数，九月九日，日月并阳，两九相重，故而叫重阳，也叫重九。重阳节早在战国时期就已经形成，到了唐代，重阳被正式定为民间的节日，此后历朝历代沿袭至今。

重阳佳节，我国有饮菊花酒的传统习俗。菊花酒，在古代被看作是重阳必饮、祛灾祈福的"吉祥酒"。早在屈原笔下，就已有"夕餐秋菊之落英"之句，即服食菊花瓣。汉代就有了菊花酒。魏时曹丕曾在重阳赠菊给钟繇，祝他长寿。晋代葛洪在《抱朴子》中记河南南阳山中人家，因饮了遍生菊花的甘谷水而延年益寿的事。梁简文帝《采菊篇》中则有"相呼提筐采菊珠，朝起露湿沾罗襦"之句，亦采菊酿酒之举。晋代陶渊明也有"酒能祛百病，菊能制颓龄"之说。后来饮菊花酒逐渐成了民间的一种风俗习惯，尤其是在重阳时节，更要饮菊花酒。《荆楚岁时记》载称"九月九日，佩茱萸，食蓬耳，饮菊花酒，令长寿。"

到了明清时代，菊花酒中又加入多种草药，其效更佳。制作方法为：用甘菊花煎汁，用曲、米酿酒或加地黄、当归、枸杞诸药。由于菊花酒能疏风除热、养肝明目、消炎解毒，故具有较高的药用价值。明代医学家李时珍指出，菊花具有"治头风、明耳目、去痿痹、治百病"的功效。

古时菊花酒，是前一年重阳节时专为第二年重阳节酿的。九月九日这天，采下初开的菊花和一点青翠的枝叶，掺在准备酿酒的粮食中，然后用来酿酒，放至第二年九月九日饮用。传说喝了这种酒，可以延年益寿。从医学角度来讲，菊花酒确实有明目、治头昏、降血压，有减肥、轻身、补肝气、安肠胃、利血之功效。

重阳的饮食之风，除了饮茱萸、菊花酒、吃菊花食品之外，还有吃糕。在

北方，吃重阳糕之风尤盛。据《西京杂记》载，汉代时已有九月九日吃蓬饵之俗，即最初的重阳糕。饵，即古代之糕。《周礼》载饵用作祭祀或在宴会上食用。汉代又记有黍糕，可能与今天的糕已差不远。蓬饵，想必也类似黍糕之类。至宋代，吃重阳糕之风大盛。糕与高谐音，吃糕是为了取吉祥之意义，因而才受到人们的青睐。

重阳糕又称花糕、菊糕、五色糕，制无定法，较为随意，有"糙花糕"、"细花糕"和"金钱花糕"。粘些香菜叶以为标志，中间夹上青果、小枣、核桃仁之类的糙干果；细花糕有两层、三层不等，每层中间都夹有较细的蜜饯干果，如苹果脯、桃脯、杏脯、乌枣之类；金钱花糕与细花糕基本同样，但个儿较小，如同"金钱"一般，多是上层府第贵族的食品。

讲究的重阳糕要做成九层，像一座宝塔，上面还作成两只小羊，以符合重阳（羊）之义。有的还在重阳糕上插一小红纸旗，并点蜡烛灯。这大概是用"点灯"、"吃糕"代替"登高"的意思，用小红纸旗代替茱萸。当今的重阳糕，仍无固定品种，各地在重阳节吃的松软糕类都可称为重阳糕。

重阳糕不仅自家食用，还馈送亲友，称"送糕"；还有请出嫁女儿回家食糕，称"迎宁"。

知识链接 ☞【各地重阳节的不同风俗】

1989 年，我国重阳节定为老人节。每到这一日，各地都要组织老年人登山秋游，开阔视野，交流感情，锻炼身体，培养人们回归自然、热爱祖国大好山河的高尚品德。

重阳节在陕北正值收割的季节，有首歌唱道："九月里九重阳，收呀么收秋忙。谷子呀，糜子呀，上呀么上了场。"陕北过重阳在晚上，白天是一整天的收割、打场。晚上月上树梢，人们喜爱享用荞面熬羊肉，待吃过晚饭后，人们三三两两地走出家门，爬上附近山头，点上火光，谈天说地，待鸡叫才回家。夜里登山，许多人都摘几把野菊花，回家插在女儿的头上，以之避邪。在福建莆仙，人们沿袭旧俗，要蒸九层的重阳米果。宋代《玉烛宝典》云："九日食饵，饮菊花酒者，其时黍、秫并收，以因黏米嘉味触类尝新，遂成积习。"清初莆仙诗人宋祖谦《闽酒曲》曰："惊闻佳节近重阳，纤手携篮拾野香。玉杵捣成绿粉湿，明珠颗颗唤郎尝。"近代以来，人们又把米果改制为一种很有特色的九重米

果。将优质晚米用清水淘洗，浸泡2小时，捞出沥干，掺水磨成稀浆，加入明矾（用水溶解）搅拌，加红板糖（掺水熬成糖浓液），而后置于蒸笼于锅上，铺上洁净炊布，然后分九次，舀入米果浆，蒸若干时即熟出笼，米果面抹上花生油。此米果分九层重叠，可以揭开，切成菱角，四边层次分明，呈半透明体，食之甜软适口，又不粘牙，堪称重阳敬老的最佳礼馔。

山东省昌邑北部人家于重阳节吃辣萝卜汤，有谚语道："喝了萝卜汤，全家不遭殃。"鄄城民间称重阳节为财神生日，家家烙焦饼祭财神。邹平则在重阳祭祀范仲淹，旧时，染坊及酒坊也在九月九日祭缸神。滕州出嫁不到三年的女儿，忌回娘家过节，有"回家过重阳，死她婆婆娘"的说法。

陕西省西乡县重阳节，亲友以菊花、菊糕相馈赠。士子以诗酒相赏。据说妇女此日以口采茱萸，可以治心疼。

江苏省南京人家以五色纸凿成斜面形，连缀成旗，插于庭中。长洲县重阳节吃一种叫做"骆驼蹄"的面食。无锡市重阳节吃重阳糕、九品羹。

浙江省绍兴县重阳节互相拜访，除非亲友家有丧事，才往灵前哭拜。桐庐县九月九日备猪、羊以祭祖，称为秋祭。同时也在重阳节绑粽子，互相馈赠，称为重阳粽。

湖北省武昌县（现武汉市江夏区）于重阳日酿酒，据说此所酿之酒最为清冽，且久藏不坏。应城市重阳节是还愿的日期，全家都在这一天祭拜方社田祖之神。

福建省长汀县农家采田中毛豆相馈赠，称为毛豆节。海澄县重阳节放风筝为戏，称为"风槎"。

四川省旧时南溪县读书人于此日在龙腾山岑山楼聚会，纪念诗人岑参，称为"岑公会"。民间旧俗，重阳前后要以糯米蒸酒，制醪糟。俗话说："重阳蒸酒，香甜可口。"

◎ **8. 冬至节**

冬至，是中国农历一个非常重要的节气，也是中华民族的一个传统节日。冬至俗称"冬节"、"长至节"、"亚岁"等。早在2500多年前的春秋时代，中国就已经用土圭观测太阳，测定出了冬至，它是二十四节气中最早制订出的一个。时间在每年的阳历12月21日至23日之间。这一天是北半球全年中白天

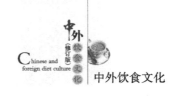

最短、夜晚最长的一天。

冬至过节源于汉代，盛于唐宋，相沿至今。《清嘉录》甚至有"冬至大如年"之说。这表明古人对冬至十分重视。人们认为冬至是阴阳二气的自然转化，是上天赐予的福气。汉朝以冬至为"冬节"，官府要举行祝贺仪式称为"贺冬"，例行放假。唐、宋时期，冬至是祭天祭祖的日子，皇帝在这天要到郊外举行祭天大典，百姓在这一天要向父母尊长祭拜，现在仍有一些地方在冬至这天过节庆贺。

冬至节，节日饮食有鲜明的冬令特点。过去老北京有"冬至馄饨夏至面"的说法。北方还有不少地方的人们在冬至这一天，吃狗肉、羊肉以及各种滋补食品，以求来年有一个好兆头。在江南水乡，则有冬至之夜全家欢聚一堂共吃赤豆糯米饭的习俗。另外，冬至日还有吃饺子的风俗，民谚云："十月一，冬至到，家家户户吃水饺。"至今南阳仍有"冬至不端饺子碗，冻掉耳朵没人管"的民谣。古城苏州仍有"冬至大如年"的遗俗，吃馄饨，喝冬酿酒，吃羊肉进补等成了苏州人过冬至节的一道风景线。宁夏银川在冬至这一天喝粉汤、吃羊肉粉汤饺子，并且羊肉粉汤还有一个古怪的名字叫"头脑"。福建有冬至吃糯米丸的习俗。《八闽通志·兴化府风俗·冬至》载："前期糯米为丸，是日早熟，而荐之于祖考。"这是"冬至暝"、"搓丸子"和冬至早上以熟的"甜丸子"祭祖的民俗。潮汕各市县冬至之习俗基本相同，都有祭祖先、吃甜丸、上坟扫墓等。绍兴人一般会在冬至日前酿酒，称为"冬酿酒"，酿成后香气扑鼻，特别诱人，加之此时的水还属冬水，所酿之酒易于保藏，不会变质。此外，绍兴人爱在冬至日前后将一年中的吃饭米预先舂好，谓之"冬舂米"。

北方地区喜欢在冬至日前后腌制酸菜，供春节和开春以后食用。南方地区有在冬至日后腌制咸鱼咸肉的习俗。由于冬至节开始后，我国进入一年中最冷的时令，此时腌制咸鱼咸肉，不仅易于保存，而且有腊肉风味。

◎ 9. 腊八节

腊八节在我国有着很悠久的传统和历史。腊八节又称腊日祭、腊八祭、王侯腊或佛成道日，每年农历的十二月俗称腊月，十二月初八（腊月初八）既是腊八节，古代称为"腊日"，习惯上称作腊八。在这一天做腊八粥、喝腊八粥是全国各地老百姓最传统、也是最讲究的习俗。

人们在腊八节这一天祭祀祖先和神灵，祈求丰收和吉祥。除此之外，人们还要逐疫。这项活动来源于古代的傩（古代驱鬼避疫的仪式）。史前时代的医疗方法之一即驱鬼治疾。作为巫术活动的腊月击鼓驱疫之俗，今在湖南新化等

地仍有留存。据说，佛教创始人释迦牟尼的成道之日也在十二月初八，因此腊八也是佛教徒的节日，又称"佛成道节"。《说文》载："冬至后三戌日腊祭百神。"可见，冬至后第三个戌日曾是腊日。后由于佛教介入，腊日改在十二月初八，自此沿袭下来成为习俗。

腊八节这天最主要的食物当属腊八粥。腊八粥也叫七宝五味粥。我国喝腊八粥的历史，最早开始于宋代。每逢腊八这一天，不论是朝廷、官府、寺院还是黎民百姓家都要做腊八粥。到了清朝，喝腊八粥的风俗更是盛行。在宫廷，皇帝、皇后、皇子等都要向文武大臣、侍从宫女赐腊八粥，并向各个寺院发放米、果等供僧侣食用。在民间，家家户户也要做腊八粥，祭祀祖先；同时，合家团聚在一起食用，馈赠亲朋好友。《明宫史》所记载的做法是："（明宫内）前几日将红枣捣破泡汤，至初八早，再加粳米、白果、核桃仁、栗子、菱米煮粥，供于佛圣前，并于房牖、园树、井灶之上，各分布所煮之粥。"《红楼梦》中的做法是，各色米豆加五种菜果（红枣、栗子、花生、菱角、香芋）。北平的做法则最为讲究，掺在白米中的物品较多，如红枣、莲子、核桃、栗子、杏仁、松仁、桂圆、榛子、葡萄、白果、菱角、青丝、玫瑰、红豆、花生……总计不下20种。通常人们在腊月初七的晚上，就开始忙碌起来，洗米、泡果、剥皮、去核、精拣，然后在半夜时分开始煮，再用微火炖，一直炖到第二天的清晨，腊八粥才算熬好了。更为讲究的人家，还要先将果子雕刻成人形、动物、花样，再放在锅中煮。

从营养功效看，腊八粥具有健脾、开胃、补气、安神、清心、养血之功效，并有御寒作用，是冬令的滋补佳品，故能传承百代而不衰。

除腊八粥以外，华北大部分地区在腊月初八这天有用醋泡蒜的习俗，叫"腊八蒜"。泡腊八蒜得用紫皮蒜和米醋，将蒜瓣去老皮，浸入米醋中，装入小坛封严，至除夕启封，蒜瓣湛青翠绿，是吃饺子的最佳佐料，拌凉菜也可以用，味道独特。

此外，还有安徽黔县民间风味特产的"腊八豆腐"。在春节前夕的腊八，即农历十二月初八前后，黔县家家户户都要晒制豆腐，民间将这种自然晒制的豆腐称作"腊八豆腐"。

我国北方一些地区则吃腊八面。一些不产或少产大米的地方，人们不吃腊八粥，而是在腊八的前一天用各种果、蔬做成臊子，把面条擀好，到腊月初八早晨全家吃腊八面。

☞【各地的腊八粥】

知识链接

天津人煮腊八粥，同北京近似，讲究些的还要加莲子、百合、珍珠米、薏仁米、大麦仁、黏粟米、黏黄米、芸豆、绿豆、桂圆肉、龙眼肉、白果、红枣及糖水桂花等，色、香、味俱佳。近年还有加入黑米的。这种腊八粥可供食疗，有健脾、开胃、补气、安神、清心、养血等功效。

山西的腊八粥，别称八宝粥，以小米为主，附加以豇豆、小豆、绿豆、小枣，还有黏黄米、大米、江米等煮之。晋东南地区，腊月初五即用小豆、红豆、豇豆、红薯、花生、江米、柿饼，合水煮粥，又叫甜饭，亦是食俗之一。

陕北高原在腊八之日，熬粥除了用多种米、豆之外，还得加入各种干果、豆腐和肉混合煮成。通常是早晨就煮，或甜或咸，依人口味自选酌定。倘是午间吃，还要在粥内煮上些面条，全家人团聚共餐。吃完以后，还要将粥抹在门上、灶台上及门外树上，以驱邪避灾，迎接来年的农业大丰收。民间相传，腊八这天忌吃菜，说吃了菜庄稼地里杂草多。陕南人腊八要吃杂合粥，分"五味"和"八味"两种。前者用大米、糯米、花生、白果、豆子煮成。后者用上述五种原料外加大肉丁、豆腐、萝卜，另外还要加调味品。腊八这天人们除了吃腊八粥，还得用粥供奉祖先和粮仓。

甘肃人传统煮腊八粥用五谷、蔬菜，煮熟后除家人吃，还分送给邻里，还要用来喂家畜。在兰州、白银地区，腊八粥煮得很讲究，用大米、豆、红枣、白果、莲子、葡萄干、杏干、瓜干、核桃仁、青红丝、白糖、肉丁等煮成。煮熟后先用来敬门神、灶神、土神、财神，祈求来年风调雨顺，五谷丰登；再分给亲邻，最后一家人享用。甘肃武威地区讲究过"素腊八"，吃大米稠饭、扁豆饭或是稠饭，煮熟后配炸馓子、麻花同吃，民俗叫它"扁豆粥泡散"。

宁夏人做腊八饭一般用扁豆、黄豆、红豆、蚕豆、黑豆、大米、土豆煮粥，再加上用麦面或荞麦面切成菱形柳叶片的"麦穗子"，或者是做成小圆蛋的"雀儿头"，出锅之前再入葱花油。这天全家人只吃腊八饭，不吃菜。

青海的西宁人，虽是汉族人居多，可是腊八不吃粥，而是吃麦仁饭。

将新碾的麦仁，与牛、羊肉同煮，加上青盐、姜皮、花椒、草果、茴香等佐料，经一夜文火煮熟，肉、麦交融成乳糜状，清晨揭锅，异香扑鼻，食之可口。

山东"孔府食制"中规定"腊八粥"分两种，一种用薏米仁、桂圆、莲子、百合、栗子、红枣、粳米等熬成，盛入碗里还要加些"粥果"，主要是雕刻成各种形状的水果，是为点缀。这种粥专供孔府主人及十二府主人食用。另一种用大米、肉片、白菜、豆腐等煮成，是给孔府里当差们喝的。

河南人吃腊八饭，是小米、绿豆、豇豆、麦仁、花生、红枣、玉米等八种原料配合煮成，熟后加些红糖、核桃仁，粥稠味香，喻义来年五谷丰登。

江苏地区吃腊八粥分甜咸两种，煮法一样。只是咸粥要加青菜和油。苏州人煮腊八粥要放入茨菇、荸荠、胡桃仁、松子仁、芡实、红枣、栗子、木耳、青菜、金针菇等。清代苏州文人李福曾有诗云："腊月八日粥，传自梵王国，七宝美调和，五味香掺入。"

浙江人煮腊八粥一般都用胡桃仁、松子仁、芡实、莲子、红枣、桂圆肉、荔枝肉等，香甜味美，食之祈求长命百岁。

四川地大人多，腊八粥做法五花八门，甜、咸、麻、辣，农村人吃咸味的比较多，主要用黄豆、花生、肉丁、白萝卜、胡萝卜熬成。

河北腊八粥制作方法：将大白芸豆提前（最好头一天晚上泡，第二天用）泡发至胖大；白莲子用热水涨发，去绿色芯，同白云豆先下入锅煮20分钟，再加入大米、糯米、麦仁、葛仙米、小枣及饭豆，栗子去掉硬壳和内衣。将上述原料洗净，放入锅中，加入足够的清水，大火煮沸，改小火慢煮40分钟，至粥稠豆糯、枣烂时止。粥熟后加蜜桂花、红糖（或先将红糖煮成糖汁，加在粥中）拌匀即成。

知识链接

☞【腊八诗词】

腊八节是我国民间重要的传统节日，历史上，许多文人墨客争相咏颂腊八节，留下了不少脍炙人口的名篇佳作。

唐·杜甫——《腊日》

腊日常年暖尚遥，今年腊日冻全消。

侵凌雪色还萱草，漏泄春光有柳条。

纵酒欲谋良夜醉，还家初散紫宸朝。

口脂面药随恩泽，翠管银罂下九霄。

宋·陆游——《十二月八日步至西村》

腊月风和意已春，时因散策过吾邻。

草烟漠漠柴门里，牛迹重重野水滨。

多病所须惟药物，差科未动是闲人。

今朝佛粥交相馈，更觉江村节物新。

清·顾梦游——《腊八日水草庵即事》

清水塘边血作磷，正阳门外马生尘。

只应水月无新恨，且喜云山来故人。

晴腊无如今日好，闲游同是再生身。

自伤白发空流浪，一瓣香消泪满中。

清·夏仁虎——《腊八》

腊八家家煮粥多，大臣特派到雍和。

圣慈亦是当今佛，进奉熬成第二锅。

◎ **10. 年节食俗反映出我国民族和地域的文化特征**

（1）多元复合，影响重大。首先体现在参加者不仅人数众多，而且涉及社会的各个群体和阶层。每逢年节，无论城乡，官民、贫富、老少都要进行各色各式的饮食文化活动。节日期间，合家团聚，欢庆一堂。若遇重大节日，则整个社会都参与其中，社会各阶层的成员，人们互相拜贺、宴饮、交际往来。其次体现在文化活动的多种功能上。它往往融合了农事、娱乐、饮食、交际、信仰等多种功能，如春节、元宵、清明、端午、中秋等即是如此。而这些年节的饮食文化活动往往与民间祭祖祀神、亲朋团聚、社会交往、年节娱乐、纪念庆祝等活动相互有机结合，从而构成了一幅五光十色的生动的社会画面。最后体现在各种文化的相互交融上。年节饮食文化中融入了农耕文化、原始宗教文化、佛教文化和道教文化等，令节日食品、节日活动和节日文化变得丰富多彩。

（2）崇祖好祀，纪念先人。远古时期，由于生产力水平低下，人们认知能力有限，对很多自然现象如生老病死、风雨雷电、地震海啸等不能做出合理

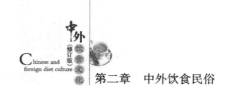

解释，就把万物归宿于天地神鬼的造化安排，对大自然产生敬畏，若遇不解之事就求救天地神鬼给予保佑和恩赐，每年会定期祭拜日月天地。及至封建社会，统治者为了加强和巩固自己的统治，对年节更是十分重视。很多年节也正是在封建统治者的提倡和带动下逐步形成的。加之古人虔信万物有灵，有崇祖好祀的传统，民间在年节时的祭祀活动也就越发兴盛了。人们通过在年节时的祭祀，以祈求上苍保佑与神灵的庇护。另外，一些重大节日也有纪念先人的意味，如寒食节是为了纪念晋国公子的臣子介子推，苏州人过冬至吃馄饨则是为了纪念西施的智慧和创造，端午节吃粽子则是为了纪念我国伟大的爱国诗人屈原。

（3）祈愿祝福，博得彩头。年节是人类社会发展到一定阶段的产物，而作为饮食文化一部分的年节食俗，更是人类生产力的发展、社会进步、文明程度提高的表现。在生产力水平低下的时期，人们通过祭拜天地日月和神灵，祈求过上幸福安康的美好生活，随着生产力发展，祈愿祝福作为特有的心理定式，不断沉积，成为年节食俗的深层心理底蕴。如过年要吃年糕，寓年年高，吃鱼，寓年年有余；正月十五吃元宵，象征团圆美满；端午节吃粽子、咸蛋以强身，求子；中秋节吃月饼寓示团圆，"摸秋送瓜"以求子；灶王节供灶糖为的是让灶王爷不讲人间坏话，以求来年风调雨顺；除夕吃团年饭以示一家人团圆、幸福美满。一些祭祀活动也是为了神灵的庇护，以求一家老少平安。

（4）饮食改善，规矩变换。中国古代普通居民的饮食水平是相当低下的，平日很少吃荤沾腥。丰收年景大抵只能吃饱饭而已，遇到灾年填饱肚子都十分困难，只能是"糠菜半年粮"。节日饮食相对充裕得多，节日饮食是各家饮食生活水平能达到的高或最高水准。另一个不同平常的是人们在过节时的心态，只有年节才可以舒展一下筋骨，松弛一下神经，异常行为易于出现。如过年允许小孩喝酒、老人簪花，团年饭可以大吃大喝，而且提倡剩饭，这些在平时是不正常的，但在年节却视为合理。

（5）顺应自然，和谐生活。年节食俗一方面让普通百姓在年节时的生活水准可以相对提高一些，另一方面，年节时的很多食物也是顺应自然，与天地和谐共济的表现。如江南一带在清明节吃的青团，由于这种食物是由嫩艾、小棘姆草与糯米匀拌制成的，吃起来清香怡人、香糯可口。清明时节，正是气候转换的季节，瘟疫容易流行，而艾草则有散寒除湿、护肝利胆、预防瘟疫之效，吃含有艾草的青团，正好可以达到散寒除湿、祛病养生的效果。端午节的雄黄酒、重阳节的菊花酒、腊八节的腊八粥无不与气候和节气有重大关系。

（6）区域差异，各有特色。中国地域辽阔，民族众多，因此，不同地区、

民族具有自己独特的节日。如北方有填仓节、龙头节等饮食文化活动而为南方少见，南方盛行的春社饮食文化活动在北方却不流行。同一节日的饮食文化活动在不同地区也有不小的差异。如元宵节北方多"走百病"，南方盛行迎神赛会；浴佛节南方好做"乌米饭"，也与北方有别。

（7）增强感情，发展经济。传统节日有显著的社会功能。人们通过宴饮以及一系列节日活动，可以加强亲族间的联系，调节人际关系；整合社群及社会集团的意识，使部族团结一致，提高生存竞争能力；调节和改善饮食生活；提供社交和择偶机会；促进商品经济的发展；不断改进菜品制作质量等。

三、人生礼仪食俗

人生礼仪是指人在一生中几个重要环节上所经历的具有一定仪式行为的过程，包括诞生礼、成年礼、婚礼和葬礼。此外，生日庆贺活动和祝寿仪式也属于人生礼仪的范畴。而人生礼仪活动中的饮食行为、食物构成、饮食禁忌就是礼仪食俗。

诞生礼又称人生开端礼或童礼，它是指从求子、保胎到临产、三朝、满月、百禄直至周岁的整个阶段内的一系列礼仪。诞生礼起源于古代的"生命轮回说"，中国古代生命观中重生轻死，因此把人的诞生视为人生的第一大礼，以各种不同的仪礼来庆祝，由此形成许多特殊的饮食习俗。

◎ **1. 生育食俗**

人们在长期的生育实践活动中，由于信仰、认识等的不同，产生了种种生育习俗，这其中就有不少饮食活动。生育礼仪活动中的饮食习俗，是饮食民俗的一个重要组成部分，通过生育礼仪食俗，我们可以窥见中国饮食民俗的多姿多彩，中国饮食文化的灿烂辉煌。

（1）求子食俗。求子食俗由来已久，《诗经》中有一首《芣苢》，歌谣中反复咏唱车前子，原因是她们采到了可以促孕的车前子，可见，早在先秦时期，人们就已经知道通过食用某种食物促孕求子了。求子食俗一般有以下几种常见的方式。

1）向神求子。祭拜主管生育的观音菩萨、碧霞仙君、百花神、尼山神等，供上三牲福礼，并给神祇披红挂匾。

2）送食求子。吃喜蛋、喜瓜、莴苣、子母芋头之类，据说多吃这类食品，便可受孕。

3）送物求子。包括送灯、送砖、送泥娃娃、送麒麟盆，相传这都是得子

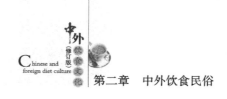

的征兆。

4）答谢送子者。如广州、贵州和皖南的"偷瓜送子"；四川一带的"抢童子"、"送春牛"和"打地洞"；广西罗城仫佬族山寨的"补做风流"；旧时彝族地区的"促育解冤祭"；鄂西和湘西土家族的"吃伢崽粑"、"喝阴阳水"；都属于这一类型。

（2）保胎食俗。对于孕妇，古人是食养与胎教并重，还有"催生"之俗。在食养方面，强调"酸儿辣女"，"一人吃两人饭"，重视荤汤、油饭、青菜与水果，忌讳兔肉（生子会豁唇）、生姜（生子会六指）、麻雀（生子会淫乱）以及一切凶猛丑恶之物（生子会残暴）。在胎教方面，要求孕妇行坐端正，多听美言，有人为她诵读诗书，演奏礼乐。同时不可四处胡乱走动，不可与人争吵斗气，不可从事繁重劳动，并且节制房事。在催生方面，名堂更是花样百出。湘西坝子是岳母给女儿做一顿饭，二至五道食肴，分别称作"二龙戏珠"、"三阳开泰"、"四时平安"、"五子登科"，饭食必须一次吃完，意谓"早生"、"顺生"。侗族由娘家送大米饭、鸡蛋与炒肉，7 天一次，直至分娩为止。浙江送喜蛋、桂圆、大枣和红漆筷，内含"早生贵子"之意。

（3）育婴食俗。

1）添丁报喜。土家族的"踩生酒"、畲族的"报生宴"、仫佬族的"报丁祭"，汉族的"贺当朝"之类，都在婴儿降生当天举行。

"踩生酒"即用酒菜招待第一个进门的外人，并有"女踩男、龙出潭"、"男踩女、凤飞起"之说。

"报生宴"是由婴儿之父带一只大雄鸡、一壶酒和一篮鸡蛋去岳母家报喜。如生男，则在壶嘴插朵红花，如生女，则在壶身贴一"喜"字。岳家立即备宴，招待女婿和乡邻。

"报丁祭"是用猪头肉、香、纸祭奠掌管生育的"婆王"，招待全村男女老少。

"贺当朝"则是亲友带着母鸡、鸡蛋、蹄髈、米酒、糯米、红糖前来祝贺，产妇家开"流水席"分批接待。

2）产妇调养。即是"坐月子"的开始，一方面"补身"，另一方面"开奶"，有"饭补"与"汤补"、"饭奶"与"汤奶"之说。食物多为小米稀饭、肉汤面、煮鲫鱼、炖蹄髈、煨母鸡、荷包蛋、甜米酒之类，一日 4～5 餐，持续月余。

古代还有一种奇异的"饷产翁"习俗。《太平广记》称："南方有獠妇，生子便起。其夫卧床褥，饮食皆如乳妇。稍不卫护，其孕妇疾皆生焉。其妻亦

中外饮食文化

无所苦，炊易樵苏自如。""越俗，其妻或诞子，经三日，便澡身于溪河。返，具糜以饷婿，拥衾抱雏，坐于寝榻，称为产翁。"这种男子坐月子的习俗，起源于母系社会向父系社会转变时，男人为了改变以往子随母姓，孩子只知其母、不知其父的社会现状，而创造出的传统。

3）三朝。外婆送喜蛋、十全果、挂面、香饼，并用香汤给婴儿"洗三"，念诵"长流水，水流长，聪明伶俐好儿郎"、"先洗头，做王侯，后洗沟，做知州"的喜歌。

4）满月。生父携糖饼请长者为孩子取名（这叫"命名礼"），用供品酬谢剃头匠（这叫"剃头礼"），然后是小儿与亲友见面，设宴祝贺。亲朋须赠送"长命锁"，婴儿要例行"认舅礼"。

5）百禄。祝婴儿长寿的仪式，贺礼必须以百计数，鸡蛋、烧饼、礼馍、挂面均可，体现"百禄"、"百福"之意。

6）周岁。又称"试儿"、"抓周"，是在周岁之时预测小儿的性情、志趣、前途与职业的民间庆祝仪式。届时亲朋都要带着贺礼前来观看、祝福，主人家治宴招待。这种宴席上菜重十，须配以长寿面，菜名多为"长命百岁"、"富贵康宁"之意，要求吉庆、风光。周岁席后诞生礼结束。

◎ **2. 婚姻食俗**

一般婚姻都要经过定亲、纳聘、探话、娶亲、回门五个程序。有的地方则要经过纳彩、问名、纳吉、纳征、请期、亲迎六个程序，即所谓"六礼告成"。山西部分地区订婚后还有一种"西瓜月饼吃三年"之俗，即每年的七月十五，男女双方要互送面人，共送三年。每年的八月十五，男方用食盒给女方送上好的大西瓜4个、月饼一塔（垒成塔形的大小月饼若干），也送三年。到娶亲时男方还要送与女方油炸糕80个。河曲、保德一带，结婚这天要吃油糕，菜是浇头，即素菜上浇一点肉汤。家境好一点的吃三圆盘：一盘猪肉、一盘羊肉、一盘鸡肉，谓之"下三圆"。有的人家以顺六碗为主。有的人家有八碗八碟子、九围碟、九碗十三花之席。

入席座次也有严格规定，坐首席者为娘舅，陪新亲。左为上，右为下，依次一左一右顺序安排。坐好后，新亲娘舅先开拳，别人方可饮酒进餐。酒过三巡，菜肴上齐后，新娘新郎执壶把盏，逐一敬酒劝饭。繁峙县一带，饭菜要上三道，接连不断，第一道是茶饼，第二道是炒菜蒸馍，第三道是炒菜油糕，其间有鼓乐助兴，猜拳行令，尽欢而散。近年来，宴毕后另备消夜，专请新亲娘舅。

宁武、河曲等地，新娘新郎回门，娘家要设宴招待，要给新郎吃下马饺

子。小舅子、小姨子要捉弄姐夫，往往在饺子里加辣椒、花椒、醋等，谓之"耍新女婿"。

◎ **3. 寿庆食俗**

做寿是指为老人举办的诞辰日的庆祝活动，一般从50岁开始，也有从40岁开始的，逢十称大寿，如"五十大寿"、"六十大寿"、"七十大寿"等。但这种大寿并非真正逢十，而是指49、59、69等逢九的岁数。因为"十全为满，满则招损"，另外，九在十个数字中数值最大，人们为讨个吉利，故形成了这种"庆九不庆十"的风俗。50岁开始的做寿活动，一般人家都会邀请亲朋好友前来祝贺，礼物多为寿桃、寿面、布匹及带寿字的糕点。布匹俗称"寿帐"，均挂在院中天棚四周以向客人展示。寿帐上写些吉祥语和被送者、送者姓名。送给男子常用"仁者有寿"、"贵寿无极"，送女子则用"蓬岛春蔼"、"寿域开祥"等。

做寿要用寿面、寿桃、寿糕、寿酒。长江下游一些地区，逢父母66岁生日时，出嫁的女儿要做"豆瓣肉"为父母祝寿。一般是将猪腿肉切成66块小肉红烧后，盖在一碗大米饭上，连同一双筷子一起放到食篮里，送肉时不进屋，从窗口递进。66块肉寓意老人长寿，吃了66块肉会平安度过66岁。也有的根据寿主口味灵活变化，不用红烧，改用别的烹调方法，但都必须是66块。

寿席的菜品一般遵循老年人的饮食保健原则，配有寿桃、寿面、云吞、冰糖、白果、松子、红枣、佛手等应景果点，而且菜名讲究，如"八仙过海"、"三星聚会"、"福如东海"、"瑶池赴会"、"八仙过海"、"松鹤延年"、"麻姑献寿"等祥和菜名。至于鱼菜，一般不宜多上，否则容易使老人产生"多余"的联想；而"西瓜盅"、"冬瓜盅"之类的也是犯忌的，因为"盅"与"终"谐音。

◎ **4. 丧事食俗**

中国儒家重视孝道，丧葬礼是最能体现孝道精神的，因而在古代礼俗中占有重要地位。丧礼，俗称"送终"、"办丧事"，古代视其为"凶礼之一"。丧葬仪礼，是人生最后一项"通过仪礼"，也是最后"脱离仪式"。中国古代丧葬礼的基本程式源于《仪礼》、《礼记》，后世随着佛教、道教的流行，丧俗中增添了佛道两教的仪式，请和尚、道士来做佛事、做道场，为死者超度亡灵。

各地的丧席有一定的差别。扬州丧席一般都是六样菜，分别是红烧肉、红烧鸡块、红烧鱼、炒豌豆苗、炒大粉、炒鸡蛋，称为"六大碗"。四川一带的"开丧席"，多用巴蜀田席"九大碗"，也就是干盘菜、凉菜、炒菜、镶碗、墩

子、蹄髈、烧白、鸡或鱼、汤菜。江苏南部流行"泡饭"的风俗，即出柩日的一种接待宾客的活动。《西石城风俗志》记载："出柩之日，具饭待宾，和豌豆煮之，名曰'泡饭'；素菜十大、十三碗不等，贫者或用攒菜四碗，豆腐四碗，分置于座。"

　　丧葬仪礼中的饮食，主要是用于感谢前来奔丧的宾客。这些宾客之中，一些人是为了表达哀思悼念之情，另外还有一些帮忙操持丧事的人，非常辛劳。丧家以饮食款待这些宾客，一是为了表达自己的谢意，二是希望丧事办得让各方都满意。居丧之家，家人的饮食多有一些礼制加以约束，还有一些斋戒要求。到了清代，早期的一些严格的斋戒礼仪虽然变得简约易行，但是很多遇丧之家的饮食生活仍然有一些特殊要求，吃素食蔬菜的大有人在。丧家成员因为悲伤，饮食往往比较简单。陕西安康等地有"提汤"的习俗。丧主因为悲伤过度，茶饭不思，也无心做饭。这时，亲友街坊便纷纷送来各种熟食，劝慰主人进食，也用这些熟食来招待客人，称为"提汤"。

四、宗教信仰食俗

◎ 1. 概述

（1）宗教。

　　人类社会发展到一定历史阶段出现的一种文化现象，属于社会意识形态，是自然力量和社会力量在人们意识中歪曲、虚幻的反映。主要特点为，相信现实世界之外存在超自然的神秘力量或实体，该神秘力量或实体统摄万物而拥有绝对权威、主宰自然进化、决定人世命运，从而使人产生敬畏及崇拜，并从而引申出信仰认知及仪式活动。宗教所构成的信仰体系和社会群组是人类思想文化和社会形态的一个重要组成部分。

　　宗教最早是原始人群的自发信仰。当时生产力和人们的认识能力十分低下，他们一方面要依靠经验去战胜自然，以求生存；另一方面他们对许多自然界所发生的现象，如风雨、雷电、日月、死亡、生育等自然现象和人类自身的生理现象难以理解，认为有一种超自然的力量存在着，主宰着人类。这种潜在的恐惧心理的作用，使他们千方百计用各种办法，以换取超自然力的同情。这种把自然力重视为神灵，并通过一定的仪式求得自然力保护的行为，便是原始宗教。原始宗教以自然物和自然力为崇拜对象，相信"万物有灵"。

　　在阶级社会里，人们把对自然界的兴趣逐渐转向对阶级压迫带来的痛苦和灾难的不正确认识上，于是原始宗教发展为人为宗教（也称现代宗教）。宗教

脱离了它的原始形态，由拜物教、多神教发展到一神教。世界三大宗教——佛教、基督教和伊斯兰教以及中国的道教等均为现代宗教。现代宗教与原始宗教不同，它有自己的教义和教规，有一定的内部结构，有些还有系统介绍宗教教义的典籍。

（2）宗教信仰食俗的特性。

1）人数众多。由于各个宗教的信仰者人数众多，所以宗教信仰食俗往往不是少数人的行为，而是群体或全族的活动。如藏族、蒙古族信奉喇嘛教，傣族信小乘佛教，回族信奉伊斯兰教，各教的食规、食戒成为他们遵守的饮食规范。

2）自觉自发。宗教信仰者在无人强迫下自觉遵守教规，对于食规、食戒同样也是一种自觉自发的行为，并且能够持之以恒。如耆那教徒自愿过"苦行僧"式的生活，旧时老人许愿后坚持数十年吃"花斋"，佛教信徒一般都是素食斋菜。

3）各有忌讳。宗教信仰食俗往往对某些食物有一定的忌讳，如回民不吃猪肉，瑶民禁食狗肉，道教徒不吃荤，汉族信奉大乘佛教的佛门弟子不许吃肉、喝酒。在饮食时间上也有一些特殊要求，如佛教规定"过午不食"，伊斯兰教规定每年回历九月"斋戒"。

4）神秘难解。宗教信仰均具有神秘性。人为宗教的神秘表现在宗教活动的体系和各个环节之中。许多原始宗教及其信仰的神秘性，是不可解释的。人们对某些食俗成因的解说常常回避，并不追究，只是膜拜。有些现象或许根本就无法解释。

5）讲求功利。宗教信仰食俗的功利目的是很明显的，如天神、地神、风神、雨神、雷神、山神、林神及众多的鬼魂崇拜，均是为了获得直接的功利而设置。现代宗教强调修行和自身的完善，饮食的禁忌与选择，有的出于安全卫生，有的是为了来世进天堂。

6）复杂多样。某些食俗的成因与形式多种多样，如各地祭土神的说法与方式不一。不少食俗事象并存，还可互相借鉴与移植，如佛道食俗在某些方面就有相通之处。原始宗教与现代宗教存在着明显差异，原始宗教把自然力看成是对人类社会最直接的威胁，它们对自然力的屈服引导人们消极地对待自然、社会和人生。

◎ **2. 佛教食俗**

（1）佛教简介。佛教由古印度的释迦牟尼（被称为佛陀）在大约公元前6世纪建立，与基督教和伊斯兰教并列为世界三大宗教。

　　"佛"，全称"佛陀"，意思是觉悟者。佛教重视人类心灵的进步和觉悟，人们的一切烦恼（苦）都是有因有缘的，"诸法因缘生，诸法因缘灭"。人和其他众生一样沉沦于苦迫之中，并不断地生死轮回。惟有断灭贪、嗔、痴的圣人（佛陀、辟支佛和阿罗汉）才能脱离生死轮回，达到涅槃（清凉寂静之意，即没有烦恼）。释迦牟尼在 35 岁时成佛，并对众人宣扬他所发现的真理。佛教徒的目的即在于从佛陀的教育（正法）里，看透苦迫和"自我"的真相（缘起法），最终超越生死和苦、断尽一切烦恼，成佛或者成阿罗汉。

　　现代佛教可分为南传佛教与北传佛教二大传承，北传佛教又可分为汉传佛教与藏传佛教，因此又可分为三大传承。南传佛教大致上就是上座部佛教（又被称为小乘佛教），北传佛教大致上包括大乘佛教（主要是汉传佛教）和秘密大乘佛教或金刚乘佛教（主要是藏传佛教）。各传乘在佛教的根本教义基本上没有大分别，在修行特色上与一些理论上则有分别，以菩萨行理论的分别最为显著。

　　佛教目前主要流行于东亚、东南亚及南亚等地区，在欧洲、美洲、大洋洲和非洲也有少量信徒。

　　佛教自汉代传入中国，据史书记载，西汉哀帝元寿元年（公元前 2 年），已有佛经传入中国。当时，人们把它当作盛行于当时的一种"方术"来看待。由于当时朝廷禁止中国人出家，所以汉代僧人除个别例外，都是一些外籍译师。东汉明帝时，派人到大月氏求佛经，请来两名僧人，并用白马驮回一些佛经，在首都洛阳兴建了中国第一所佛教寺院——白马寺。东汉后期，西域的一些名僧相继来到中国，在洛阳翻译佛经。佛教在中国的影响越来越大。到了三国两晋南北朝时期，中国是无尽的战乱，"白骨露于野，千里无鸡鸣"，是当时真实的写照。老百姓受尽统治阶级的压迫、剥削，陷入极端的痛苦之中。佛教的教义所宣扬的思想为无助的人们提供了一种精神寄托，成为大家摆脱现实世界苦难的精神支撑，再加上当时的现实环境，造成了宗教流行的土壤。北朝时，统治者大力提倡佛教，佛寺遍布各地，僧尼多到惊人的地步。如北魏时，寺院有 3 万所，僧尼有 200 多万人。在南朝，佛教也在传播。梁朝的梁武帝一度定佛教为"国教"，仅建康（今南京）就有寺院 500 多所，僧尼 10 余万人。至唐代，达到了鼎盛时期。唐代共有佛教寺院 4 万多所，僧尼 30 来万人。从隋到唐，先后出现了 8 个佛教宗派，他们是：天台宗、三论宗、唯识宗、律宗、贤首宗、禅宗、净土宗、密宗。宗派佛教的出现，标志着佛教的"成熟"程度，佛教已经完成了"中国化"的进程；从此，它可以名副其实地称为"中国佛教"。宋、元以后的佛教日益衰落，但它们仍在不同的历史条件下继

续发展演变。除云南傣族地区等少数区域信奉小乘佛教外，其他大部分地区盛行大乘佛教，其中佛教与西藏原有的本教结合形成的喇嘛教流传于西藏、内蒙古等地。

（2）佛教食俗。佛教原来只有不准饮酒、不准杀生的戒律，没有禁止吃肉的戒条，只要不是自己杀生、不叫他人杀生和未亲眼看见杀生的肉都可以吃，即"三净肉"可食。所以，现在各国的大多数佛教徒，包括中国的藏、蒙、傣等少数民族的佛教徒在内，仍然是吃肉的。只有中国的汉族佛教徒（包括出家僧尼和在家信徒）是吃素的，而这一习惯的形成，最初是源自梁武帝以世俗的政治力量"制断酒肉"。事实上，当时佛教律典中，素食是找不到根据的。在《断酒肉文》推行的制断酒肉政策受到质疑之后的第二年，梁武帝开始大力推广载有断肉戒条的《梵网经》菩萨戒。经过梁武帝的积极努力，终于成功推行了佛教的全面素食。自此以后，素食就成为了中国汉民族佛教的特色。然而，在南朝以后，尽管佛教中素食的戒律已逐步形成，但还是有僧徒不履行这一戒律。唐代门徒不守戒律的现象时有发生，以至唐朝政府不得不发布诏书以整饬规矩。《全唐文·禁僧道不守戒律诏》卷二十九云："迩闻道僧，不守戒律，或公讼私竞，或饮酒食肉……宜令州县官，严加捉搦禁止。"如《水浒传》中的鲁智深就是一个饮酒食肉的"花和尚"。

佛教的食俗大致体现在以下几个方面：

1）佛教主张饮食调和。出家人在念诵供养咒时，都会唱言："三德六味，供佛及僧，法界有情，普同供养。"其中"三德六味"也就是在告诉佛教徒作为供佛和僧人的饮食，一定要六味俱足，方为合法，否则便是对佛和僧的不恭敬。所谓"三德六味"即清净、柔软、如法三德，淡、咸、辛、酸、甘、苦六种味道。厨师在备办僧人的食物时，要拣择干净，以便合于清净德；食物要精细甘和，以便合于柔软之德，并且要应时置办，制造得宜，以便合于如法之德。对于"六味"，有文章指出："盖淡味为诸味之体；咸味其性润，能滋于肌肤，故味之调者，必以盐为首；辛味其性热，能暖脏腑之寒，故味之辣者为辛；酸味其性凉，能解诸味之毒，故味之酢者为酸；甘味其性和，能和脾胃，故味甜者为甘；苦味其性冷，能解脏腑之热，故味啬者为苦。"

2）佛教提倡清心素食。佛教认为，素食可以培养慈悲心，人若食素，不仅可以使人不造杀业，而且能够培养人的怜悯生灵的慈悲之心。因为他们认为，吃肉就是杀生，虽然吃肉之人没有亲手杀生，但由于他们吃肉导致屠夫的存在，间接犯了杀生戒。素食可以免造恶业。因为食素没有杀生，也就等于是间接地放生，放生的人，将来会得到诸种善报。佛教还认为，素食可以远离冤

冤相报。只有食素，才不会造作恶业，最终才会跳出冤冤相报的因果轮回圈，从而使自己清心寡欲，增进道心。

3）佛教主张不非时食。不非时食是佛制基本戒条。佛在世的时候，规定佛弟子一天只能在中午吃一餐，叫做过午不食，或者称为持午、不非时食。也就是在中午 11 时至下午 1 时之间可以进食。若出家人非时而食，名为破斋，往往结罪。《毗罗三昧经》中记载，"食有四时：旦，天食时；午，法食时；暮，畜生食时；夜，鬼神食时。"即中午是僧侣吃饭之时。这种过午不食的制度，在中国很难实行，特别是对于参加劳动的僧人。于是又产生了变通的方法，正月、五月、九月三个月中，每天不过中食之戒，谓之"三长斋月"。一般情况下，佛寺僧人早餐食粥，时间是晨光初露之时，以能看见掌中之纹时为准。午餐大多为饭，时间为正午之前。晚餐大多食粥，称"药食"。为何叫"药食"呢？因为按佛教戒律规定，午后不可吃食物，只有病号可以午后加一餐，称为"药食"。后来多数寺庙中开了过午不食的戒条，但名称仍为"药食"。

4）佛教讲究"食存五观"。佛教徒到吃饭的时候，当存五种观想：一是计功多少，量彼来处。所谓的计功就是计算作食的功劳。应当想到自己所吃的食物，从种植、耕耘、收获、加工、炊煮，饱含了种植者的血汗。二是忖己德行，全缺应供。出家人若饮食时，应当仔细想想自己的德行是否与佛制相符。三是防心离过，贪等为宗。要防止心念起三种过失：对上等食不起贪心；对中等食不起痴心；对下等食不因不好吃而起嗔恨心。四是正事良药，为疗形枯。食可以作为疗养身命的良药，是修行道业的关键。只要能养生保健即可，不应只在美味上着意。五是为成道业，方受此食。其主要目的是要求佛教徒进食时能够思考饮食的目的，以便进德修业。

僧人的饮食方式也是独特的。在佛教徒看来饮食不是目的，而是手段。《智度论》云："食为行道，不为益身。"得到饮食即可，不择粗精，但能支济身体，得以修道，便合佛意。至于饮食的来源，在印度主要靠托钵乞讨，所谓"外乞食以养色身"。佛教初入中国也是如此，僧侣主要靠施主供养，傣族地区的小乘佛教徒仍沿此习俗。唐中叶禅宗怀海在洪州百丈山创立禅院，制定《百丈清规》，倡导"一日不作，一日不食"。从此，僧人才有了自食其力的意识。

◎ 3. 伊斯兰教食俗

（1）伊斯兰教简介。伊斯兰教于 7 世纪初兴起于阿拉伯半岛，由麦加人穆罕默德（约 570～632 年）所创立。在中国旧称"回教"、"回回教"、"清真

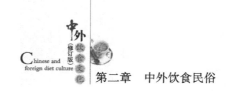

教"、"天方教"。清真是中国穆斯林特有的专用词语，"清"指安拉的宗教清净无染，"真"指安拉独一至尊。组合词为圣洁、美好、朴实、优越的境界。现在多被引申为"清净朴洁，无尘无染"或"清净无染，真乃独一"之意；穆斯林意为"顺从者"、"和平者"，专指顺从独一真主安拉旨意、信仰伊斯兰教的人，是伊斯兰教徒的统称。

伊斯兰教的产生，是当时阿拉伯半岛各部落要求改变由于东西商路改道而加剧的社会经济衰落状况和实现政治统一的愿望在意识形态上的反映。穆罕默德以伊斯兰教为号召，在麦地那建立了主要代表贵族商人利益的政权，后该教成为阿拉伯一些政教合一国家的精神支柱。伊斯兰教分布于亚洲和非洲，特别是西亚、北非和东南亚各地，在一些国家被指定为国教。

伊斯兰教分为逊尼和什叶两大派系。逊尼派为主流派别，又被称为正统派，分布在大多数伊斯兰国家，中国也是逊尼派；什叶派的大国为伊朗，还存在于其他一些国家和地区，如伊拉克等国。两派的分别主要在于对于穆圣继承人的合法性的承认上。按什叶派的观点，只有阿里及其直系后裔才是合法的继承人，而逊尼派承认阿布·伯克尔、欧麦尔、奥斯曼前三任哈里发的合法性。不管是逊尼派还是什叶派，都是穆斯林兄弟。他们都信仰同一部《古兰经》、遵圣训，都是诚信真主独一、承认穆圣是真主派给人类的最后一位使者，并认同真主的全知、全能、无求、永活、无形似、无方位、无如何、无朝向、无体等德行。

伊斯兰教的基本信条为"万物非主，唯有真主，穆罕默德是安拉的使者"，这在我国穆斯林中视其为"清真言"，突出了伊斯兰教信仰的核心内容。具体而言又有六大信仰之说："信安拉"、"信天使"、"信经典"、"信先知"、"信后世"、"信前定"。伊斯兰教学者根据《古兰经》内容，将五项基本功课概括为：念、礼、斋、课、朝。

公元 7 世纪中叶，伊斯兰教传入中国，信奉伊斯兰教的有回族、维吾尔族、东乡族、柯尔克孜族、撒拉族、塔吉克族、乌孜别克族、保安族等 10 个少数民族。

（2）伊斯兰教食俗。伊斯兰教认为，若要保持一种纯洁无瑕的心灵和健康理智的思绪，若要滋养一种热诚高尚的精神和一个干净健康的身体，就应当对人们赖以生存的饮食予以特别关注。在《古兰经》里以及穆罕默德圣训、天方诸贤的典籍中，对饮食禁忌均提出了具体的要求。至今，中国的穆斯林仍基本遵循着伊斯兰教经所定的饮食清规，形成了别具一格的饮食风俗。

伊斯兰教饮食风俗基本原则是清洁卫生、维护健康，提倡人们享用大地上

丰富而佳美的食物，意义在于"为保持一种心灵上的纯朴洁净、保持思想的健康理智，为滋养一种热诚的精神……同时也是一种有效的防病措施。坚持贯彻，则有益于个人与民族的身心健康。"

根据《古兰经》有关饮食方面的原则规定，及《圣训》的补充解释，伊斯兰教法学家遵循经训的精神制定了若干细则，便逐渐使饮食条例具体化、制度化。

那么什么才是《古兰经》中所称的"合法而且佳美的食物"呢？合法，首先必须符合《古兰经》、《圣训》的规定，如在宰杀动物时要诵安拉之名；其次必须是属于自己所有的、劳动所获的、来路正当的，而不是偷窃掠夺而来的。佳美，指食物必须是有益于健康的、洁净卫生的、没有污秽毒害的。无论是家禽、家畜或是大自然中野生的鸟兽，选择可食动物的标准是："禽令谷，兽食刍，畜有纯德者。"

关于可食动物，《饮食篇》中讲："兽与禽类，凡食谷、食刍而性善纯德者可食。"通常为牛、羊、鸡、鸭、鹅之类。牛和羊都是不食肉的素口，且能反刍倒嚼，即食入胃中能回到嘴里细嚼，是性情温驯的家豢之畜。野兽、鱼、虫之类，"若鹿、麋、獐、麝，刍食者也，可食。例如野生的山牛、山羊、山驼之类与家畜同状者，俱可食。可食的还有：穴属之兔，兔得土性之良；潜属之鱼，惟鱼秉性之正；虫属有螽（蝗），螽掇草木之精华，惯食禾稼。"穆圣有谕："遇歉食蝗，将以度生，又免蝗祸及粮食。""惟鱼首鱼尾，正形，脊有刺，腹下有翅者，为鲤、鲫、鲢及一般草鱼等，即可食。"

吃牲禽必须活口，并经清真寺阿訇宰杀，临操刀先念"太司米耶"经语，诵真主"安拉"名，原文语意为"以安拉之名，安拉至大"。然后下刀割断气管、血管与食管，放血净尽，随即用清水冲洗下刀处血迹，谓之"有刀口"。其目的在于注意肉食品的卫生。

在"合法与佳美"的饮食基础之上，伊斯兰教还有诸多饮食之道，是其饮食风俗的有机组成部分。如有些虽然是被禁止不能吃的食物，但是如果为形势所迫，则可以食用，但不能过分。如即将被饿死，则可以食用禁物以维持生命；饭前饭后要洗手；不能站着吃喝，站着吃喝不利卫生，有损健康，也不雅观，有失文明礼貌；不能用左手吃饭，因左手用于解便。同桌共餐，不能伸手去取食别人跟前的食物，只当取食靠近自己的食物；吃完之后要漱口刷牙，还当剔牙，以去除口中残食；放置食物时，要有所遮盖，不能将食物暴露在外边，以防被污染；会见客人、外出办公或参加礼拜，都不能吃生葱、生蒜一些辛辣的食物，因为这些食物会发出难闻的气味。

伊斯兰教严禁饮酒。《古兰经》云："饮酒、赌博、拜像、求签，只是一种秽行，只是恶魔的行为，故当远离，以便你们成功。"因而不饮酒、不赌博、崇拜偶像、不求签问卦是穆斯林应遵守的教规。凡宗教活动的餐桌上，绝对免酒。

在上述食物禁忌中，以禁食猪肉的习俗最为严格、最为普遍，伊斯兰教徒不仅不能食猪肉、养猪、用猪油炒菜，甚至忌讲"猪"字，称猪为"黑牲口"、猪肉为"大肉"、猪油为"大油"，属相为猪称"属黑"。

伊斯兰教在鼓励人们享用"合法与佳美"食物的同时，反对扩大饮食禁忌，擅自以清规戒律束缚自己。《古兰经》说："安拉已准许你们享受的佳美食物，你们不要把它当作禁物，你们不要过分。"

伊斯兰教传统食品有阿拉伯大饼、椰枣、油香、羊羔肉等。阿拉伯大饼是伊斯兰教最著名的食品，也是历史最为悠久的食品之一，早在1400年前的《古兰经》中就有记载。阿拉伯语称"胡卜兹"，即烤饼。面粉中辅以调料，用木炭火烘烤，水分少，酥香耐存，特别适应阿拉伯商人远道经商携带。椰枣是阿拉伯的传统种植物，已有数千年的栽种历史，在伊斯兰教兴起前，阿拉伯人就开始广泛食用椰枣了。油香也是伊斯兰教传统食品。以面做成饼状，用清油炸制而成。因炸锅时油香四溢而得名。穆斯林家庭举行诵经礼仪时，多用油香招待阿訇，有时还广为散发。羊羔肉是阿拉伯地区主要的食用肉。将羊羔宰后，放入盐水中煮熟，肉质软嫩，味道非常鲜美。当年，阿拉伯商队行进在茫茫无垠的大沙漠，几乎每天都要吃羊羔肉。有时他们还把肉切成小块，穿成串，用篝火烤，待溢出肉汁后，再与米、松子、杏仁、葡萄干等一起食用，这类食品叫"西西卡巴布"。另外，伊斯兰教传统食品"库斯库斯"，类似我国的盖烧饭。其做法是用胡椒、辣椒、杏仁、花生等作为辅料将羊肉炖熟，然后浇在小米饭上即成。"库斯库斯"要趁热吃，既香又辣，吃后大汗淋漓，感觉很痛快。

穆斯林十分重视"斋月"。所谓"斋月"，就是在回历九月的一个月中，穆斯林每天从黎明到日落禁止饮食，日落后至黎明前进食。午夜一餐，最为丰盛。直到十月初一才开斋过节。开斋这天是"开斋节"，又名"恰似孜节"，人们杀牛宰羊，制作油香、馓子、奶茶等食物，沐浴盛装，举行会礼，群聚饮宴，相互祝贺。

穆斯林的另一个节日是"古尔邦节"，又名"宰牲节"，有宰牲以献真主之意。此节在回历十二月初十。人们要把家中扫除干净，沐浴馨香，要赶在太阳升起前去清真寺听阿訇念《古兰经》，举行会礼，观看宰牲仪式，并互相拜

节，宰羊煮肉，做抓饭、油香，举行各种娱乐活动。

圣纪节也是伊斯兰教的一大节日，又称"圣节"、"圣纪"、"办圣会"。此节在回历三月十二日。节日里，清真寺举行诵经、赞圣和讲述穆罕默德的生平轶事，人们宰牛、宰羊，炸油香、馓子招待客人，亲友拜节祝贺。

我国信仰伊斯兰教者分布很广，在全国形成了"大分散、小集中"的特点，饮食上也形成了南北差异。北方清真饮食渊源于陆上丝绸之路的开辟，受游牧民族影响大，以羊肉、奶酪、面食为主体。南方清真饮食源于海上香料之路，受农耕民族影响大，长于牛肉、家禽的烹制，主食中稻米所占比重较大，水产菜肴明显多于北方。

◎ **4. 道教食俗**

（1）道教简介。道教是中国土生土长的宗教，源于远古巫术和秦汉的神仙方术，东汉时形成，到南北朝时盛行起来，是中国主要宗教之一。道教徒尊称创立者之一张道陵为天师，因而又叫"天师道"。后分化为许多派别。道教奉老子为教祖，尊称他为"太上老君"。奉三清为最高的神。以《道德经》（即《老子》）、《正一经》和《太平洞经》为主要经典。后经张角、张鲁、葛洪、寇谦、陆修静、王重阳、丘处机、成吉思汗、明万历皇帝等倡导，道教不断发展。

道教徒有两种：一种是神职教徒，即"道士"。据《太霄琅书经》，"人行大道，号曰道士。""身心顺理，为道是从，故称道士。"他们按地域可分为茅山道士、罗浮道士等。从师承可分为"正一"道士、"全真"道士等。按宫观中教务可分为"当家"、"殿主"、"知客"等。另一种是一般教徒，人称"居士"或"信徒"。"宫观"是道家最主要的组织形式。宫观是道士修道、祀神和举行仪式的场所。道教另有一些经济组织（如素食部、茶厂等）、教育组织（道学班、道教经学班等）、慈善组织（安老院、施诊给药部等）。

道教以"道"名教，或言老庄学说，或言内外修炼，或言符箓方术，认为天地万物都由"道"而派生，即所谓"一生二，二生三，三生万物"，社会人生都应法"道"而行，最后回归自然。具体而言，是从"天"、"地"、"人"、"鬼"四个方面展开教义系统的。天，既指现实的宇宙，又指神仙所居之所。其奉行者为天道。地，既指现实的地球和万物，又指鬼魂受难之地狱。其运行受之于地道。人，既指总称之人类，也指局限之个人。人之一言一行当奉行人道、人德。鬼，指人之所归。人能修善德，即可阴中超脱，脱离苦海，姓氏不录于鬼关，是名鬼仙。神仙，也是道教教义思想的偶像体现。道教是一种多神教，沿袭了中国古代对于日月、星辰、河海山岳以及祖先亡灵都奉祖的

信仰习惯，形成了一个包括天神、地祇和人鬼的复杂的神灵系统。道教提倡无极、元极、太极，中庸即为"道"的教理，既中庸之道。

道术是道教徒实践天道的重要宗教行为，一般认为它有外丹、内丹、服食和房中等内容。

（2）道教食俗。道教以追求长生成仙为主要宗旨，在饮食上形成一套独特的信仰习俗，主要表现为：

1）提倡不食荤腥。道教徒们有一种理论，认为人由天地之气而生，气布人存，而谷物、荤腥等都会破坏"气"的清新洁净，道教为了保持人体内的清新洁静，提倡不食荤腥。《大清中黄真经》说要"先除欲以养精，后禁食以存命"，《太平经》卷四十二也说"先不食有形而食气"。这就叫"辟谷"或"绝粒"。其中，食物也有三、六、九等，最能败坏洁净之气的是荤腥及"五辛"，所以忌食鱼肉荤腥与葱、韭、蒜等辛辣刺激的食物。《上洞心丹经赢诀》卷中《修内丹法秘诀》云："不可多食生菜鲜肥之物，令人气强，难以禁闭。"《胎息秘要歌诀·饮食杂忌》中也讲："禽兽爪头支，此等血肉食，皆能致命危，荤茹既败气，饥饱也如斯，生硬冷须慎，酸咸辛不宜。"《抱朴子内篇·对俗》中讲，理想的食物是"餐朝霞之沆瀣，吸玄黄之醇精，饮则玉醴金浆，食则翠芝朱英"。认为只有这样饮食，才能延年益寿。

早在两汉初年，道教徒这种饮食摄生的守则已经形成。随着道教在民间的普及和发展，在两晋南北朝时期，道教的饮食规范逐渐风行于我国民间。在不同的朝代，道教饮食规范有所差异。南北朝道家重要人物陶弘景，主张"少食荤腥，多食气"。其著作《养性延命录》中提到，吕洞宾告诉前来学道的人，酒、色、财、气，一点都不能沾染，这样才能具备得道成仙的条件。道家全真派的创始人王重阳主张"全神锻气，出家修行。"他制定了一整套道士出家的制度，规定道士不娶家室，斋戒酒肉，并不食"五荤"，使道家饮食风俗系统化、制度化。

道家还把饮食与人的精神层面联系起来。认为"食草者善走而愚，食肉者多膩而悍，食谷者智而不寿，食气者神明不死。"倡导"欲得生，肠中为清，欲得不死，胃中无渣。"这也成为道家辟谷的理论依据之一。这里的"气"就是指的大自然的"精气"，以此沉迷于丹药，也造成了很多悲剧，甚至有一些帝王修炼服用丹药中毒而死。

2）重视服食辟谷。服食就是选择一些草木药物来吃。道教认为，世间和非世间有某些药物，人吃了之后可以祛病延年，乃至长生不死。道士服食的药物大体有两类：一类属于滋养强壮身体的，如灵芝、黄精、天门冬之类；另一

类属安神养心及丹砂之类。尤其是食丹之术，为道教独有。魏晋南北朝时，倡服金丹，同时，服食草木药也较普遍。《抱朴子》有专篇论服食，多为草木药服食方。至唐代，外丹术大为盛行，服食丹药者众多，因草木药大多加入丹药烧炼，单服草木药者相对减少。唐以后外丹术渐衰，但某些服食药方为医家所吸收提炼，丰富了古代的医药学。

用作服食的草木药，据《抱朴子·仙药》篇记述，有五芝（其中之一为灵芝草）、茯苓、地黄、麦门冬、木巨胜、重楼、黄连、石韦、楮实、枸杞、天门冬、黄精、甘菊、松柏脂、泽泻、五味子等。其他书中还有人参、甘草、大枣、杏仁、桃仁、竹实、苁蓉、干姜、覆盆子等。苏联学者用计算机对中草药成分配方进行研究，筛选出其中最有价值的30种，绝大多数都包括在《抱朴子·仙药》篇所举草木药中。用于服食的金石药，常见的有丹砂、雄黄、雌黄、石硫黄、曾青、礜石、云母、慈石、戎盐、石英、钟乳石、赤石脂等。以上诸药有单服者，也有将这些金石药配在一起服食的，魏晋南北朝时期，士人所食的五石散，就是由这些药物中的一些配制而成。

辟谷又称"断谷"、"绝谷"、"休粮"、"绝粒"等。辟谷并非什么都不吃，只是不吃粮食，但可以服食药物，饮水浆等。道教认为，人吃五谷杂粮，会在肠中积结成为粪便，产生秽气，导致成仙的道路被阻断。《黄庭内景经》云："百谷之食土地精，五味外美邪魔腥，臭乱神明胎气零，那从反老得还婴?"同时，人体中有三虫，也叫三尸。《中山玉匮经服乞消三虫诀·说三尸》中认为，三尸常居人脾，专靠得此谷气而生存，有了它的存在，使人产生邪欲而无法成仙。如果人不食五谷，断其谷气，那么，三尸在人体中就不能生存了，人体内也就消灭了邪魔。因此，为了清除肠中秽气积除掉三尸虫，必须辟谷。为此道士们模仿《庄子·逍遥游》所描写的"不食五谷，吸风饮露"的仙人行径，企求达到不死的目的。

3）注重养生疗疾。道教将食疗作为修道养生的方术之一，在道书中记载了大量药酒、药茶、道菜、药膳及用蔬菜、水果、调料、鱼肉、禽蛋、粮食等食品治疗疾病的方法。《饮膳正要》记载："故善服药者，不若善保养；善保养，不若善服药。"如果人们能做到既善于怡养性情，摄生有术，又善于服药祛病，自知医术，治在病之前，则真是善养生者。

医药养生术，不仅可以使自己得到保健，并且可治病救人济世，弘扬道法。葛洪说："为道者，莫不兼修医术。"许多道教徒如葛洪、陶弘景、孙思邈等，都是著名的医药学家。道教徒把药分为上、中、下三品，认为上品药服之可以使人长生不死，中品药可以养生延年，下品药才用来治病。上药中的上

上品就是道士炼成的金丹大药。

晋代葛洪精于医术，编撰医书《玉函方》一百卷，又把自己的经验编撰为《肘后要急方》，用以救急。南朝陶弘景是著名药学家，所著《本草集注》，把原来的《神农本草经》中365种药物增加了一倍，对每种药物的性能、形状、特征、产地都加以说明。隋唐时的孙思邈精于医药，后世尊敬为"药王"。所著《千金方》中特别列出《食治》一门，详细介绍了谷、肉、果、菜等食物疗病的作用。他注重饮食卫生，主张多餐少吃，细嚼轻咽，饭后行数百步，采用药物和食疗两种方法治病，对食疗保健学的发展起到很大的推动作用。

道教还用药草作酒，称为神酒，如地黄酒、术酒、胡麻酒、松脂酒、天门冬酒、五加皮酒、枸杞酒等，皆有滋补疗疾之功。《食宪鸿秘》和《老老恒言》还载有大量药粥做法，其中如胡麻粥、莲子粥、羊肉粥、芡实粥、薏苡粥、山药粥等都有补益之功。

五、少数民族食俗

少数民族食俗是指各有传承、缘由与情致，分别流传在少数民族内部的饮食习惯。我国少数民族人口众多，将近1亿人，分布在富饶辽阔的国土上，他们的族源与名称、历史与演变、居住地的特点和情况、语言文字各有不同，也有各自的膳食结构、烹调工艺体系、食礼食风，都有各自鲜明的特色。下面按区域进行划分，择要进行介绍。

◎ **1. 华北、东北少数民族食俗**

这一地区地域辽阔，自然资源十分丰富，发展农牧业生产具有得天独厚的优越条件，自古以来就是中国少数民族生息繁衍的一个古老摇篮。古代多以畜牧、狩猎为生，后来一些民族以农业生产为主。生活在这一区域的民族有蒙古族、满族、朝鲜族、达斡尔族、鄂温克族、鄂伦春族、赫哲族等。

（1）蒙古族饮食风俗。蒙古族主要聚居在内蒙古自治区，还分布在新疆、辽宁、吉林、黑龙江、青海等省区。自古以畜牧和狩猎为主，被称为"马背民族"。蒙古族日食三餐，每餐都离不开奶与肉。奶制品是蒙古牧区的传统食品，以奶为原料制成的食品，蒙古语称"查干伊得"，意为圣洁、纯净的食品，即"白食"；以肉类为原料制成的食品，蒙古语称"乌兰伊得"，意为"红食"。奶制品向来被视为上品。奶食品种类很多，其营养丰富，味道可口，制作因地区不同而各有差异。主要品种有黄油、奶皮子、奶酪、奶豆腐、奶

油、奶渣、奶料米兰等。肉类主要是牛、绵羊肉，其次为山羊肉、骆驼肉和少量的马肉，在狩猎季节也捕猎黄羊肉。蒙古族的肉食品主要有手把肉、羊背子、烤全羊、全羊汤、蒙古八珍、腊肉等。最具特色的是剥皮烤全羊、炉烤带皮整羊，最常见的是手把羊肉。蒙古族吃羊肉讲究清煮，煮熟后即食用，以保持羊肉的鲜嫩。喜欢吃炒米、烙饼、面条、蒙古包子、蒙古馅饼等食品。每天离不开茶，除饮红茶外，几乎都有饮奶茶的习惯。多数蒙古族人能饮酒，多为白酒、啤酒、奶酒、马奶酒。蒙古族民间一年之中最大的节日是"年节"，也称"白节"或"白月"。除夕，户户都要吃手把肉，也要包饺子、制饼，初一的早晨，晚辈要向长辈敬"辞岁酒"。一些地区，夏天要过"马奶节"。节前家家宰羊，做手把羊肉或全羊宴，还要挤马奶酿酒，节日里，牧民要用最好的奶制品招待客人。

随着粮食的发展，粮食在蒙古族成为必需的食品之一。在半农半牧区已成为主食。牧区最普遍食用的是炒米，蒙语称为"胡列补达"。用糜子米炒制而成，有脆炒米和硬炒米两种。脆炒米用于泡奶茶；硬炒米用于做羊肉稀粥，或者干饭。炒米可作干粮，不需要烹煮就可以直接食用。蒙古族的粮食食品各地区也不相同，内蒙古赤峰地区吃什锦饭，土默川人爱吃一种酸饭。除此之外，各地还吃奶煮面条、肉汤面、荞面粉肠、奶果子等。

（2）满族饮食风俗。满族主要居住在东北三省、河北省和内蒙古自治区。早期满族先民以游猎和采集为主要谋生手段，后主要从事农业。民间农忙时日食三餐，农闲时日食两餐。过去多以高粱米、玉米和小米为主食，现以稻米和面粉为主粮。喜在饭中加小豆或粑豆。有的地区以玉米为主食，喜以玉米面发酵做成"酸汤子"。东北大部分地区的满族还有吃水饭的习惯，即在做好高粱米饭或玉米后用清水过一遍，再放入清水中泡，吃时捞出，清凉可口。这种吃法多在夏季。饽饽是满族的特色食品，各种黏饽饽是用黏高粱、黏玉米、黄米等磨成面制作而成的。有豆面饽饽、搓条饽饽、苏叶饽饽、菠萝叶饽饽、牛舌饽饽、年糕饽饽、水煮饽饽（汉语的饺子）等。冬天，满族民间常以秋冬之际腌的大白菜（即酸菜）为主要蔬菜。酸菜可用熬、炖、炒和凉拌的方法食用，用酸菜下火锅别具特色。配菜也可用来做馅包饺子。东北地区的满族，每户腌渍的酸菜一般可以吃到第二年春天。此外，日常蔬菜还有萝卜、豆角等。满族人民爱吃猪肉，常用白煮的方法烹制。食用油以豆油、猪油和苏子油居多。肉食以猪肉为主，部分地区的满族禁食狗肉。满族许多节日与汉族相同。逢年过节，均要杀猪。农历腊月的初八，要吃腊八粥。除夕吃饺子，在一个饺子中放一根白线，谁吃着白线就意味着谁能长寿；也有的在一个饺子中放一枚

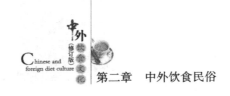

铜钱，吃到便意味着一年内有钱花。此外，还要吃手把肉和"萨其玛"。

满族信仰萨满教，每年都要根据不同的节令祭天、祭神、祭祖先，以猪和猪头为主要祭品。满族人家至今还有逢杀猪时请亲邻好友前来品尝头顿猪肉的习惯。过去，在庄稼成熟的季节，满族还有"荐新"祭祀的习惯，如今已被"上场豆腐下场糕"习俗所代替，即在五谷上场时，用新豆子做豆腐吃，打场结束时，用新谷做大黄米饭或豆面饽饽吃，以庆丰收。

（3）朝鲜族饮食风俗。朝鲜族主要分布在中国东北三省，少数散居在内蒙古和内地一些城市。朝鲜族聚居的地区，特别是延边地区，农、林、牧、副、渔业生产全面发展。延边地区是中国北方著名的水稻之乡，又是中国主要的烤烟产区之一。

朝鲜族过去有一日四餐的习惯。除早、中、晚餐外，在农村地区劳动之后还要加一顿夜餐。朝鲜族喜食米饭，擅做米饭，用水、用火都非常讲究，做出的米饭颗粒松软，饭味醇正。各种用大米面做成的片糕、散状糕、发糕等也是朝鲜族的日常主食。朝鲜族日常菜肴常见的是"八珍菜"（用绿豆芽、黄豆芽、水豆腐、干豆腐、粉条、桔梗、蕨菜、蘑菇八种原料，经炖、拌、炒、煎制成的菜肴）和"酱木儿"（系汉语译音，意为大酱菜汤。主要原料是小白菜、秋白菜、大兴菜、海带菜等以酱代盐，加水焯熟即可食用）等。辣椒不仅是菜肴的主要原料之一，也是主要调味品。咸菜是日常不可缺少的菜肴。如酱腌小辣椒、酱腌紫苏叶、辣酱南沙参、咸辣桔梗，酱牛肉萝卜块等。朝鲜族泡菜做工精细，是入冬后至第二年春天的常备菜肴。

朝鲜族日常进食及餐具的摆放都有一定的规范，特别是在有老年人的家庭里，一般都要为老人单摆一桌。全家人进餐时，要先给老人盛饭，待老人开始吃饭了，全家才开始吃饭。在长辈面前不许饮酒，用餐后在长辈面前不许吸烟，以表示对长辈的尊敬。餐桌上，匙箸、饭汤的摆法都有固定的位置。如匙箸应摆在用餐者的右侧，饭摆在桌面的左侧，汤碗摆在右侧等。

朝鲜族一向崇尚礼仪，注重节令。每逢年节和喜庆的日子，饮食更加讲究，所有的菜肴和糕饼都要用辣椒丝、鸡蛋片、紫菜丝、绿葱丝或松仁米、胡桃仁等加以点缀。节日菜肴品种繁多，并备时令名菜，如"神仙炉"、"补身炉"、明太鱼等。所有的节日菜肴都要有冷盘和生拌。除了传统节日外，小儿周岁、结婚、老人六十大寿，都要大摆筵席，宴请宾客。筵席的传统菜点不仅花样繁多，造型也要优美华丽，好多食品都要做成鸟兽形。所有礼仪筵席，以祝贺老人六十大寿的"花甲"席最为讲究和隆重。

（4）达斡尔族饮食风俗。达斡尔族主要聚居在内蒙古自治区和黑龙江省，

少数居住在新疆塔城市。以狩猎和农业为主，渔业也比较发达。

达斡尔族习惯于农忙时日食三餐，农闲时日食两餐。过去以稷子、荞麦、燕麦、大麦、苏子为主食，主食中以稷子米和荞麦面为主。用荞麦米或燕麦米做成的狍子肉粥，是达斡尔族老人喜欢的食品。20世纪以后，面粉、小米也成为达斡尔族的主食，过春节也开始打年糕。达斡尔族的面食以荞面为主，多制成面条、馒头、烙饼和水饺，这些荞面食品都直接在牛奶或兽禽肉汤上煮熟。饸饹是把荞麦面条过冷水后，浇以沙鸡、野鸡或狍子等野味肉汤，是达斡尔族的上等主食，常用来招待贵客。除荞面外，达斡尔族也用稷子米磨面，做发面夹苏子馅烙饼和蒸酸甜而松软的发糕。带有民族特点的吃法是，鲜牛奶面片和面片拌奶油白糖、烙苏子馅饼。肉食过去以野生动物为多，随着狩猎业减少，家养的猪、牛、羊、鸡成为主要肉食。平时，喜用肉炖蔬菜。常吃鱼，主要是清炖和清蒸。达斡尔族房前屋后常种有各种各样的蔬菜，除了大量应时吃用外还加工成酸菜、咸菜、干菜，以备冬春食用。达斡尔族妇女还采集柳蒿菜、山葱、山芹菜、野韭菜、黄花等野菜，煮熟食用。以肥猪肠或肥猪肉加芸豆炖柳蒿菜，采集木耳、蘑菇加肉炖、炒，都是达斡尔族常吃的风味佳肴。牛奶在达斡尔族的饮食中有重要地位，食用花样很多。鲜、酸两种牛奶是米食和面食不可少的拌食。达斡尔的饮料有鲜、酸牛奶、奶酒、奶米茶等。

达斡尔族称春节为"阿涅"，也把春节当作一年之中最盛大的节日。节前，家家都要杀年猪，打年糕。中秋节要做月饼，即在白面里夹上黄油、白糖、山丁子粉和倭瓜籽，然后把面放入刻有花纹的方、圆形木制模子里压成月饼，烙熟或烤熟作为节日点心。达斡尔族民间有敬老、互助和好客之风，无论谁家宰杀牲畜，都要选出好的肉分赠给邻居和亲友，狩猎或捕鱼归来，甚至路人都可以分得一份。家里来了客人，即便生活贫困也乐于设法款待。

（5）鄂温克族饮食风俗。鄂温克族人主要分布在中国东北黑龙江省讷河市和内蒙古自治区。大部分鄂温克人以放牧为生，其余从事农耕。在纯畜牧业生产区的鄂温克族以乳、肉、面为主食，每日三餐都离不开牛奶，不仅以鲜奶为饮料，也常把鲜奶加工成酸奶和干奶制品。主要奶制品有稀奶油、黄油、奶渣、奶干和奶皮子。主食以面为主，除烤面包外，还常食用面条、烙饼、油炸馃子等，食用时，拌上或抹上鲜奶或黄油。有时也食用大米、稷子米和小米，但都用来做成肉粥，很少做成米饭；肉类以牛、羊肉为主。食肉的方法常有手把肉、灌血肠、熬肉米粥和烤肉串等。居住在北部兴安岭原始森林里的鄂温克族，完全以肉类为日常生活的主食，吃驼鹿肉、鹿肉、熊肉和野鸡、鱼类等，食用方法也与牧区略有不同，其中驼鹿、鹿、狍子的肝、肾一般都生食，其他

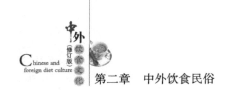

部分则要煮食。鱼类多用来清炖，清炖鱼时只加野葱和盐，讲究原汤原味。很少食用蔬菜，仅仅采集一些野葱，做成咸菜，作为小菜佐餐。生活在嫩江流域和山区的鄂温克族早已开始农耕并兼事狩猎、采集等多种生产方式的经济活动，他们的主食以农产品为主，畜牧和狩猎的收获多作为副食，日常喜食熊油。并广种蔬菜，主要食用菜有白菜、萝卜、豆角、黄花等。

鄂温克族都以奶茶为饮料，此外，还饮用面茶、肉茶，面茶即将炒稷子米捣成面经油锅炒后加入奶茶；肉茶即把熟肉切成碎块加入奶茶。林区的鄂温克族还饮用当地特有的驯鹿奶，驯鹿奶呈灰白色，浓度大，味香甜，也可用来制作奶茶。

除春节等节日与邻近其他民族的节日一样外，鄂温克族还要在农历五月下旬择日举行"米调鲁节"。米调鲁是欢庆丰收的意思。鄂温克族十分好客，讲究礼节，到鄂温克族家里做客，主人把皮垫摆在哪里，客人就在那里落座，不得随意挪移皮垫。客人落座后，女主人随即端上奶茶，然后煮兽肉。如果来者是贵客，通常还要献上驯鹿的奶。鄂温克族待客必须有酒，除饮用白酒外，家家都能自酿野果酒。敬酒时主人要高举酒杯先往火中倾注点滴，自己先喝一小口，再请客人喝。

（6）鄂伦春族饮食风俗。鄂伦春族主要分布于内蒙古自治区的呼伦贝尔市鄂伦春自治旗、布特哈旗、莫力达瓦达斡尔族自治旗和黑龙江省呼玛、逊克、爱辉、嘉阴等县。多从事畜牧业，少数半农半牧。鄂伦春族过去一直以各种兽肉为主食，一般日食一两餐，用餐时间也不固定。近年来，鄂伦春族的日常饮食多了许多米面品种，如用大米或小米煮成的苏米逊（稀饭）、老夸太（黏粥）和干饭；用面粉制作的高鲁布达（面片）、卡布沙嫩（油饼），面包、饺子也很常见。鄂伦春族食肉面很广，除森林里各种野兽外，还捕食飞禽和河里的鱼类。食用最多见的是狍肉。吃肉时将带有骨节的肉块煮于锅中，半熟后即捞出，每人用刀割取蘸盐水而食，尤喜食带血筋的肉，认为带血筋的兽肉鲜嫩可口，富有营养，并有增强视力、消除疲劳等食疗作用。在食用狍子肉时，喜欢将煮过的肉及其肝脑切碎拌和，然后加拌野猪油和野葱花而食。近年来，鄂伦春族也习惯于将各种兽肉精细加工或炒或炸，制成各种野味佳肴。现在用肉加蔬菜制作各种炒菜也日渐普遍。鄂伦春族的成年男子都好饮酒，所饮用的酒有两种，一种是马奶酒，另一种是白酒。

鄂伦春族待客纯朴、诚恳，十分慷慨大方。鄂伦春族很注重礼仪，尊老爱幼是传统。无论在什么场合都必须让老者坐在正位，饮酒要由老人开杯，吃肉、吃饭要等老人举刀动筷后，其他人才能动。鄂伦春人有较多的饮食禁忌，

中外饮食文化

如规定妇女在月经期或产期内，不能吃野兽的头和心脏；不准向"仙人柱"中升起的篝火吐痰、洒水；每次饮食要先敬火神。

（7）赫哲族饮食风俗。赫哲族主要分布在中国东北黑龙江省的黑龙江、乌苏里江和松花江沿岸。少数散居于桦川、依兰、富锦三县和佳木斯市，主要从事捕鱼和狩猎。赫哲族人喜欢吃"拉拉饭"和"莫温古饭"。"拉拉饭"是用小米或玉米糁做成很稠的软饭，拌上鱼松或各种动物油即可食用。"莫温古饭"是鱼或兽肉同小米一起煮熟加盐而成的稀饭。现在与汉族相同，绝大部分人家均吃馒头、饼、米饭和各种蔬菜。赫哲族有一些独特的鱼、肉类风味食品，可以分成：①生食。有生鱼干、生肉干和新鲜生鱼。②熟食。如加工好的鲟、鳇、鲑鱼子，其营养价值较高。也将鱼片和兽肉蒸、烤、煎、炖、煮、炒等技法加工后食用。其中鱼松每餐必不可少。春节是一年中饮食最丰盛的日子，家家要摆鱼宴，用当地产的各种鱼类制作各式菜肴，以鲜红、透明的大马哈鱼子制作的菜肴最为鲜美。节日里还必须吃饺子和菜拌生鱼，饮酒，每餐均不能吃剩菜剩饭，得把剩饭存起来，待到过完春节后再吃。婚宴时，新娘要面朝墙"坐福"，直到送亲的人散席离去后，才可下地并与新郎一起共吃猪头猪尾，新郎吃猪头，新娘吃猪尾，意为夫领妇随，团结和睦，最后新娘新郎共吃面条，以表示情意绵绵，白头到老。产妇吃小米粥和大米粥、鲫鱼汤、黄颡鱼汤、兔子肉汤以及"莫温古饭"、面片、面汤、鸡蛋等食品。产后三天不能吃青菜，以免产妇和婴儿泻肚。在坐月子期间均吃滚烫的热饭，以免受凉，影响身体健康和奶汁。人死后，必须用面粉制成油炸薄面块和各种形状的薄面点心，供在桌上，参加悼念活动的人们也食用。赫哲族在饮第一口酒前，要用筷头蘸少许酒甩向空中和洒向大地，以示敬祖先和诸神。赫哲族不喜欢喝茶，有时把小米炒焦后沏水喝，或把野玫瑰花和嫩叶以及小柞树的花苞采来晒干沏水当茶喝，但绝大多数人一年四季均喝生凉水。用餐时，晚辈一般不能与长辈同桌，鱼头必须敬给长者，体现对长者的敬重。

◎ **2. 西北地区少数民族食俗**

西北地区是少数民族生息繁衍的又一古老摇篮。该地区居住着回族、维吾尔族、哈萨克族、东乡族、柯尔克孜族、撒拉族、土族、锡伯族、塔吉克族、乌孜别克族、俄罗斯族、保安族、裕固族、塔塔尔族等。古代生活在西北地区的各民族，虽然活跃在历史舞台上的时间有先后和长短之分，但迄至明清，大多信仰伊斯兰教。由于各地域环境有所差别，各民族从事的生产与经济活动各异，从而导致其经济、文化发展水平的差异和不平衡，并形成各民族各具特色的膳食结构、异彩纷呈的饮食礼仪与风尚。

58

（1）回族饮食风俗。回族主要分布在宁夏回族自治区和甘肃、青海、河南、新疆、云南、河北、安徽、辽宁、吉林、山东等省及北京、天津等城市。回族人忌食猪肉、狗肉、马肉、驴肉和骡肉，不吃未经信仰伊斯兰教者宰杀的和自死的畜禽肉，不吃动物的血等；忌讳别人在自己家里吸烟、喝酒；禁用食物开玩笑，也不能用禁食的东西做比喻，如不得形容辣椒的颜色像血一样红等。

由于回族分布较广，各地自然条件、经济发展差异很大，各地回族的食俗、食品结构及烹调技法也不完全一致。如宁夏的回族以米、面为日常主食；而甘肃、青海的回族则以小麦、玉米、青稞、马铃薯为日常主食。面食的制作方法很多，常见的有馒头、烧锅、花卷、面条、烧卖、包子、烙饼及各种油炸面食。油香、馓子是各地回族喜爱的特殊食品，是节日馈赠亲友不可少的。宁夏回族偏爱面食，喜食面条、面片，在面汤中加入蔬菜、调料和红油辣椒，称为汤面或连锅面；将清水煮好的面条、面片捞出，浇上肉汤料或素汤料，称为臊子面。宁夏回族还喜食调和饭，将煮好的粥加入羊肉丁、菜丁和调料，再把煮熟的面条或面片添入，称米调和；在面条或面片中加入米干饭和熟肉丁、菜丁、调料等称面调和。肉食以牛、羊肉为主，有的也食用骆驼肉，食用各种有鳞鱼类，如北方产的青鱼、鲢鱼、草鱼、鲤鱼、鳇鱼等。鸽子在甘肃地区的回族中被认为是圣鸟，可以饲养，但不轻易食用。如有危重病人，如伤寒恢复期，征得伊玛目（宗教职业者）同意，可作补品食用。回族擅于以煎、炒、烩、炸、爆、烤等各种烹调技法，爆就还有"油爆"、"盐爆"、"葱爆"、"酱爆"等多种变化。风味迥异的清真菜肴中，既有用发菜、枸杞、牛羊蹄筋、鸡鸭海鲜等为主要原料，做工精细考究，色香味俱佳的名贵品种，也有独具特色的家常菜和小吃。西北地区的回族民间还喜食腌菜。民间特色食品有酿皮、拉面、打卤面、肉炒面、豆腐脑、牛头杂碎、臊子面、烩饸饹等。多数人家常年备有发酵面，供随时使用。城市的回族一年四季早餐习惯饮用奶茶。回族喜饮茶和用茶待客，云南的回族喜饮绿茶；西北地区回族的盖碗茶非常有名；宁夏回族还饮用八宝茶，宁夏山区回族的罐罐茶也很有特色。回族的筵席讲究各种菜肴的排列，婚宴一般用 8～12 道菜，忌讳单数。宁夏南部盛行"五罗西海"、"九魁十三花"、"十五月儿圆"等清真筵席套菜。

（2）维吾尔族饮食风俗。维吾尔族是新疆从游牧民族较早转为定居农业的民族之一，但在他们的饮食文化中，至今仍保留着许多游牧民族特有的风俗。饮食以粮食为主，主要有小麦、水稻、高粱、玉米、豆类等，肉类、蔬菜、瓜果为辅。维吾尔族传统的副食肉类主要有羊肉、牛肉、鸡、鸡蛋、鱼

等，特别是羊肉吃得比较多。奶制品主要有牛奶、山羊奶、酸奶、奶皮子等；蔬菜主要有胡萝卜、卡玛古、洋葱、大蒜、南瓜、萝卜、西红柿、茄子、辣子、香菜、藿香、青豆、土豆等。维吾尔族人长期重视园林生产，绝大多数维吾尔族群众都有自己的果园，从 5 月的桑葚、6 月的杏开始，一年中有将近 7 个月的时间能吃到新鲜水果。维吾尔族人冬季还常吃核桃、杏干、杏仁、葡萄干、沙枣、红枣、桃干等干果，因此，不少家庭有储存甜瓜、葡萄、苹果、梨等水果的良好习惯。维吾尔族传统的饮料有茶、奶子、酸奶、各种干果泡制的果汁、果子露、葡萄水、穆沙来斯等。维吾尔族在日常生活中尤其喜欢喝茶，一日三餐都离不开茶。过去，大多数维吾尔族群众用的餐具主要为木质和陶器的碗、匙、盘等，但他们更爱用手抓食。维吾尔族的人们一日三餐，早餐吃馕喝茶或"乌马什"（玉米面粥），中午为面类主食，晚饭是汤面或馕茶。吃饭时一家大小共席而坐，吃完饭，在拿走餐具前，由长者作"都瓦"（祷告），然后离席。

维吾尔族人吃饭时，在地毯或毡子上铺"饭单"，饭单多用维吾尔族的木模彩色印花布制作。长者坐在长席，全家共席而坐，饭前饭后必须洗手，洗后只能用手帕或布擦干，忌讳顺手甩水。吃完饭后，由长者做祷告。如果有客临门，要请客人坐在上席，摆上馕、糕点、冰糖等，夏天还要摆上一些瓜果，给客人上茶水或奶茶。饭前要请客人洗手。吃饭时，客人不可随便拨弄盘中食物，不可随便到锅灶前去，一般不把食物剩在碗中，并应注意不让饭屑落地，如不慎落地，要拾起来放在自己跟前的"饭单"上。共用一盘吃抓饭时，不可将已抓起来的饭粒再放进盘中。吃饭或与人聚谈时，不可擤鼻涕、吐痰。吃完饭后，由长者领先作"都瓦"，此时客人不能东张西望或站起，需待主人收拾完食具后，客人才能离席。

（3）哈萨克族饮食风俗。哈萨克族主要分布在新疆维吾尔自治区，少数分布在甘肃阿克赛和青海等地。哈萨克族大部分从事畜牧业，除了少数经营农业的已经定居之外，绝大多数牧民都按季节转移牧场，过着逐水草而居的游牧生活。哈萨克族的日常食品主要是面类食品、牛、羊、马肉、奶油、酥油、奶疙瘩、奶豆腐、酥奶酪等。平时喜欢把面粉做成包尔沙克（油馃子）、烤饼、油饼、面片、汤面、那仁等，或将肉、酥油、牛奶、大米、面粉调制成各种食品。间或也吃一些米饭；但要把米饭和羊肉、油、胡萝卜、洋葱等焖在一起，做成风格独特的抓饭，或用羊、牛奶煮成的米饭。饮料主要有牛奶、羊奶、马奶子，特别喜欢马奶子，马奶子是用马奶经过发酵制成的高级饮料。茶在哈萨克族的饮食中有特殊的地位，主要喝砖茶，次为茯茶。如果在茶中加奶，则称

奶茶。哈萨克族尊敬老人，喝茶、吃饭要先敬老人，一般在进餐时习惯长辈先坐，其他人依次围着餐布（铺在毡子上，用来摆放食品的布）屈腿或跪坐在毡子上。在用餐过程中，要把最好的肉让给老人。

哈萨克族热情好客，待人真诚。对登门投宿的人，主人都要拿出最好的食品招待。若有贵客，主人杀羊甚至宰马相待。入餐前，主人用壶提水和脸盆让客人洗手，然后把盛有羊头、后腿、肋肉的盘子放在客人面前，客人要先将羊腮帮的肉割食一块，再割食左边耳朵之后，将羊头回送给主人，大家共餐。食毕大家同时举起双手摸面，做"巴塔"（祈祷）。客人中如果有男有女，一般都要分席。餐后饮茶也很讲究礼仪。在饮食中，晚辈不能当着长辈喝酒、吸烟；不准坐在装有食物的箱子或其他用具上，也不准跨过或踏过餐巾；交谈和吃饭时，忌擤鼻涕、挖鼻孔、吐痰、剪指甲和打哈欠等；忌食猪肉、狗肉、驴肉、骡肉和自死的畜禽肉及动物的血。

（4）锡伯族饮食风俗。锡伯族世代居住在呼伦贝尔大草原和嫩江流域，18世纪中叶西迁至新疆察布查尔等地，现多数分布在新疆察布查尔锡伯自治县和霍城、巩留等县，在东北的沈阳、开原、义县、北镇、新民、凤城、扶余、内蒙古东部以及黑龙江省的嫩江流域有散居。

锡伯族大多数习惯日食三餐，主食以米、面为主，过去食用高粱米居多。面食以发面饼为主，也吃馍馍面条和韭菜合子、水饺等。受维吾尔族影响还吃抓饭和烤馕，喝面茶、牛奶和奶茶。肉食来源主要依靠家庭饲养，多以牛、羊、猪肉为主。吃肉时，每人习惯随身携带一把刀子，将肉煮熟后，放入大盘中，自行用刀子切割，然后蘸盐和葱蒜拌成的佐料。除此之外，他们还喜欢将煮熟的猪血拌成酱状，并配以蒜泥或葱花单独做成菜肴。冬闲时锡伯族常进行狩猎，野猪、野鸭、野兔、黄羊等均是冬季餐桌上常见的野味。锡伯族习惯制作各种腌菜。每年秋末，家家都用韭菜、青椒、芹菜、包心菜、胡萝卜等切成细丝腌制咸菜，当地称之为"哈特混素吉"，有时可供全年食用。锡伯族爱吃韭菜合子、南瓜包子等食品，还有发面饼、炖鱼等。锡伯族喜欢在夏季制作面酱以调味。锡伯族过去在饮食上有许多必须遵守的规矩，如经常食用的发面饼，上桌时分天、地面，天面必须朝上，地面朝下，切成四瓣摆在桌沿一边。吃饭时不得坐门槛或站立行走，禁止用筷子敲打饭桌、饭碗或把筷子横在碗上。全家进餐按长幼就座，以西为上，过去父子、翁媳不得同桌。

锡伯族民间许多传统节日，大都与汉族相同。每年农历除夕前，家家都要杀猪宰羊，赶做各种年菜、年饼、油炸果子。除夕晚，全家一起动手包饺子；初二要吃长寿面，象征着送旧迎新。新疆的锡伯族把每年农历四月十八日定为

西迁节，锡伯语称"杜因拜专扎坤"。过西迁节时，家家吃鱼，户户蒸肉，届时还要三五成群到野外踏青摆野餐。过去各家各户都要制作面酱（米顺），盛入瓦缸中，做菜肴的调味品。锡伯族男女青年结婚时，新郎、新娘必须向前来祝贺的亲朋好友敬酒，以表示对客人的答谢。远亲近邻都可割一些肉拿回家中食用，主人不记账，也不收钱。

（5）裕固族饮食风俗。裕固族聚居在甘肃省河西走廊肃南地区，其余居住在酒泉黄泥堡地区。裕固族是以畜牧业为主的民族。但是现在，已有一部分人改为主要从事农业生产。

奶和茶在裕固族人民日常生活中占有十分重要的地位，民间有一日三茶一饭或两茶一饭的习惯。早上喝早茶，也就是酥油炒面茶，茶中一定要放盐，裕固族认为"好茶没盐水一般，好汉子没钱鬼一般"。中午也要喝茶，有的人家就炒面，有的人家就烫面或烙饼，算做午餐。下午还是喝茶，在茶内加酥油和奶或吃稠奶（酸奶）。到了晚上，待一切劳动结束后，才开始正式吃饭。晚饭一般以米面为主，有米饭、面条、面片等。裕固族平时喜食牛、羊肉，通常把牛、羊肉做成手抓肉、全羊、牛、羊背子、羊杂碎汤等。除牛、羊肉外，也食猪肉、骆驼肉、鸡肉或炒菜。食用牛、羊肉时常佐以大蒜、酱油、香醋等。由于受自然条件限制，牧民平时很少吃到新鲜蔬菜，只能采集些野葱、沙葱、野蒜、野韭菜和地卷皮（类似木耳）等野菜。秋季草原上到处都有鲜蘑，所以鲜蘑是入秋后常食的菜。裕固族的奶食品主要用牦牛、黄牛、羊奶为主制作，有甜奶、酸奶、奶皮子、酥油和曲拉。奶皮子是用来调茶的最好营养补品。此外，裕固族还喜欢在大米饭里、粥里加些蕨麻、葡萄干、红枣，拌上白糖和酥油，或在小米、黄米饭内加些羊肉丁、酸奶，作为主食。受汉族的影响，裕固族平时还喜将面粉做成面片、炸油饼、包子等，还喜欢用鲜奶和面粉，用酥油炸成油馃子，也叫奶馃子。最拿手的是吃水饺，到了冬天，家家都要做许多饺子，然后冻起来，现吃现煮，有的人家甚至一直可以存到春天大忙时再吃。

待客和节庆期间，最讲究、最好的菜肴是牛、羊背子和全羊。裕固族待客真诚憨厚，讨厌虚情假意，并根据客人的身份、社会地位及与主人家的关系，将肉分成头等、二等，宰一只羊共分十二等。量人送礼，可由客人带走。在狩猎季节，裕固族还有野餐待客之习，野餐中以烤全羊最具特色。宴客或节庆，一般都是有肉也要有酒，裕固族饮酒时有一敬二杯之习，饮用的酒除白酒、各种色酒外，更多的是独具特色的青稞酒。

◎ 3. 西南及中南地区少数民族食俗

西南和中南地区是我国少数民族最多的地区，居住的少数民族有藏族、苗

族、彝族、壮族、布依族等。由于各民族所处的地理环境不同，社会经济形态与生产力发展水平存在差别，信仰与社会风俗也各有不同，所以这些地区的民族食俗呈现出各有特色、瑰丽多彩的文化景观。

（1）藏族饮食风俗。藏族主要聚居在西藏自治区及青海海北、黄南、果洛、玉树等藏族自治州和海西蒙古族、藏族自治州、甘肃的甘南藏族自治州和天祝藏族自治县、四川阿坝藏族羌族自治州、甘孜藏族自治州和木土藏族自治县以及云南迪庆藏族自治州。

藏区经济以畜牧业和农业为主。部分藏族日食三餐，但在农忙或劳动强度较大时有日食四餐、五餐、六餐的习惯。绝大部分藏族以糌粑为主食，即把青稞炒熟磨成细粉。食用糌粑时，要拌上浓茶或奶茶、酥油、奶渣、糖等一起食用。在藏族地区，随时可见身上带有羊皮糌粑口袋的人，饿了随时皆可食用。四川一些地区的藏族还经常食用"足玛"、"炸馃子"等，此外他们还喜食用小麦、青稞去麸和牛肉、牛骨入锅熬成的粥。藏族过去很少食用蔬菜，副食以牛、羊肉为主，猪肉次之。藏族食用牛、羊肉讲究新鲜，在牛、羊宰杀之后，立即将大块带骨肉入锅，用猛火炖煮，开锅后即可捞出食用，以鲜嫩可口为最佳。民间吃肉时不用筷子，而是将大块肉盛入盘中，用刀子割食。牛、羊血则加碎牛羊肉灌入牛、羊的小肠中制成血肠，四川、云南等地的藏族多将猪肉用来制成猪膘，便于保存。云南藏族在将猪肉缝合之后，还要加一块重石板压，称"琵琶肉"。食用时一圈圈切下，蒸熟后用刀切食。肉类的储存多用风干法。一般在入冬后宰杀的牛、羊肉一时食用不了，多切成条块，挂在通风之处，使其风干。在藏族民间，无论男女老幼，都把酥油茶当作必需的饮料，此外也饮奶。酥油茶和奶茶都用茯茶熬制。藏族普遍喜饮用青稞制成的青稞酒。在节日或喜庆的日子尤甚。

藏族的典型食品除糌粑、青稞酒、酥油茶外，还有很多，如足玛米饭，藏族传统宴席食品；血肠，奶酪等。藏族传统宴席为分餐式，无饭菜小吃之分。首道食品为足玛米饭，次道为肉脯，第三道为猪膘，第四道为奶酪，第五道为血肠等，还可以上很多道，最末一道为酸奶。席间不饮酒。主、客可多食、少食或不食，但首道和最末一道非食不可，前者象征吉祥，后者表示圆满。吃饭时讲究食不满口，嚼不出声，喝不作响，拣食不越盘。用羊肉待客，以羊脊骨下部带尾巴的一块肉为贵，要敬给最尊敬的客人。

（2）苗族饮食风俗。苗族现在主要聚居于贵州省东南部、广西大苗山、海南岛及贵州、湖南、湖北、四川、云南、广西等省区的交界地带。大部分地区的苗族一日三餐，均以大米为主食。苗族民间以糯米为贵，将糯米饭作为丰

收和吉祥的象征。食用糯米时，有时也先将糯米蒸熟，然后趁热倒入木槽内，用锤捶打成泥，再用手扯成小圆团，以木板压平，待完全冷却后用山泉水浸泡，随时换水，可存放 4 ~ 5 个月，吃时烧、烤、炸均可。苗族的菜肴种类繁多，常见的蔬菜有豆类、瓜类和青菜、萝卜，肉食多来自家畜、家禽饲养，四川、云南等地的苗族喜吃狗肉，有"苗族的狗，彝族的酒"之说。狗肉性热，有暖腹健胃，强食滋补的作用。苗家的食用油除动物油外，多是茶油和菜油。以辣椒为主要调味品，有的地区甚至有"无辣不成菜"之说。大部分苗族都善作豆制品，作为下饭的日常菜。住在高寒山区的苗族，仍喜欢用白水将蔬菜煮成淡菜，蘸各种"蘸水"吃。各地苗族普遍喜食酸味菜肴，酸汤家家必备。夏天在黔东南，客人进门，主人总先送上酸汤，喝罢顿觉酸凉解渴。广西的苗族在冬春时节喜用辣椒骨做的酸辣汤菜。苗族的食物保存普遍采用腌制法，蔬菜、鸡、鸭、鱼、肉都喜欢腌成酸味的。苗族几乎家家都有腌制食品的坛子，统称酸坛。酸坛常用于腌制猪肉，还可腌制酸鱼、酸菜。此外，苗族也用熏腊肉方法保存各种家畜、家禽肉。川南苗族常在冬天宰杀年猪，把猪肉用盐浸后吊于火炉上，用杨树枝或其他柴草烧烟熏烤。熏干水分，便取下储藏。这种烟熏腊肉风味独特，常用于待客，并能储藏 2 ~ 3 年不变质。苗族酿酒历史悠久，从制曲、发酵、蒸馏、勾兑、窖藏都有一套完整的工艺。逢年过节，家家还都做糯米甜酒。日常饮料以油茶最为普遍。除茶外，酸汤也是常见的饮料。苗族在有客人来访时，必杀鸡宰鸭盛情款待，若是远道来的贵客，有的地方还要在寨前摆酒迎接。

苗族的节日较多，除传统年节、祭祀节日外，还有专门与吃有关的节日。如吃鸭节、吃新节等。过节除备酒肉外，还要必备节令食品。如吃鸭节时，家家都要宰鸭子，并用鸭肉和米一起煮成稀饭食用。传统节日以苗年最为隆重。年前，各家各户都要备丰盛的年食，除杀猪、宰羊（牛）外，还要备足糯米酒。年饭丰盛，讲究"七色皆备"、"五味俱全"，并用最好的糯米打"年粑"。苗族民间最大的祭祀活动是"吃牯脏"，又称"祭鼓节"。糯米饭是苗族节庆、社交活动中的必备食品，在青年男女婚恋过程中也必不可少。迎接贵客时，苗族人民习惯先请客人饮牛角酒。

（3）彝族饮食风俗。彝族主要分布于云南、四川、贵州省和广西壮族自治区。大多数彝族习惯于日食三餐，以杂粮面、米为主食。金沙江、安宁河、大渡河流域的彝族，早餐多为疙瘩饭。午餐以粑粑作为主食，备有酒菜。粑粑是将杂粮面和好，贴在锅上烙熟，也有将和好的面发酵后，再贴在锅上烙熟，称为泡粑。在所有粑粑中，以荞麦面做的粑粑最富有特色。晚餐也多做疙瘩

饭，一菜一汤，配以咸菜。农忙或盖房请人帮忙，晚餐也加酒、肉、煮豆腐、炒盐豆等菜肴。在春、夏季里，喜用酸菜或干板菜（白菜或青菜白水煮熟后晒干即成）拌豆米煮成酸汤。也有将玉米磨成米粒，去麸皮，与大米合在一起蒸熟作为主食，还有的将各种面粉擀成粗面条，作为主食。吃饭时，长辈坐上方，下辈依次围坐在两旁和下方，并为长辈添饭、夹菜、泡汤。

肉食以猪、羊、牛肉为主。主要是做成"坨坨肉"、牛汤锅、羊汤锅或烤羊、烤小猪，狩猎所获取的鹿、熊、岩羊、野猪等也是日常肉类的补充。此外山地还盛产蘑菇、木耳、鸡枞、核桃，加上菜园生产的蔬菜，使得彝族蔬菜的来源十分广泛，除鲜吃外，大部分都要做成酸菜，酸菜分干酸菜和泡酸菜两种，用煮过肉的汤煮酸菜加少许的辣椒，可解油腻、解渴、醒酒，并可解轻微的食物中毒，每餐不能少。另一种名吃"多拉巴"也是民间最常见的菜肴。制作"多拉巴"时先将黄豆磨成浆，连浆带渣与酸菜一起煮食，味鲜美。

彝族日常饮料有酒、有茶，以酒待客，民间有"汉人贵茶，彝人贵酒"之说。饮酒时，大家常常席地而坐围成一个圆圈，边谈边饮，端着酒杯依次轮饮，称为"转转酒"。且有饮酒不用菜之习。酒的种类有烧酒、米酒、荞面疙瘩酒等。在凉山州彝族民间，以坛坛酒（咂酒）较为有名。饮茶之习在老年人中比较普遍，以烤茶为主，一般天一亮便坐在火塘边泡饮烤茶。

十月年是彝族的传统年，节日里要杀猪、羊，富裕者要杀牛，届时要盛装宴饮，访亲问友，并互赠礼品，其礼品多为油煎糯米粑或粑粑，并在上面铺盖四块肥厚的熟腊肉；火把节是彝族民间最隆重的节日，届时要杀牛、杀羊，祭献祖先，有的地区也祭土主，相互宴饮，吃坨坨肉，共祝五谷丰登。在祭祀活动中，以祭龙规模最大。祭龙选在二、三、四月中的一个龙日，以村寨为单位每人自带一碗米、一小块盐，由老人备香火，在龙树下集体祭祀；云南彝族则选择正月的第一个龙日进行祭龙，祭祀后大家席地而坐，不分长幼，八人一席，饭自带，肉共食，是一种大规模的集会。凡有客至，必杀牲待客，并根据来客的身份、亲疏程度分别以牛、羊、猪、鸡等相待。在杀牲之前，要把活牲牵到客前，请客人过目后宰杀，以表示对客人的敬重。酒是敬客的见面礼，在凉山只要客人进屋，主人必先以酒敬客，然后再制作各种菜肴。待客的饭菜以猪膘肥厚大为体面，吃饭中间，主妇要时时关注客人碗里的饭，未待客人吃光就要随时加添，以表示待客的至诚。

（4）壮族饮食风俗。壮族是中国少数民族中人口最多的一个民族，主要聚居在广西、云南省文山、广东连山、贵州从江、湖南江华等地。多数地区的壮族习惯日食三餐，有少数地区的壮族也吃四餐，即在中、晚餐之间加一小餐。早、

中餐比较简单，一般吃稀饭，晚餐为正餐，多吃干饭，菜肴也较丰富。

大米、玉米是壮族地区盛产的粮食，自然成为他们的主食。大米平时用于做饭、煮粥，也常蒸成米粉（类似面条，有汤食、炒食之分）食用，味道鲜美可口。粳米、糯米还可泡成甜米酒即醪糟（方法与汉族同）。营养丰富，在冬天常吃，能起御寒滋补作用。糯米常用做糍粑、粽子、五色糯米饭等，是壮族节庆的必备食品。玉米也有有机玉米与糯玉米之别，有机玉米用于熬粥，有时也煎成玉米饼。玉米粥乃山里壮族人最常吃的。有些地方还有吃南瓜粥的习惯。甜食是壮族食俗中的又一特色。糍粑、五色饭、水晶包（一种以肥肉丁加白糖为馅的包子）等均要用糖，连玉米粥也往往加上糖。日常蔬菜有青菜、瓜苗、瓜叶、京白菜（大白菜）、小白菜、油菜、芥菜、生菜、芹菜、菠菜、芥蓝、蕹菜、萝卜、苦麻菜，甚至豆叶、红薯叶、南瓜苗、南瓜花、豌豆苗也可以为菜。以水煮最常见，也有腌菜的习惯，腌成酸菜、酸笋、咸萝卜、大头菜等，快出锅时加入猪油、食盐、葱花。壮族对任何禽畜肉都不禁吃，如猪肉、牛肉、羊肉、鸡、鸭、鹅等，有些地区还酷爱吃狗肉。壮族人习惯将新鲜的鸡、鸭、鱼和蔬菜制成七八成熟，菜在热锅中稍煸炒后即出锅，可以保持菜的鲜味。壮族自家还酿制米酒、红薯酒和木薯酒，度数都不太高，其中米酒是过节和待客的主要饮料，有的在米酒中配以鸡胆称为鸡胆酒，配以鸡杂称为鸡杂酒，配以猪肝称为猪肝酒。饮鸡杂酒和猪肝酒时要一饮而尽，留在嘴里的鸡杂、猪肝则慢慢咀嚼，既可解酒，又可当菜。

壮族最隆重的节日莫过于春节，其次是七月十五中元鬼节、八月十五中秋节，还有端午节、重阳节、尝新节等，几乎每个月都要过节。过春节一般在腊月二十三过送灶节后便开始着手准备，二十七宰年猪，二十八包粽子，二十九做糍粑。除夕晚，在丰盛的菜肴中最富特色的是整煮的大公鸡，家家必有。壮族人认为，没有鸡不算过年。年初一喝糯米甜酒、吃汤圆（一种不带馅的元宵，煮时水里放糖），初二以后方能走亲访友，相互拜年，互赠的食品中有糍粑、粽子、米花糖等，一直延续到正月十五元宵节，有些地方甚至到正月三十，整个春节才算结束。其他节日食俗也都各有讲究，各具特色。

壮族是个好客的民族，过去到壮族村寨任何一家做客的客人都被认为是全寨的客人，往往几家轮流请吃饭，有时一餐饭吃五六家。招待客人的餐桌上务必备酒，方显隆重。敬酒的习俗为"喝交杯"，其实并不用杯，而是用白瓷汤匙。两人从酒碗中各舀一匙，相互交饮，眼睛真诚地望着对方。婚丧嫁娶、盖房造屋以及小孩满月、周岁等红白喜事，都要置席痛饮。一般要有扣肉、米粉肉、清煮白肉块、猪肝、白斩鸡、烤乳猪、笋片、鱼生等8或10道菜。实行

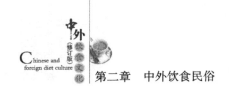

男女分席，但一般不排座次，不论辈分大小，均可同桌。并且按规矩，即便是吃奶的婴儿，凡入席即算一座，有其一份菜，由家长代为收存，用干净的阔叶片包好带回家，意为平等相待。每次夹菜，都由一席之主先夹最好的送到客人碗碟里，然后其他人才能下筷。

（5）土家族。土家族绝大部分居住在湖南永顺、龙山、保靖、古丈以及湖北省来凤、利川、鹤峰、咸丰、宜恩一带及四川省。

土家族日常主食除米饭外，以苞谷饭最为常见，苞谷饭是以苞谷面为主，适量地掺一些大米，用鼎罐煮或用木甑蒸而成。有时也吃豆饭，过去红苕在许多地区一直被当成主食，现仍是一些地区入冬后的常备食品。土家族菜肴以酸辣为其主要特点。民间家家都有酸菜缸，用以腌泡酸菜，几乎餐餐不离酸菜，酸辣椒炒肉视为美味，辣椒不仅是一种菜肴，也是每餐不离的调味品。豆制品也很常见，如豆腐、豆豉、豆叶皮、豆腐乳等。尤其喜食合渣，即将黄豆磨细，浆渣不分，煮沸澄清，加菜叶煮熟即可食用。民间常把豆饭、苞谷饭加合渣汤一起食用。土家族平时每日三餐，闲时一般吃两餐；春夏农忙、劳动强度较大时吃四餐。如插秧季节，早晨要加一顿"过早"，"过早"大都是糯米做的汤圆或绿豆粉一类的小吃。据说"过早"餐吃汤圆有五谷丰登、吉祥如意之意。土家族还喜食油茶汤。

土家族民间十分注重传统节日，尤其以过年最为隆重。届时家家户户都要杀年猪，染成红、绿色，晾干而成，做绿豆粉、煮米酒或咂酒等。猪肉合菜是土家族民间过年、过节必不可少的大菜。每年农历二月二日称为社日，届时要吃社饭。端阳节吃粽子。糯米粑粑是土家族民间最受欢迎的食品之一。腊肉是土家族的上等大菜。冬至一过，将大块的猪肉用盐、花椒、五香粉腌制好，吊挂在火炕上，下烧柏树枝田，烟熏而成。有的人家腊肉存放两三年。逢年过节或亲朋临门，满桌的菜肴中，正上方必摆腊肉。土家族十分好客，平时粗茶淡饭，若有客至，夏天先喝一碗糯米甜酒，冬天就先吃一碗开水泡团馓，再以美酒佳肴待客。一般说请客人吃茶是指吃油茶、阴米或汤圆、荷包蛋等。湖南湘西的土家族待客喜用盖碗肉，即以一片特大的肥膘肉盖住碗口，下面装有精肉和排骨。为表示对客人尊敬和真诚，待客的肉要切成大片，酒要用大碗来装。无论婚丧嫁娶、修房造屋等红白喜事都要置办酒席，一般习惯于每桌9碗菜、7碗或11碗菜，但无8碗桌、10碗桌。土家族置办酒席分水席（只有一碗水煮肉，其余均为素菜，多系正期前或过后办的席桌）、参席（有海味）、酥扣席（有一碗米面或油炸面而成的酥肉）和五品四衬（4个盘子、5个碗，均为荤菜）。入席时座位分辈分老少，上菜先后有序。土家族的饮酒，特别是在节

中外饮食文化

日或待客时，酒必不可少。其中常见的是用糯米、高粱酿制的甜酒和咂酒，度数不高，味道纯正。

（6）傣族。傣族主要聚居在云南省西双版纳傣族自治州、德宏傣族、景颇族自治州和耿马、孟连等地，其余散居在新平、元江等30余县。

傣族大多有日食两餐的习惯，以大米和糯米为主食。德宏的傣族主食粳米，西双版纳的傣族则主食糯米。通常是现舂现吃，民间认为：粳米和糯米只有现吃现舂，才不失其原有的色泽和香味，因而不食或很少食用隔夜米，习惯用手捏饭吃。外出劳动者常在野外用餐，用芭蕉叶或者饭盒盛一团糯米饭，随带盐巴、辣子、酸肉、烧鸡、嗬咪（傣语，意为酱）、青苔松即可进食。所有佐餐菜肴及小吃均以酸味为主，如酸笋、酸豌豆粉、酸肉及野生的酸果；喜欢吃干酸菜，其制法是把青菜晒干，再用水煮，加入木瓜汁，使味变酸，然后晒干储藏。吃时放少许煮菜或放在汤内。这种酸菜有的傣族人几乎每天都吃。据说傣族之所以常食酸味菜肴，是因常吃不易消化的糯米食品，而酸味食品有助于消化。日常肉食有猪、牛、鸡、鸭，不食或少食羊肉，居住在内地的傣族喜食狗肉，善作烤鸡、烧鸡，极喜鱼、虾、蟹、螺蛳、青苔等水产品。以青苔入菜，是傣族特有的风味菜肴。傣族食用的青苔是选春季江水里岩石上的苔藓，以深绿色为佳，捞取后撕成薄片，晒干，用竹篾穿起来待用。烹鱼，多做成酸鱼或烤成香茅草鱼，此外还做成鱼剁糁（即用鱼烤后捶成泥，与大芫荽等调料央而成）、鱼冻、火烧鱼、白汁黄鳝等。吃螃蟹时，一般都将螃蟹连壳带肉剁成蟹酱沾饭吃，傣族称这种螃蟹酱为"螃蟹嗬咪布"。苦瓜是产量最高、食用最多的日常蔬菜。除苦瓜外，西双版纳还有一种苦笋，因此傣族风味中还有一种苦的风味，较有代表性的苦味菜肴是用牛胆汁等配料烹制的牛撒皮凉菜拼盘。

傣族人普遍喜食蚂蚁蛋，经常食用的是一种筑巢于树上的黄蚂蚁，蚂蚁蛋与鸡蛋一起炒食，其味鲜美可生食又可熟食，生食时制酱，熟食时用鸡蛋穿衣套炸，常用的酸果、苦瓜、苦笋、冲天椒，辅以野生的花椒、芫荽、蒜、香茅草，风味纯正，清洁卫生。

傣族人嗜酒，但酒的度数不高，是自家酿制的，味香甜。茶是当地特产，但傣族只喝不加香料的大叶茶。喝时只在火上略炒至焦，冲泡而饮略带烟味。嚼食槟榔，拌以烟草、石灰，终日不断。

（7）佤族。佤族分布在云南省西部和西南部、澜沧江以西和怒江以东的怒山山脉南段。佤族人主要聚居在云南省的西盟、沧源、孟连、耿马、双江、镇康、永德等县，部分散居在西双版纳傣族自治州和德宏傣族景颇族自治州境内。

佤族以大米为主食。西盟地区的佤族都喜把菜、盐、米一锅煮成较稠的烂

68

饭。其他地区的佤族则多吃干饭。农忙时日食三餐，平时吃两餐。鸡肉粥如茶花稀饭是家常食品的上品。旱稻多现吃现舂，男女老幼皆食辣椒，民间有"无辣子吃不饱"之说。佤族的肉食主要来源于家庭饲养，有猪、牛、鸡。此外也有捕食鼠和昆虫的习惯。捕到鼠后，先用火把毛燎光，除去内脏，洗净，当成肉一样与大米煮成稀饭食用。也有的用火塘把鼠肉烘干，制成鼠肉干巴储存，随吃随取。所猎取的鼠类有竹鼠、松鼠和田鼠。一些地区的佤族还有捕食昆虫的习惯，根据季节的特点，更替食用竹蛹、寄生于草本植物的红毛虫、扫把虫和寄生于冬瓜树的冬瓜虫等十余种。一般都把可食的昆虫与米一起煮成粥，加菜、盐、拌辣椒，香辣可口。

佤族普遍喜饮酒，喝苦茶。所饮用的酒都是自家酿制的"泡水酒"。泡水酒含微量酒精、酵母，可以帮助消化，常饮泡水酒不但于身体无害，反而有益健康。近几十年佤族才开始饮用烧白酒。除饮酒之外，佤族更爱喝苦茶。喝苦茶要选用大叶粗茶，放入茶缸或砂罐里在火塘上慢慢熬，直到把茶煮透，并使茶水变稠才开始饮用，称为苦茶，有的苦茶熬得很浓，几乎成了茶膏，对于气候炎热地区的佤族，这种茶具有神奇的解渴作用。嚼槟榔是佤族男女老少普遍的嗜好，平时劳动休息或闲谈时，口中都嚼一块槟榔。佤族习惯在吃饭时全家围着火塘，主妇把饭盛到木碗里，分给所有的成员，一般按各人饭量一次分完，如有外人在场也分一份。

◎ **4. 华东及华南地区少数民族食俗**

华东及华南地区居住的有畲族、高山族等少数民族。

（1）畲族。畲族自称"山哈"，意为住在山里的人，传说畲族的祖籍是广东潮州。主要分布在福建福安、浙江景宁、广东、江西、安徽等省，多数与汉族杂居。有客人到门，都要先敬茶，一般要喝两道。客人只要接过主人的茶，就必须喝第二碗。如果客人口很渴，可以事先说明，直至喝满意为止。若来者是女客，主人还要摆上瓜子、花生、炒豆等零食。

畲族的日常主食以米为主，除米饭外，还有以稻米制成的各种糕点，常统称为"粿"。畲家常食的米饭有籼、粳、糯三种。畲家食用的米饭以籼米最为普遍。籼米加部分鱼米磨成粉可蒸成各种糕。将米粉调成糊状，蒸成水糕。如加入红糖蒸熟称勺糖糕或红糕。粳米主要用来制作年糕，而糯米多用来酿酒，打糍粑。用糯米做糍粑是先把糯米蒸熟，然后置入臼内舂成团，搓成月饼大小的饼子。蘸红糖和芝麻粉趁热吃，香甜细软。民间有"冷粽热麻糍"之说，意为糍粑只有热吃才有味道。除米饭外，番薯仍是畲族农家主食之一。番薯除直接煮熟外，大都是先切成丝，洗去淀粉，晒干踏实于仓或桶内，供全年食

用；也有先把番薯熟煮，切成条晒成八成干长期存放。煮熟晒干的番薯大都作为干粮，直接食用。粉丝是畲家招待客人制作点心和菜肴的重要原料。

畲家大都喜食热菜，一般家家都备有火锅，以便边煮边吃。除常见蔬菜外，豆腐也经常食用，农家招待客人最常见的佳肴是"豆腐娘"，其味道非常鲜美。还有用辣椒、萝卜、芋头、鲜笋和姜做成的卤咸菜，其中以卤姜最具特色。用以做菜的竹笋有雷竹、金竹、乌桂竹、石竹、牡丹竹、蛙竹等十余种之多。竹笋差不多是畲家四季不断的蔬菜。有这样的说法：一年12个月中只有8月无笋，用茭白替代。竹笋除鲜吃外，还可制作干笋长期保存。在景宁一带的畲家制作干笋时，先将鲜笋切成片，加盐猛火炒熟，再用文火焙干，装入竹筒内，用竹壳封口倒置，民间称这种干笋为"扑笋"。肉食最多的是猪肉，一般多用来炒菜。饮茶是畲家日常必不可少的，大部分以自产的烘青茶为主。

（2）高山族。高山族是台湾省境内少数民族的统称，包括了布农人、鲁凯人、排湾人、卑南人、邵人、泰雅人、雅美人、曹人、阿美人、赛夏人等10多个族群。

高山族以谷类和薯类为主食。除雅美人和布农人之外，其他几个族群都以稻米为日常主食，以薯类和杂粮为主食的补充。居住在兰屿的雅美人以芋头、小米和鱼为主食，布农人以小米、玉米和薯类（当地称地瓜）为主食。在主食的制作方法上，大部分高山族都喜把稻米煮成饭，或将糯米、玉米面蒸成糕与糍粑。布农人在制作主食时，将锅内小米饭打烂成糊食用，排湾人喜用香蕉叶子卷粘小米，掺花生和兽肉，蒸熟作为节日佳肴，外出狩猎时也可带去。泰雅人上山打猎时，喜用香蕉做馅裹上糯米，再用香蕉叶子包好，蒸熟后带去。排湾人喜欢将地瓜、木豆、芋头茎等掺和在一块，煮熟后当饭吃。雅美人喜欢将饭或粥与芋头、红薯掺在一起煮熟作为主食。排湾等族狩猎时不带锅，只带火柴，先将石块垒起，用干柴火烧热，再在石块底下放芋头、地瓜等，取沙土盖于石块上，熟后食用。

高山族蔬菜来源比较广泛，大部分靠种植，少量依靠采集。常见的有南瓜、韭菜、萝卜、白菜、土豆、豆类、辣椒、姜和各种山笋野菜。雅美人食用芥菜时先将正在生长中的叶瓣下来，用盐揉好，放两三天后才吃，留在地里的芥菜根继续生长。高山族普遍爱食用姜，有的直接用姜蘸盐当菜；有的用盐加辣椒腌制。肉类的来源主要靠饲养的猪、牛、鸡，在很多地区捕鱼和狩猎也是日常肉食的一种补充，特别是居住在山林里的高山族，捕获的猎物几乎是日常肉类的主要来源。山林里的野生动物很多，如野猪、鹿及猴子等的肉都可入菜。排湾人不吃狗、蛇、猫肉等，吃鱼的方法也很独特，一般都是在捞到鱼

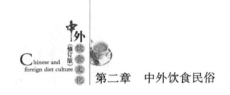

后，就地取一块石板烧热，把鱼放在石板上烤成八成熟，撒上盐即可食用。排湾人小孩不许吃鳗鱼甚至其他鱼的鱼头也不让吃，认为吃了鱼头不吉利。阿美人在做肉菜时，喜把肉切成块，插上竹签，煮好后放在一个大盆里，全家人围在盆边，每个人用藤编小篮盛饭，共用一勺菜，一手抓饭，一手取肉吃。在插秧季节，他们喜到水田里捉小青蛙，带回家中用清水洗净，煮熟即吃。阿美、泰雅等族人有的也吃捕来的生鱼。他们还喜欢将打来的猎物杀后去皮，加盐和煮得半熟的小米一起腌存，供几个月食用。保存食品常用腌、晒干和烤干等几种方法，以腌制一两年的猪、鱼肉为上肴。高山族人过去一般不喝开水，亦无饮茶的习惯。泰雅人喜用生姜或辣椒泡的凉水作为饮料。据说此种饮料有治腹痛的功能。过去在上山狩猎时，还有饮兽血之习。不论男女都嗜酒，一般都是饮用自家酿制的米酒，如粟酒、米酒和薯酒。

高山族性格豪放，热情好客。喜在节日或喜庆的日子里举行宴请和歌舞集会。每逢节日，都要杀猪、宰老牛，置酒摆宴。布农人在年终时，用一种叫"希诺"的植物叶子，包上糯米蒸熟，供本家同宗人享用，以表示庆贺。高山族节日宴客最富有代表性的食品是用各种糯米制作的糕和糍粑。不仅可作节日期间的点心，还可作为祭祀的供品。"丰收祭"这天，族人自带一缸酒到场，围着篝火，边跳舞、边吃边饮酒，庆贺一年的劳动收获，每年举办一次。排湾人在欢庆的日子里常用一种木质的、雕刻精美的连杯，两人抱肩共饮，以表示亲密无间，如有客至，必定要杀鸡相待。布农人在宴客时先把鸡腿留下来，待客人离去时带在路上吃，意为吃了鸡大腿，走路更有气力。鲁凯人善以垒石为灶烤芋头，经烘烤的芋头外脆里软，便于携带，也常带给客人路上食用。排湾人婚庆时，将小米磨成粉，加水搅糊，包入鱼虾（虾露出尾巴），捏成鸡蛋大小的团，置于沸水锅中烧，熟后捞出食用。

六、中国饮食民俗的特征

中华民族历史悠久，文化源远流长，博大精深，加之独特的地理环境、文化氛围和心理素质的影响等，中国饮食民俗的特征也呈现多样化的特点。

第一个特征也就表现为浓郁的民族特色和地域特色。从上述中国食俗形成的原因中我们也可以看出这一特征。

第二个特征是中国饮食民俗表现出相对的阶级性。随着生产力的发展，中国经历了原始社会、奴隶社会和封建社会，发展至今的社会主义社会，其中封建社会的时间最长，对传统饮食民俗的影响也最大。饮食民俗的形成与发展，

和勤劳智慧的劳动人民有着很大的关系，所以，大多数饮食民俗都含有勤劳勇敢、质朴致用的寓意。但是由于封建社会中剥削阶层的存在，一些饮食民俗也就为上层社会所独有，表现出闲适、奢侈、癫狂、糜烂、颓废等各种特征。

第三个特征是中国饮食民俗表现出鲜明的时代性。由于我国长期处于封建社会，而封建统治阶级为了维护和巩固自己的统治，通过文化、思想、制度等各种方式来影响和压制普通民众，封建的思想意识、文化制度对于饮食民俗同样也产生了深远的影响，特定的历史时期有特定的饮食民俗。如鲤鱼在唐代是不能食用的，这就跟唐代信奉道教和李姓作为国姓的避讳有关。另外，特定时期对某些饮食民俗进行改革，同样会留下时代的印记。

第四个特征是中国饮食民俗表现出广泛的实用性。民以食为天，饮食是人类生存的基本需要，实用性是人类饮食文化的共性。实用性一方面表现在饮食要满足人们的基本需求，如纳西族的饮食民俗更注重饮食的内在实用功能，不管是具有传统特色的"八大碗"、丽江粑粑、丽江凉粉、吹猪肝、米灌肠、猪膘肉，还是腌腊肉、红大肉、江边辣等，它们的制作工艺简便易学，并不需要特殊的培训。另一方面表现在饮食具有疗养的功能。如补气的食物有谷物类、土豆、胡萝卜、大枣、豆制品、鸡肉、鸭肉、牛肉、青鱼、鲢鱼等。养血的食物有猪肉、羊肉、牛肝、羊肝、甲鱼、海参、菠菜、胡萝卜、黑木耳等。滋阴的食物如瘦肉、豆制品、鲜藕、白菜、梨、胡萝卜等。助阳的食物如羊肉、狗肉、鸽肉、鳝鱼、虾、韭菜、核桃、刀豆等。有明目作用的食物如猪肝、羊肝、青鱼、鲍鱼、蚌等。

此外，中国饮食民俗还表现出传承性与革新性的统一，仁爱、礼仪与孝道的融合，人、自然时节、生理感官的和合。

第二节　外国饮食民俗

一、亚洲国家的饮食民俗

◎ 1. 日本

历史上日本与中国一直保持着密切的文化交流。无论是隋唐时期，还是禅宗传入日本时期，抑或是明朝与日本贸易时期和江户时代，所以中国对日本的

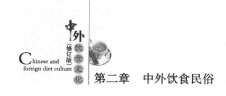
影响在饮食文化方面也是非常大的。日本栽培的农作物以大豆、赤豆、稻米、小米、玉米等为主，日本人饮食中常用的酱、酒、醋、盐、豆豉、酸饭团等食料都是经由中国传入日本的。可以说，日本列岛饮食文化的形成，主要是受中国传统饮食的影响。

日本饮食一般可分为主食和副食。米为主食，蔬菜和鱼等为副食。中世纪至明治时代，日本人受到佛教思想的影响，对肉食有所禁忌，所以很少食肉。明治以后，这种禁忌才得以消除。第二次世界大战以后，日本饮食中也普及了面包、牛奶等西餐。随着经济的飞速发展，以及西方文化的不断渗透，肉类和乳制品的摄取量大幅增加。此外随着速食食品的普及，日本人的饮食生活愈发多样化。

日本料理的方式主要有煮、炸、烤和凉拌等，同时搭配有味噌汤（酱汤）、腌酱菜（渍物）等，现代的副食之中也有些许西洋料理或中华料理。日本料理的特色是生、凉、油脂少、分量少、种类多、颜色鲜艳，而且非常考究食器的择取，即色自然、味鲜美、形多样、器精良。日本料理又称"五味、五色、五法"料理。五味是甘、酸、辛、苦、咸；五色是白、黄、青、赤、黑；五法就是生、煮、烤、炸、蒸。品尝日本料理时，在菜牌上会看到有"盛合"供应，即所谓杂锦。通常店主会特定几种口味的杂锦供应，并用松、竹、梅来代表大、中、小，多以分量及材料来划分，松是超级装，竹是特级装，梅属普通装。

著名的日本料理有很多，卓袱料理就是其中一个。卓袱料理是中国式的料理，有蘑菇、鱼糕、蔬菜的汤面、卤面等。其特色是客人坐着靠背椅，围着一张桌子，所有饭菜放在一张桌上。此外，还有茶会料理。茶会料理在经过几次演变后又恢复了最初的清淡素朴的面目。它的主食只用三器：饭碗、汤碗和小碟子。席间还有汤、梅干、水果，有时还会送上两三味的山珍海味，最后是上茶。众所周知，日本料理以生鱼片闻名，吃生鱼片必须要以芥末与酱油作佐料。日本的生鱼片异常鲜嫩，厚薄均匀，长短划一。生鱼片盘中点缀着白萝卜丝、海草、紫苏花，体现了日本人亲近自然的饮食文化。寿司，是日本料理中独具特色的一种食品，又称"四喜饭"，是日本米饭的代表。其种类也很多，按其制作方法的不同，主要可分为生寿司、熟寿司、压寿司、握寿司、散寿司、棒寿司、卷寿司、鲫鱼寿司等。其中以鲫鱼寿司被推举是日本料理中最著名、最具代表性的寿司。

日本酒（酒精浓度15%～16%）是日本人最爱的酒品，在日常生活中用量可观。日本酒是以大米作为原料酿造的酒，全国各地均有酿造。但是，名酒

中外饮食文化

的产地都聚集在水质好或米质尤佳的地方。其中著名的产地有兵库县的滩目、京都伏见、广岛的西条等。日本酒一般是温热后饮用的。日本人也常喝啤酒，但几乎都是饮用国产啤酒，最有名的是麒麟啤酒和朝日啤酒，产于我国的青岛啤酒在日本也较受欢迎。无论是冬天还是夏天，日本人都喜喝冰啤酒，未经过冰镇的啤酒日本人认为是难以下咽的。另外，威士忌与葡萄酒也深受日本人的喜爱。除国产酒之外，日本也进口外国酒，如白兰地、茅台酒等。

日本最大众化的饮料是绿茶与红茶。咖啡也深受现代日本人的喜爱，我国的乌龙茶在日本饮用也极为普遍。居酒屋遍布于日本城乡，无论时代如何变迁，依旧是不变的招牌、不变的风格。虽说服务比当初有了许多改善，但最主要的功能还是以卖酒为主。最初的居酒屋据说是来自江户时代在酒店前站着喝酒的习惯。当时因为没有瓶装酒，客人一般都是自带酒器。后来有了酒壶，店家对熟客出借酒壶，在酒壶上加上店名，等于为自己做广告。当时到江户（今东京）来干活的农民，忙累一天之后，都要到店里来喝一杯。有些会做生意的老板，就在店里增加了日本煮菜、泡饭、烤饭团、菜粥等简单的熟食，居酒屋就这样形成了。

◎ 2. 韩国
韩国饮食以天然纯真为本。韩国的酱和泡菜延绵了数千年的历史，蕴含着久远的传统。从豪华的宫廷宴席到简单的四季小菜，韩国饮食具有自己独特的风味与别致的风韵。由于韩国长期处于农耕社会，因此从古代开始主食就以大米为主。近年来，韩国饮食有所丰富，涵盖有各种蔬菜、肉类、鱼类等共同组成。泡菜、海鲜酱、豆酱等各种发酵食品尤以易于保存而深受韩国人喜爱。韩国摆餐桌的特征是所有饮食同时摆出，菜数也极为讲究，在古代，贫民摆置3种，王族摆置12种，餐桌摆置根据食物搭配而有所迥异。与中国和日本相比，韩国饮食提供汤品，故而韩国饭匙的使用频率也很频繁。

韩国人的主食有饭、粥、面条、饺子、年糕汤、片儿汤；副食有酱肉、炒肉片、野菜、蔬菜、酱鱼、干鱼、酱菜、炖食、泡菜等。除了这种日常饮食之外，还有样式繁多的糕饼、麦芽糖、茶、酒等饮食。副食主要是汤、酱汤、泡菜、酱类，还有用肉、平鱼、蔬菜、海藻做的食物。这种吃法不仅能均匀摄取各种食物，也能达到均衡营养的目的。泡菜是韩国人最主要的菜肴之一，韩国人每餐必吃泡菜，无泡菜不成餐。无论在繁华的都市或是郊野乡村，无论在居民的住宅院落或是高层建筑里的阳台，随处可见各式各样的泡菜坛。

在韩国，有一种风味独特的菜，叫"神仙炉"，和我国的什锦火锅很相似。"神仙炉"在古代称为"悦口子汤"，意为口感极佳的汤，得名于烹调器

具。神仙炉器具正中有放置木炭的空间，用以燃烧木炭，还有一个排烟用的烟囱，烟囱周围有放置食物原料的空间。神仙炉边煮边吃，保证食物不凉。还经常加入绿色的蔬菜、黑色水产类、红色泡菜、白色莲藕等，使色香味和谐统一。主要原料有牛排、牛肘肉、红辣椒、桃仁、杏仁、松子、荞麦粉、鳗鱼、虾、竹笋等。

韩国的另一佳肴是参鸡汤，有"元祖"（即正宗的意思）之称。做法是在童子鸡内加入糯米、大枣、大蒜、人参后，长时炖煮。随个人喜好加放胡椒粉、盐等食用。由于营养丰富，是炎夏的高级补品。

◎ 3. 印度

印度人饮食上可分为两种人。一种人专门吃素，另外一种人专门食用肉类。从孟买以北地区，有好几个省基本上都是素食主义者，他们只吃植物。有些唤作"婆米"的人甚至连洋葱和大蒜以及生姜都不敢碰。素食主义者基本上属于印度教，在教义方面类似中国的佛教。食肉主义者往往信仰伊斯兰教，是印度境内的穆斯林。他们品食除牛肉、猪肉以外的任何动物脂肪。当然主要以鸡为主。在印度，牛是上帝，猪则被认为是不干净的，所以很少有人品尝。两派人之间的界限很明显，互相之间不能居住在同一个社区。食肉主义者主要的食品有烤麦饼、面条、大米以及一种辣味的烤麦饼，还有就是印度茶，即用红茶加牛奶炖煮而成的。此外黄瓜、辣椒、香菜、卷心菜等蔬菜也是食肉主义者最爱吃的佳品。当最尊贵的客人来临时，往往加上一瓶威士忌掺上苏打水，外加麦片、花生米、腰果一类的小吃，然后喝酒聊天。

印度食品，一个显著的特点就是辛辣、香精多。印度菜口味较浓，但越往北部则口味渐淡。新德里是印度美食中心，各式餐厅大小林立，其中最受人欢迎的一道菜名曰"坦肚喱"，是用香料腌制过的鸡，十分美味可口。除了用鸡烤之外，鱼也可以用同样的方法烤制，一样美味可口。还有一道名叫"可马"的咖喱料理也颇受欢迎，它是将肉用凝乳泡软，即可食用，味道很特别。印度还有一种家常菜，普通民众特别喜食，是用一种未切的面包，用来和米饭一起配着咖哩食用，米饭的清香夹带着咖喱的美味，定能让你一饱口福的。在一流的饭店内都供应上等的西餐及印度餐，中国菜亦颇为流行，但口味都以遵循当地的风味而有所改良。受宗教禁忌的影响，烟、酒在印度不怎么流行，宴会上印度人几乎不劝酒，嗜酒成瘾者或酒量很大者极少，从未见过印度人一饮而尽地干杯，也从未见过有人行酒令或醉倒过。

在许多中国人看起来是美味佳肴的东西，印度人基本上不食用。印度没有野味店，不仅野味无人问津，就是鳝鱼、泥鳅、甲鱼、乌龟、蛇等这些东西，

印度人也不食用，至于吃狗肉、猫肉、鸽子肉等，更是无法想象。印度人基本上不吃各种肉类及脏器类，因而价格便宜得不可思议，有的几乎等于不要钱。印度虽然吃素的人很多，但并不等于这些人缺乏营养，因为印度人喝了大量的牛奶，每次喝茶，印度人都会在茶里加一些牛奶和糖块。据统计，在印度绝大部分长寿之人都是素食主义者。

印度人做菜用得最多、最普遍的是咖喱粉。咖喱粉是用胡椒、姜黄和茴香等20多种调料合成的一种香辣调味品，呈黄色粉末状。从某种意义上说，印度饮食文化也可以称为咖喱文化，这种饮食文化以香辣味道为特色。人们谈到印度饭，首先想到就是咖喱饭。咖喱饭可以素食，也可以荤食；可以是米饭，也可以是面食。印度人对咖喱粉可谓情有独钟，几乎每道菜都用，咖喱鸡、咖喱鱼、咖喱土豆、咖喱菜花、咖喱汤，等等，每个经营印度饭菜的餐馆都飘着一股咖喱味。

有人说："印度菜正宗与否，只要试点两道菜就可以了，一道是鲜青柠汁，一道是印度飞饼。"此话很有道理。青柠檬酸甜清香，是印度菜乃至所有正宗东南亚菜系不可或缺的配料之一，用青柠檬而不是散发着浓香的黄柠檬来配菜，可以保证食物固有的香味不受破坏，更突出了食物的原味及咖喱的本真。至于中国人所谓的"印度飞饼"，在印度称之为"加巴地"，似乎更应称作是一件绝妙的手工艺品。

受过西方教育的印度人或中产阶级，在比较正式的场合都用刀或勺吃饭，但多数印度人包括上流社会的人通常更习惯于用手抓饭吃。印度人进餐时一般是一只盘子、一杯凉水，将米饭与饼放入盘内，菜和汤浇在上面。印度人的主食主要是米饭和面饼。他们喜欢吃的并非是中国人的白米饭，而是将饭煮熟后，放些油和调料，饭的颜色呈黄色，或者同别的什么菜混在一起炒。在中国流行的"印度飞饼"也是印度人的主食。印度人吃米饭或吃饼时，喜欢用手把菜卷在饼内，有点像中国人吃北京烤鸭，或用手把菜和饭混在一起，在盘里搅拌几下，抓起来捏一捏，然后送进口内。这种吃法，如换成用刀、叉或筷子，自然是不方便了。

印度是一个不喝汤的民族，餐后来杯奶酪饮料可去饱胀感，或者来杯印度的大吉岭奶茶。印度茶是直接将茶配入牛奶，加上姜、糖、香料及慢火细煮两分钟，或者直接加入炼乳即可。另一道极品"玫瑰奶油茶"，柔滑纯郁的玫瑰香味扑鼻先醉，含入舌尖，纯香微蕴，更易醉人。马萨拉茶要添配生姜与小豆蔻。饮水是从上面滴下来用嘴接，饮茶是倒入盘中用舌舔。印度人习惯于分餐制，多席地围坐，右手抓食。

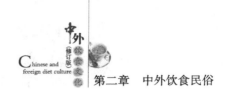

二、欧洲国家的饮食民俗

◎ 1. 法国

法国的饮食文化非常悠久，从路易十四开始，法国的饮食外交便闻名遐迩，在法式宴会鼎盛时期，餐桌上一次可上 200 道菜。法国美食在整体上包括几大方面：面包、糕点、冷食、熟食、肉制品、奶酪和酒。这些是法国饮食里不可缺少的内容，而其中最让法国人引以为荣的是葡萄酒、面包和奶酪。法国人最爱吃的菜是蜗牛和青蛙腿，最喜欢的食品是奶酪，最名贵的佳肴是鹅肝，家常菜是炸牛排外加土豆丝。

法国菜以其美味可口出名，且菜肴种类繁多，烹调方法独特。法国餐的菜单很简单，主菜不过 10 来种，但都制作精美，点菜的顺序是：头道菜一般是凉菜或汤，尽管菜单上有多个品种的"头道菜"供你选择，但只能选择一种，在上菜之前会有一道面包上来，吃完了以后服务员帮你撤掉盘子再上第 2 道菜，第 2 道是汤。美味的法式汤类，有浓浓的肉汤、清淡的蔬菜汤和鲜美的海鲜汤。第 3 道菜是一顿饭中的正菜，这是法式菜中最能发挥特色的一道菜。往往做得细腻、考究，令食客难忘。正餐里最多的是各种"排"——鸡排、鱼排、牛排、猪排。所谓的大餐就是指老百姓常吃的东西加上一些细心和感情做出旷世的美食，而海参、鲍鱼、穿山甲等山珍海味在法餐中却难寻踪影。法菜中颇为有名的洋葱汤就是用低廉的洋葱加奶酪和面包片熬制的浓汤。喜爱法国餐的食客中不乏冲着洋葱汤而来的。在就餐程序中贯穿始终的是美酒，主要是葡萄酒和香槟酒，这是法国大餐中的经典之笔。酒的择取和搭配有很多规矩。最后一道是甜食，法式的甜品被认为举世无双，清香、软滑的甜品使整个就餐的尾声完善而回味无穷。

法国料理十分重视"食材"的取用，"次等材料，做不出好菜"是法国料理的至理名言。而法国料理就地取材的特色，使南北各地口味迥异。法国菜肴具有选料广泛、用料新鲜、装盘美观、品种繁多的特点。菜肴一般较生，还有吃生菜的习惯。在调味上，用酒较重，并讲究什么原料用什么酒，法国人的口味肥浓、鲜嫩而忌辣。法国人还特别追求进餐时的情调，如精美的餐具、幽幽的烛光、典雅的环境等。

此外，法国人还是世界饮酒冠军，尤其喜喝葡萄酒。法国餐的每一道菜与饮品搭配是一门"艺术"，餐前一杯开胃酒不可或缺。就餐期间酒的种类甚至颜色都非常讲究。点肉类食品要配红葡萄酒，吃鱼虾一类的海味要喝白葡萄

酒，有些人用餐后还喜欢喝点白兰地一类的烈性酒，每种酒所用的酒杯都不同。在正式的法国餐馆吃、饮，餐具、酒具的配合使用都是一丝不苟的。吃什么样的菜用什么样的刀叉，所以每人面前都放了两三套，酒杯也是一样。

咖啡馆也是一个重要的社会生活场所，无论独自一人还是成群结队，咖啡馆是个一天中的任何时刻都可以光顾小憩的地方。法国城市街区一般到处都有咖啡馆，特别在大学附近。咖啡馆早上很早就开门，一直开到晚上 8 点多，许多旅游或时尚街区的咖啡馆则营业到深夜。

◎ **2. 意大利**

意大利饮食是西餐的起源，意大利美食无论是从卖相、味道以及食材的选用，都有着其独特的风味，食材尤以古地中海橄榄油、谷物、香草、鱼、干酪、水果和酒为主，已经被很多人视为理想的现代饮食文化。大家熟知的意大利饮食有意大利面食、比萨、意大利调味饭、香醋及意大利式冰淇淋、咖啡等。但千万不要就以为意大利美食仅限于此。相反，意大利的菜式非常丰富，不同地区不同镇都各不相同。意大利美食与其他国家的不同之处就在于选用的食材丰富，并可随意调制，其精髓在于展现自我。

意大利饮食以味浓香烂、原汁原味闻名，烹调上以炒、煎、炸、红焖等方法著称，并喜用面条、米饭做菜，而不作为主食用。意大利人吃饭的习惯一般在六七成熟就吃，这是其他国家所没有的。喜吃烤羊腿、牛排等和口味醇浓的菜，各种面条、炒饭、馄饨、饺子、面疙瘩也爱吃。意大利的美食如同它的文化，高贵、典雅、味道独特。精美可口的面食、奶酪、火腿和葡萄酒使意大利成为世界各国美食家向往的天堂。此外，众所周知，意大利的比萨饼和意大利面已经世界闻名了。正宗的比萨一般都选用含有丰富蛋白质、维生素和钙质，但却低卡路里。无论是用西红柿还是火腿，用蔬菜还是用其他调料，比萨饼的浇头永远有三种颜色：红、绿和白（奶酪），这是意大利国旗的颜色。极品意大利面，它的面条弹牙有劲，久煮不烂，呈现透明金黄琥珀的面条，组合成受高品位人士着迷的口感与味道！

今天，在全世界的食物空前同化的环境下，意大利人仍完好地保存着本地食物和酒类的特色。如源自那不勒斯的比萨已经成为意大利甚至全世界最受人喜爱的食物。每个意大利小镇都有一个制作冰淇淋与果冻的店。每个广场都有一两间酒吧，在这可喝到即时冲制的浓咖啡，用很小的杯子装着，又浓又香。

意大利人都嗜好咖啡。一般在家中冲泡的咖啡，是利用意大利发明的摩卡壶冲泡成的，这种咖啡壶也是利用蒸气压力的原理来萃取咖啡，用它冲泡出来的咖啡具有浓郁的香味及强烈的苦味，咖啡的表面浮现一层薄薄的咖啡油，这

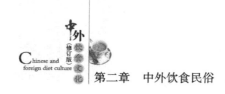

层油正是意大利咖啡诱人香味的来源。

冰激凌是意大利人的发明，并在 16 世纪由西西里岛的一位教士改良，完善了它的制作技术。意大利艺术冰激凌的制作传统也一代一代地传下来。直到今天，西西里岛的冰激凌仍被认为是意大利最好的冰激凌。到过意大利的人们，品尝到意大利冰激凌文化，无不为其可口的味道以及精致的外形所惊叹。

◎ **3. 英国**

当代英国烹饪集全球各种烹饪风味与传统之大成，可提供多种令人垂涎的佳肴。英国悠久的好客传统不仅迎来了世界各地的人们，也引进了他们的传统烹饪方式、食品、调料和食谱。人们对食品及烹饪的兴趣越来越大，众多不同文化和不同少数民族的节日活动也促进了诸如加勒比、西非等不同烹饪风格的流行。

在英国，一般富裕人家往往每日四餐，即早餐、午餐、茶点和晚餐。早餐时间多为 7 ~ 9 时。主要食品是麦片粥、火腿蛋以及涂奶油或橘子酱的面包。午餐约为 13 时，通常是冷肉和凉菜（用土豆、黄瓜、西红柿、胡萝卜、莴笋、甜菜头等制作）。午餐时要喝茶，一般不饮酒。茶点约为 17 时左右，以喝茶为主，同时辅以糕点。晚餐多在 19 时 30 分左右，为一天的正餐，往往饮酒。在英格兰，人们多吃生菜。在英国北方，晚餐仅是茶点，只有第四餐的油炸鱼加土豆片才称"晚餐"。一般人家都比较注重一日三餐，即早餐、午餐和午茶。晚餐只准备一点点冷菜。英国普通民众的饮食习惯式样也比较简单，注重营养。早餐通常是麦片粥冲牛奶或一杯果汁，涂上黄油的烤面包片，熏咸肉或煎香肠、鸡蛋。中午，孩子们在学校吃午餐，大人的午餐就在工作地点附近买上一份三明治，就一杯咖啡，打发了事。只有到周末，英国人的饭桌上才会丰盛一番。通常主菜是肉类，如烤鸡肉、烤牛肉、烤鱼等。蔬菜品种繁多，像卷心菜、新鲜豌豆、土豆、胡萝卜等。蔬菜一般都不再加工，装在盘里，浇上从超市买回的现成调料便食用。主菜之后总有一道易消化的甜食，如烧煮水果、果料布丁、奶酪、冰激凌等。

英国苏格兰生产的威士忌，曾与法国的干邑白兰地、中国的茅台酒并列为世界三大名酒。英国人除了以威士忌佐餐外，还喜欢净饮。英国人饮酒，很少自斟自酌。他们的习惯是，饮酒最好去酒吧。因此，英国的酒吧到处都是，并且成为英国人社交的主要场所之一。

英国虽是岛国，但渔场不太好，所以英国人不讲究吃海鲜，反倒比较偏爱牛肉、羊肉、禽类、蔬菜等。英式菜的制作大都比较简单，肉类、禽类等大都整只或大块烹制。另外，调味也较简单，口味清淡，油少不腻，但餐桌上的调

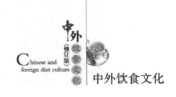

味品种类却很多，由客人根据自己的爱好调味。

三、美洲国家的饮食民俗

◎ 1. 美国

在美国这块土地上，有来自世界上许多国家和地方的人和他们的后裔，他们把故乡的风俗、习惯乃至烹调技艺也都带到了这里，逐渐形成美国饮食的特色。美国人的饮食习惯是一日三餐。他们讲究吃得是否科学、营养，讲求效率和方便，一般不在食物精美细致上下功夫。美国人的早餐通常在家里吃，较简单，烤面包、麦片及咖啡，或者还有牛奶、煎饼。午餐时间通常在 12 ~ 13 时，有时还会再迟一点。美国人的午餐是三餐中最简单的，量也不大。许多上班、上学的人从家中带饭菜，或是到快餐店买快餐，食物内容常常是三明治、汉堡包再加一杯饮料。晚餐是美国人较为注重的一餐，在 18 时左右，一般比较丰盛。通常先上一份果汁或浓汤，然后上主菜。常吃的主菜有牛排、猪排、烤牛腩、炸鸡、炸虾、火腿及烤羊排等；随主菜吃的有蔬菜、面包、黄油、米饭、面条等。多数美国人喜欢饭后吃一道甜食，如蛋糕、家常小馅饼或冰激凌等，最后再喝一杯咖啡，美国多数家庭有在睡觉前吃些小吃的习惯，孩子们通常喝杯牛奶，吃块家常小甜饼，成年人则吃些水果和糖块。

周末或假日，许多家庭只吃两顿饭，他们将早餐和午餐合并为一顿，称为早午餐，一般比较丰富，视作正餐；有的家庭星期天不做饭，全家出去吃便餐，或者在餐馆吃饭；每逢风和日丽的假日，美国家庭常举行野餐和户外烧烤餐，野餐是将烤鸡一类的熟食装在篮子里带到野外去吃；烧烤餐则是在自家庭院或郊外点起炭火，把生食烤熟再吃；有的公园甚至专门为游人提供烤肉用的炊具。

美国饮食努力的方向是向速食发展，他们的蔬菜大都生吃，营养不会损失，更主要的是省时间，现在他们还极力提倡把蔬菜挤成菜汁喝，他们都想把吃菜这一点工夫也挤出来作为他用。美国还有一种餐馆，叫自助餐馆。柜台上摆放着琳琅满目的食品，冷热皆备，顾客自行拿着盘子取食物，然后到柜台付款。这种就餐方式对不识英语或不熟悉情况的游客很适宜，而且自助餐馆的食品较便宜，也不必给服务员付小费。

美国的大街小镇到处可见挂有"麦克唐纳"招牌的店名，麦克唐纳公司是美国专营汉堡包和热狗的连锁企业，蜚声海内外。当然美国也有正式餐馆，而且规格和档次多种多样。多数正式餐馆有点菜、全餐和特餐之分，点菜时顾

客可随意点要，内容有肉类、鱼类、蛋类和色拉。用餐后不要忘记给服务员小费，一般为总额的 15%。美国菜味道清淡，主菜以肉、鱼、鸡类为主。一餐中一般只有一道主菜，而沙拉和咖啡是绝不能少的。热狗和汉堡包是最流行的两种快餐食品，经济而实惠。

美国的餐饮多元化，大城市中有世界各地风味的餐馆。美国的餐馆一般规模不大，都收拾得干干净净，而且食品种类并不很多。有人总结美国饭的特点，一是生，牛排带血丝；二是冷，凡是饮料都加冰块；三是甜。这当然是中国人依自己的口味做出的评判，不过倒也切中要害。事实上，美国人吃饭注重的是营养，而不是口味，一般美国人也不大会做饭。

在"岛国天堂"夏威夷，食物更有其独特的诱人之处，最著名的是"波伊"，它是把塔罗树的树根蒸熟、捣碎之后制成的浆状食品，看起来似乎并不引人食欲，但吃起来却香甜可口；夏威夷人通常都等到它发酵后有点酸味时才吃。"卡鲁瓦烤猪"是妇孺皆知的夏威夷名菜。"鸟肉卢奥"也别有风味，它是一种将鸟肉、可可、牛奶和塔罗树叶放在一起煮成的食物；塔罗树叶很像菠菜，适合东方人的口味；夏威夷人常把这些传统食物摆满一桌，大家团团围坐，尽兴品尝烤猪、烤鱼、烤鸡以及香蕉、菠萝、椰子，并以手作箸，抓吃"波伊"，这便是夏威夷人所喜爱的传统筵席，名曰"卢奥"。

◎ **2. 墨西哥**

墨西哥是中美洲的文明古国，除了古迹多多，其加勒比海的优美景色更令人向往，而饮食更是丰盛。因为曾被西班牙统治过，而受到古印第安文化的影响，菜式均以酸辣为主。而辣椒，成了墨西哥人不可缺少的食品。墨西哥本土出产的辣椒估计有百款之多，颜色由火红到深褐色，各不相同；至于辛辣度方面，体形愈细，辣度愈高，选择时可以此为标准。墨西哥人爱吃辣椒在世界上是有名的。在墨西哥，无论是城市还是乡村，无论是普通人家还是豪华酒楼，餐桌上都少不了辣椒。

墨西哥食品充满着喜庆的烟火气息和香味。在墨西哥厨房中，普通的材料都具有特别的作用。如沙司，做法非常简单：一碗番茄和洋葱加一点点生石灰和几根芫荽，放点蒜泥，再加些胡椒粉就好了，美味沙司就此完成。不论是新鲜沙司、陶罐里豆汤还是炖剑鱼，墨西哥的烹调都充满了激情的美味。

墨西哥人对于辣椒的吃法多种多样。把辣椒做成调味汁佐餐是最普遍的一种方法，当地人把这种调味汁叫萨尔萨。不管早餐、午餐还是晚餐，餐桌上都放着萨尔萨。萨尔萨的主料虽然都是辣椒，但由于配料不同，所以味道和颜色都不一样。最常见的是绿色的和红色的萨尔萨。绿色萨尔萨是用绿辣椒和一种

绿番茄加上香菜、葱头等做成的。这种萨尔萨辣中透出一股清香。辣而不燥，沁人心脾，开人胃口。红色萨尔萨是用红辣椒加红番茄等做成的，香辣俱全，味道醇厚。在墨西哥，最简单的吃辣椒的方法就是干吃。这种吃法据说源自农村。农民在野外干活，饿了，在地里揪几只辣椒，就着玉米饼，就是一顿饭。现在，这种吃法也传到了城里的大饭店，就是把整个的辣椒洗净切成了块放在漂亮的小碟子里罢了。

最别具风味的是墨西哥的早餐。墨西哥的早餐可以用"醒神"来形容，各式食物都以辣为主，连松饼都是以辣椒来焗制的，正宗的墨西哥菜，材料多以辣椒和番茄主打，味道有甜、辣和酸等，而酱汁九成以上是辣椒和番茄调制而成。

墨西哥菜深受世界人民的喜爱，它被誉为世界名菜，与法国菜和中国菜并驾齐驱。在墨西哥，当地人的食品离不开玉米和辣椒。他们爱把西红柿、香菜、洋葱和辣椒切成碎块，卷在玉米饼里吃。

◎ 3. 巴西

巴西是欧、亚、非移民荟萃之地，饮食习惯深受葡萄牙、非洲、意大利、日本和土著巴西人的共同影响。巴西南部土地肥沃，牧场很多，烤肉就成为当地最常见的大菜。

烤牛肉是巴西的著名风味菜肴，每逢家宴，外出野餐，都少不了烤肉。巴西烤烧发源于巴西最南端的州，相传当地以放牧为生的高卓人经常聚集在篝火旁，烘烤大块的牛肉分而食之，这种烧烤方法传播开来，成为巴西独特的美食。烤牛肉是巴西上层宴客的一等国菜，也是民间最受欢迎的一道菜。烤牛肉不加调料，只在牛肉表面撒点食盐，以免丧失原质香味；炭火一烤，表层油脂渗出，外面焦黄，里面鲜嫩，有一种特有的香味。坑炖羊肉也是一道脍炙人口的菜肴，近几年异军突起，其特有的烹制方式和乡村风味风靡全国。

在饮食上，巴西人以大米为主食，喜欢在油炒饭上撒上类似马铃薯粉的蕃芋粉，再加上类似花菜豆的豆一起食用。过去，巴西人不喜欢食用菜，自外来移民种植了大量的优质菜后，巴西人的家宴餐桌上变得丰盛起来了。吃鱼在巴西人当中还没有完全普及，通常只是在星期五和复活节时才吃鱼。然而，他们却喜欢吃虾，不过价钱很贵。在周末愉快的餐中，巴西人喜欢把大块的肉放在火上烤着吃。注意，巴西晚餐时间早则晚八九点开始，晚则于午夜12点开始。饮自来水不安全，只可喝烧开的水或瓶装饮料。

巴西人的社交活动里离不开酒，在炎热的夏日，点一杯冰凉的啤酒解暑是非常惬意的。巴西又是一个素称"咖啡王国"的国家，是世界上最大的咖啡

消费国之一，也是世界三大咖啡产地之一。咖啡是大多数人喜欢的饮品，喝咖啡也就成了当地人们的习惯。还有马黛茶，不含酒精的饮料当属新鲜水果汁为最佳。巴西人的生活跟咖啡有不解之缘，一天内喝个数十杯咖啡是常见的事。巴西人会见客人时，请客人喝浓咖啡，用很小的杯子一杯一杯地喝。

在巴西餐馆用餐使用的餐具有刀、叉、勺、盘、杯、碟等。餐具放在即将就餐的客人面前，叉子放在餐盘的左边，刀放在餐盘的右边，勺摆在刀子的右边。刀叉的数目要与菜的道数相同。使用刀叉由外及里。吃面包不使用刀叉，用手掰就可以。每道菜吃完，侍者将用过的盘子和刀、叉撤去，再换上新的餐盘，以供吃下一道菜时使用。用餐时，右手持刀，左手持叉。用刀将盘内的肉等切成小块儿，再用叉把食品放进口内。巴西人喜欢饮酒，但一般不劝酒，也不灌酒，这与我国的习惯不太相同。正餐过后，侍者端上甜点、水果、咖啡或茶。装有咖啡和茶的杯子是放在小盘子上的，喝过连同小盘一起端起。小盘上还摆放一把小勺，是用来搅拌咖啡和茶的，喝时不能用小勺一勺一勺地喝，而应该把小勺放在盘子边上，左手托着盘，右手端起杯来喝。巴西人招待普通朋友，一般是到餐馆请客，不轻易邀客人到家用餐。只有知己或亲密朋友，才特殊对待，有请进家中作客的资格，这也是给客人的一种最高礼遇。在巴西人的家宴上，酒类准备得较多，通常以红、白葡萄酒和啤酒为主，凉菜多为沙拉，主菜则以烤肉为主。饭后备有甜食、水果、咖啡、茶、冰激凌等。席间，主人一般不劝酒，客人喜欢哪种酒、哪种饮料可随便饮用。

四、非洲国家的饮食民俗

◎ 1. 南非

南非是非洲经济较发达的国家，也是汇聚了多种民族和文化的国家，餐饮业充分体现了这个"彩虹国度"的多元文化特色。在约翰内斯堡、开普敦等游客经常光顾的大城市，餐饮种类可以说是一应俱全：非洲烤肉、意式通心粉、葡式海鲜、印度咖喱、中式炒菜、日本寿司、连锁快餐，等等，甚至连越南、朝鲜、波斯风格的菜肴都能找得到。近年来，随着来自中国大陆的侨民人数越来越多，约翰内斯堡的中餐业已经日益多样化，在西罗町唐人街上，四川火锅、上海小炒、北方水饺等应有尽有，不仅当地华人喜欢光顾，连一些南非人也慕名而来。不过，来南非如果不品尝一下具有非洲特色的菜肴，的确是一件很遗憾的事。提起南非黑人的饮食，最家常的一种是用白玉米粉熬成的凝结起来的粥，然后配以牛肉、羊肉或鸡肉与豆子炖的肉汁，以及各种酸甜可口的

蔬菜沙拉。在以非洲饮食为主题的餐厅，就能品尝到这种菜肴。

虽然南非的饮食多种多样，但是南非人每天却只有一顿正餐，即晚餐。南非人的早餐是牛奶、面包和黄油。午餐十分简单，女人通常仅仅是几块饼干一杯咖啡和一枚水果，男人是一个三明治或者是一个夹肉馅饼和一杯咖啡。到了晚上下班回到家里，就会做烧烤或者煎牛排。

南非人的肉食以牛肉为主，牛舌等不同部位的牛肉有着不同的滋味。风干肉干也是南非的特色美食之一，一道"风干牛肉沙律"，经过风干的牛肉嚼劲十足。若是想吃素食，"咖喱桃沙律"是最好的选择。本身清甜的桃和浓郁的咖喱交汇在一起，带出的是一种截然不同的味道，有些辣、有些酸、有些甜，加在一起，感觉很复杂。南非的甜品有南非大象酒忌廉布丁，入口香浓软滑，带着一股淡淡的酒香。南非美食无法抗拒，南非美酒也同样不容错过。各款产自南非的葡萄美酒酒味醇香、口感怡人，与美食相伴，如此完美的组合定能挑动你的味蕾。

南非的美食"重镇"是开普敦，是南非美食的发源地。长久以来，深受东西方以及非洲饮食文化的影响。形成了自己独特的美食文化。来到开普敦的人都有一个愿望就是品龙虾，吃鲍鱼。这里既有各色各样的本地风味佳肴，也有融合了世界各地口味的美食。这里的饮食以海鲜为主，尤以龙虾、鲍鱼为特色。每年秋季都是吃龙虾的最好季节，龙虾只只膏满肉肥，鲜嫩甜滑。南非的鲍鱼和澳洲的鲍鱼不一样，被称为青鲍。

◎ 2. 埃及

埃及是世界上有名的文明古国之一，拥有雄伟的金字塔和狮身人面像等闻名世界的古迹。埃及人信奉伊斯兰教，在饮食上严格遵守伊斯兰教规，在每年一度的斋月里，人们白天不吃饭、不喝水、不吸烟，只有到太阳落下后才能吃饭。人们喜欢在面条中掺入厚糖和素油，制成各种甜食，有类似粉丝压的糖糕，有用木杏仁和花生做馅的油炸饺子等。

埃及人的主食是被称为"耶素"的不用酵母制作的平圆形面包。进餐时，与煮豆、白乳酪和汤等一并食用。有时也吃米饭，煮三小碗的米饭需配四小碗水和四匙植物油。吃的时候，米饭和菜或糖渍水果一起混合食用。埃及人口味偏重，喜欢浓郁、软滑、焦香、麻辣味道。喜用盐、胡椒、辣椒、咖喱和番茄酱等调味品。埃及人爱吃牛羊肉、鸡、蛋类，也爱吃豌豆、洋葱、南瓜、茄子、西红柿、卷心菜等。开罗名菜是烤鸽子，烤的鸽子肥瘦适度，酥脆可口，深得埃及人的喜爱。

埃及人不吃猪肉类食品，也不用猪皮制品，不吃除了肝脏以外的动物内脏

及红烩带汁和没熟透的菜。他们忌饮酒，但不戒啤酒，有时也用啤酒招待客人，而酸牛奶、咖啡、红茶、果汁、雪粒、桃子、西瓜、香蕉等则是受欢迎的食品。埃及人吃饭时一般不互相交谈，平时不浪费食物，特别是"耶素"。他们忌讳黄色，认为黄色是不幸和丧葬的代表色。埃及的"惠风节"已有5000年的历史。节日这天，人们总是要吃上几个鸡蛋，吃点腌鱼和生菜，寓意万事如意，连年有余，充满生机。

埃及饮食与其国家的社会历史结构一样种类繁复，从最简单的乡村菜肴开始，均受到希腊、黎巴嫩和法国菜的影响。埃及的餐饮场所主要有三类，西餐馆以经营法国菜为主，菜的品种相应较多；中东餐馆经营包括从埃及到利凡特菜（埃及、土耳其、法国及其他国家的混合体）的所有菜肴；还有一些特色餐馆，经营希腊、中国或仿法老时代的菜肴。此外，一般的咖啡馆里也卖小菜。埃及的传统食品有炭烧山羊肉、油炸圈饼、甘蔗酒、奶茶等。主食有米饭、面包、鱼、羊肉和火鸡，还有一种特有的调味品：由芝麻、油、大蒜和柠檬制成的酱，配菜有土豆、酸乳酪和黄瓜。

◎ **3. 摩洛哥**

摩洛哥曾是法国殖民地，加上地缘之故，南、北部分别受非洲与西班牙的影响，菜色并非全然为中东特色。其对饮食重视的程度，从其新娘的嫁妆里少不了的餐具一项便可略知一二。

除了料理方式多为炖煮、蒸、烤外，番红花、红椒粉、郁郁粉、胡椒等各种风味不同的香料，更是让菜色多了几许变化。在食材上，西红柿、洋葱、豆类、蛋、奶油、蜜蜂等料理都是极为廉价的材料，但在细慢炖下均成了道道美食。其酸甜苦辣并不特别强烈，仅算得上是偏重口味的程度感受，并和阿拉伯一样以传统面食为主食。

除了各种面饭类外，主菜约可分成五种，苔吉是庆典的必备料理。知名代表名菜是古司。古司是将北非的米食——粗粒小麦粉，用以鸡汁蒸熟后轻敷陈年奶油再蒸，反复三次，鸡汁的甜、奶油的香郁都入渗后才将各式肉类、蔬果、汤汁淋上，口味独具一格，很受欢迎，也因此在法国便有许多由摩洛哥人所开设的古司专卖店。巴司蒂亚馅派是摩洛哥庆典名肴，制作手续麻烦且需要4~5个小时。摩洛哥式泡芙饼——"飞塔"，是一种放鸡、牛或羊肉，旁边放置三角形的面饼，淋上香浓鸡汁与葡萄汁鸡肉佐食，由于添加了无糖奶水，散发出淡淡的奶香，愈嚼愈有味，迥异于其他料理。

茶由中国通过丝绸之路传入阿拉伯世界，再来到北非摩洛哥。饮茶已成为摩洛哥文化的一部分。摩洛哥人大多为穆斯林，穆斯林是禁酒的，其他饮料也

中外饮食文化

较少，唯有茶不可短缺。而最独特而有趣的就是他们的薄荷茶。喝的时候有一股薄荷的清香，味很浓，特甜，特能提神。薄荷是当地产的，而95%的茶叶则来自遥远的中国。说来有趣，摩洛哥盛行饮茶之道，却并不产茶，全国2000多万人口每年消费的茶叶均需进口，而95%来自遥远的中国。"中国绿茶"与每一个摩洛哥人的生活息息相关。

摩洛哥人喜喝咖啡，这不仅已经形成一种流行时尚，而且成为一种根深蒂固的习惯。走在摩洛哥的大街小巷，总能闻到缕缕诱人的咖啡浓香从街边的小屋飘出。在摩洛哥品尝咖啡，可谓一种难得的享受。摩洛哥人视咖啡为挚友，几乎到了"饭可以不吃，但咖啡不可不喝"的地步。不论在工作场合或家庭生活中，甚至工作与工作之间的一段小小的休息，都会就近喝杯咖啡，然后再进行下一步的工作。摩洛哥的咖啡味道醇美，口感纯真，喝咖啡用很小的杯子，每杯咖啡的量最多也就两小口。

思考题

1. 什么是饮食民俗？
2. 饮食民俗形成的原因有哪些？
3. 举例阐述中国主要的年节食俗。
4. 举例阐述中国少数民族的饮食民俗。
5. 宗教信仰食俗有哪些特征？
6. 以国外某一个国家为例，谈谈该国的饮食民俗。

第三章　｜中外饮食礼仪

第一节　中国饮食礼仪

一、中国古代饮食礼仪

饮食礼仪，简称食礼，是人们在饮食活动中应遵循的、群体约定俗成的道德规范与行为准则，主要包括人们在饮食活动中的礼节、仪态以及仪式等。任何一个民族都有自己富有特点的饮食礼俗。中国人的饮食礼仪是比较发达、完备的，而且具有贯通的特点。《礼记·礼运》说："夫礼之初，始诸饮食。"在中国，根据文献记载可知，至迟在周代时，饮食礼仪已形成一套相当完善的制度。这些食礼在后来的社会实践中不断得到完善，在古代社会发挥了重要的作用，对当今社会依然产生着一定的影响。

宴饮是一种社会活动，为使这种社会活动有秩序有条理地进行，达到预期的效果，必须有一定的礼仪规范来指导和约束。每个民族在长期的实践中都有自己的一套规范化的饮食礼仪，作为每个社会成员的行为准则。

中国古代社会，在饭菜的食用上都有严格的规定，并通过饮食礼仪体现等级区别。"凡王之馈，食用六百，膳用六牲，饮用六清，馐用百有二十品，珍用八物，酱用百有二十瓮。"这告诉我们，进献王者的饮食要符合一定的礼教。《礼记·礼器》曰："礼有以多为贵者，天子之豆二十有六，诸公十有六，诸侯十有二，上大夫八，下大夫六。"而民间平民的饮食之礼则"乡饮酒之礼，六十者三豆，七十者四豆，八十者五豆，九十者六豆，所以明养老也"。乡饮酒，是乡人以时会聚饮酒之礼，在这种庆祝会上，最受恭敬的是长者。

礼产生于饮食，同时又严格约束饮食活动。不仅讲求饮食规格，而且连菜

肴的摆设也有规则，《礼记·曲礼》说："凡进食之礼，左肴右胾，食居人之左，羹居人之右。脍炙处外，醢酱处内，葱渫处末，酒浆处右。以脯脩置者，左朐右末。"就是说，凡是陈设便餐，带骨的菜肴放在左边，切的纯肉放在右边。干的食品菜肴靠着人的左手边，羹汤放在靠右手边。细切的和烧烤的肉类放远些，醋和酱类放在近处。蒸葱等伴料放在旁边，酒浆等饮料和羹汤放在同一方向。如果要分陈干肉、牛脯等物，则弯曲的在左，挺直的在右。这套规则在《礼记·少仪》中也有详细记载。上菜时，要用右手握持，而托捧于左手上；上鱼肴时，如果是烧鱼，以鱼尾向着宾客；冬天鱼肚向着宾客的右方，夏天鱼脊向宾客的右方。

在用饭过程中，也有一套繁文缛礼。《礼记·曲礼》载："共食不饱，共饭不泽手。毋抟饭，毋放饭，毋流歠，毋咤食，毋啮骨。毋反鱼肉，毋投与狗骨。毋固获，毋扬饭，饭黍毋以箸，毋嚃羹，毋絮羹，毋刺齿，毋歠醢。客絮羹，主人辞不能烹。客歠醢，主人辞以窭。濡肉齿决，干肉不齿决。毋嘬炙。卒食，客自前跪，彻饭齐以授相者，主人兴，辞于客，然后客坐。"

这段话的大意是这样的：大家在一起吃饭时，不可只顾自己吃饱，要注意谦让。如果和别人一起吃饭，不可用手，一般用匙食饭。吃饭时不可将饭抟成大团，大口大口地吃，这样有争饱之嫌。要入口的饭，不能再放回饭器中，这样会让别人感到不卫生。不要长饮大嚼，让人觉得自己想快吃多吃，好像没够似的。喝汤时不要喝得满嘴流汁，或是啧啧作声。不要啃骨头，也不要把拿起的鱼肉又放回盘碗里，或是将肉骨头扔给狗。不要专挑某种特定的食物吃。不要为了能吃得快些，就用食具扬起饭粒以散去热气。吃黍饭不要用筷子，但也不提倡直接用手抓，食饭必得用匙。也不可大口囫囵喝汤，不要当着主人的面调和菜汤。进食时不要随意不加掩饰地大剔牙齿，如齿塞，一定要等到饭后再剔。如果有客人在调和菜汤，主人就要道歉说自己烹调不佳；如果客人喝酱类的食品，主人也要道歉说自己备办的食物不充分。湿软的烧肉、炖肉，可直接用牙齿咬断；干肉则不能直接用牙去咬断，须用刀匕帮忙。大块的烤肉和烤肉串，不要一口吃下去。吃完饭后，客人应起身收拾桌上的食碟交给旁边伺候的仆人，主人跟着起身，请客人不要劳动，然后，客人再坐下。

此外，还需注意的是，"虚坐尽后，食坐尽前"：在一般情况下，要坐得比尊者、长者靠后一些，以示谦恭。"食坐尽前"，是指进食时要尽量坐得靠前一些，靠近摆放馔品的食案，以免不慎掉落的食物弄脏了座席。"食至起，上客起……让食不唾"：宴饮开始，馔品端上来时，做客人的要起立；在有贵客到来时，其他客人都要起立，以示恭敬。主人让食，要热情取用，不可置之

不理。"客若降等，执食兴辞；主人兴辞于客，然后客坐。"如果来宾地位低于主人，必须双手端起食物面向主人，等主人寒暄完毕之后，客人方可入席落座。"主人延客祭，祭食，祭所先进，肴之序，遍祭之"：进食之前，等馔品摆好之后，主人引导客人行祭。食祭于案，酒祭于地，按进食的顺序遍祭。"三饭，主人延客食胾，然后辨肴，客不虚口"：所谓"三饭"，指一般的客人吃三小碗饭后便说饱了，须主人劝让才开始吃肉。宴饮将近结束，主人不能先吃完而撤下客人，要等客人食毕才停止进食。如果主人进食未毕，"客不虚口"，虚口指以用酒浆荡口，清洁安食。主人尚在进食而客自虚口，便是不恭。"卒食，客自前跪，彻饭齐以授相者。主人兴辞于客，然后客坐"：宴饮完毕，客人自己须跪立在食案前，整理好自己所用的餐具及剩下的食物，交给主人的仆从。待主人说不必客人亲自动手，客人才住手，复又坐下。"毋咤食"：咀嚼时不要让舌在口中作出响声，主人会觉得你是对他的饭食表示不满；"毋啮骨"：不要专意去啃骨头，这样容易发出不中听的声响，使人有不雅、不敬的感觉。

宴会有献宾之礼，先由主人取酒爵到宾客席前请进，称为"献"；次由宾客还敬，称为"酢"；再由主人把酒注入觯后，先自饮而后劝宾客随着饮，称"酬"，这么合起来叫作"一献之记礼"。如今，请客宴会也叫酬酢，其本身就强调礼仪。

二、中国现代饮食礼仪

中国现代宴饮礼仪的一般程序是：主人折柬相邀，到期迎客于门外；客至，至致问候，延入客厅小坐，敬以茶点；导客入席，以左为上，是为首席。席中座次，以左为首座，相对者为二座，首座之下为三座，二座之下为四座。客人坐定，由主人敬酒让菜，客人以礼相谢。宴毕，导客入客厅小坐，上茶，直至辞别。席间斟酒上菜，也有一定的规程。一般斟酒由宾客右侧进行，先主宾，后主人；先女宾，后男宾。酒斟八分，不得过满。上菜先冷后热，热菜应从主宾对面席位的左侧上；上单份菜或配菜席点和小吃先宾后主；上全鸡、全鸭、全鱼等整形菜，不能把头尾朝向正主位。

◎ 1. 宴席座次

中餐的席位排列，关系来宾的身份和主人给予对方的礼遇，所以是一项非常重要的内容。中餐席位的排列，在不同情况下有一定的差异。大致可分为桌次排列和位次排列。

中外饮食文化

　　（1）桌次排列。中餐宴请活动中，往往采用圆桌布置菜肴、酒水。排列圆桌的尊卑次序，一般有两种情况。第一种是由两桌组成的小型宴请。这种情况又可以分为两桌横排和两桌竖排两种形式。当两桌横排时，桌次是以右为尊，以左为卑。这里所说的右和左，是由面对正门的位置来确定的。当两桌竖排时，桌次讲究以远为上，以近为下。这里所讲的远近，是以距离正门的远近而言。第二种是由三桌或三桌以上的桌数所组成的较大宴请。在安排多桌宴请的桌次时，除了要注意"面门定位"、"以右为尊"、"以远为上"等规则外，还应兼顾其他各桌距离主桌的远近。通常，距离主桌越近，桌次越高；距离主桌越远、桌次越低。

　　在安排桌次时，所用餐桌的大小、形状要基本一致。除主桌可以略大外，其他餐桌都不要过大或过小。为了确保在宴请时赴宴者及时、准确地找到自己所在的桌次，可在请柬上注明对方所在的桌次，在宴会厅入口悬挂宴会桌次排列示意图，安排引位员引导来宾按桌就座，或在每张餐桌上摆放桌次牌（用阿拉伯数字书写），并在每位来宾所属座次正前方的桌面上，事先放置醒目的个人姓名座位卡。

　　（2）位次排列。宴请时，每张餐桌上的具体位次也有主次尊卑的分别。排列位次的基本方法有四条，它们往往会同时发挥作用。

　　方法一：主人大都应面对正门而坐，并在主桌就座。

　　方法二：举行多桌宴请时，每桌都要有一位主桌主人的代表在座。位置一般和主桌主人同向，有时也可以面向主桌主人。

　　方法三：各桌位次的尊卑，应根据距离该桌主人的远近而定，以近为上，以远为下。

　　方法四：各桌距离该桌主人相同的位次，讲究以右为尊，即以该桌主人面向为准，右为尊，左为卑。

　　每张餐桌上安排的用餐人数应限在 10 人以内，最好是双数。如 6 人、8人、10 人。人数如果过多，不容易照顾，而且也可能坐不下。

　　根据上面四个位次的排列方法，圆桌位次的具体排列可以分为两种具体情况。它们都是和主位有关。第一种情况：每桌一个主位的排列方法。特点是每桌只有一名主人，主宾在右首就座，每桌只有一个谈话中心。第二种情况：每桌两个主位的排列方法。特点是主人夫妇在同一桌就座，以男主人为第一主人，女主人为第二主人，主宾和主宾夫人分别在男女主人右侧就座。每桌从而客观上形成了两个谈话中心。

　　如果主宾身份高于主人，为表示尊重，可安排在主人位子上坐，而请主人

90

坐在主宾的位子上。排列便餐的席位时，如果需要进行桌次的排列，可以参照宴请时桌次的排列进行。位次的排列可以遵循三个原则：一是右高左低原则，两人一同并排就座，通常以右为上座，以左为下座。这是因为中餐上菜时多以顺时针方向为上菜方向，居右坐的因此要比居左坐的优先受到照顾。二是中座为尊原则，三人一同就座用餐，坐在中间的人在位次上高于两侧的人。三是面门为上原则，用餐的时候，按照礼仪惯例，面对正门者是上座，背对正门者是下座。如遇特殊情况，可看不同的情况采用不同的方法。

◎ **2. 中餐餐具的使用**

和西餐相比，中餐的一大特色就是就餐餐具有所不同。我们主要介绍一下平时经常出现问题的餐具的使用。

（1）筷子。筷子是中餐最主要的餐具。使用筷子，通常必须成双使用。用筷子取菜、用餐的时候，要注意下面几个"小"问题：一是不论筷子上是否残留有食物，都不要去舔；二是和人交谈时，要暂时放下筷子，不能一边说话，一边舞筷；三是不要把筷子竖插放在食物上面，因为这种插法，只在祭奠死者的时候才用；四是严格筷子的职能，筷子只是用来夹取食物的，用来剔牙、挠痒或是用来夹取食物之外的东西都是失礼的。

（2）勺子。勺子的主要作用是舀取菜肴、食物。有时，用筷子取食时，也可以用勺子来辅助。尽量不要单用勺子去取菜。用勺子取食物时，不要过满，以免溢出来弄脏餐桌或自己的衣服。在舀取食物后，可以在原处"暂停"片刻，汤汁不会再往下流时，再移回来享用。暂时不用勺子时，应放在自己的碟子上，不要直接放在餐桌上。用勺子取食物后，要立即食用或放在自己碟子里，不要再把它倒回原处。如果取用的食物太烫，不可用勺子舀来舀去，也不要用嘴对着吹，可以先放到自己的碗里等凉了再吃。不要把勺子塞到嘴里，或者反复吮吸、舔食。

（3）碟子。食碟主要用来盛放食物，在使用功能上和碗略同，在餐桌上一般要保持原位。食碟的主要作用，是用来暂放从公用的菜盘里取来享用的菜肴。用食碟时，一次不要取放过多的菜肴，这样看起来既繁乱不堪，十分不雅，而且多种菜肴堆放在一起，味道混淆，也不好吃。不吃的残渣、骨、刺不要吐在地上、桌上，而应轻轻取放在食碟前端，放的时候不能直接从嘴里吐在食碟上，要用筷子夹放到碟子旁边。

（4）水杯。水杯主要用来盛放清水、饮料时使用。不要用来盛酒，也不要将其倒扣。另外，喝进嘴里的东西不能再吐回水杯。

（5）餐巾。中餐用餐前，如果比较讲究，一般会为每位用餐者准备一块

湿毛巾。它只能用来擦手。擦完手后，应该放回盘子里。有时候，在正式宴会结束前，会再上一块湿毛巾。和前者不同的是，它只能用来擦嘴，不能擦脸、抹汗。

（6）牙签。尽量不要当众剔牙。非剔不行时，用另一只手掩住口部，剔出来的东西，不要当众观赏或再次入口，也不要随手乱弹，随口乱吐。剔牙后，不要长时间叼着牙签，更不要用来扎取食物。

◎ **3. 宴席礼仪**

（1）请柬印发的礼仪。请柬以印刷为佳，样式宜大方、庄雅。小型宴会的请柬可用打字或手写。柬中应说明宴会的时间、地点、主人姓名、余兴节目。如系庆祝会或为某种活动而举行者，亦可写明，以便客人多做些准备。请柬宜于举行宴会前两星期发出。隆重的宴会，更应早发请柬。中式请柬应附回单，西式请柬宜加注"请赐回音"或"不能赴宴者请回音"等字样。如已预先约定，则加注"备忘"二字。

（2）客人赴宴的礼仪。在赴宴之前，必须把自己打扮得大方、得体，男士只要比平常多注意一下衣装即可。女士赴宴前的化妆就要留心些。化妆要浓淡适中，淡淡修饰一下，这样更能显示出人的气质。头发应该事先洗净梳好。男士们要把胡须刮干净。

如果想送礼品给主人，最好先摸清楚主人的癖好和居家生活，这样才能送出主人真正喜欢或需要的东西。宴请朋友是件非常吃力的工作，但也绝对是最能让人有所收获的活动，不论是共度周末、几小时晚宴，还是喝喝小酒。

（3）客人入席前的礼仪。饮茶在我国不仅是一种生活习惯，也是一种源远流长的文化传统。中国人习惯以茶待客，并形成了相应的饮茶礼仪。如请客人喝茶，要将茶杯放在托盘上端出，并用双手奉上。茶杯应放在客人右手的前方。在边谈边饮时，要及时给客人添水。客人则需善"品"，小口啜饮，而不作牛饮。

（4）客人入席后的礼仪。入席时主人事先就要有计划地分配座席，分别招呼客人入席。上菜之前，做主人的，先要向同桌的客人敬酒，照例说一句感谢光临的话，以后每道菜来时，也要举杯邀饮，然后请客人"起筷"。在大型宴会中，照例主人要带主要亲人到每桌去敬酒。这时候就要估计大约需要的时间。在适当的时候，到每桌去敬酒。到了每一桌之前，就能够遍见每一位客人，并且一一致意。散后，主人便要回到门口，等待客人离去。道别的形式，可以一一握手送行。可若是三两桌的小型宴会，主人对某些来宾，如长辈、路远的稀客，还有差遣小辈送上一程的必要，或者给他们雇车，以表示自己的敬

意。此外，在跟客人辞别时，如果客人较少，还可以说句客套话，如"谢谢光临"等。在自古为礼仪之邦、讲究民以食为天的国度里，饮食礼仪自然成为饮食文化的一个重要部分。职场中人总会有很多参与宴请的场合，学点中餐礼仪，可以让你给客人留下良好的印象。

（5）餐桌上的一般礼仪。入座后姿势端正，脚踏在本人座位下，不可任意伸直，手肘不得靠桌缘或将手放在邻座椅背上。用餐时须温文尔雅，从容安静，不能急躁。在餐桌上不能只顾自己，也要关心别人，尤其要招呼两侧的女宾。口内有食物，应避免说话。自用餐具不可伸入公用餐盘夹取菜肴。必须小口进食，不要大口地塞，食物未咽下，不能再塞入口。取菜舀汤，应使用公筷公匙。吃进口的东西不能吐出来，如是滚烫的食物，可喝水或果汁冲凉。送食物入口时，两肘应向内靠，不直向两旁张开，碰及邻座。自己手上持刀叉，或他人在咀嚼食物时，均应避免跟人说话或敬酒。切忌用手指掏牙，应用牙签，并以手或手帕遮掩。避免在餐桌上咳嗽、打喷嚏、怄气。万一不禁，应说声"对不起"。在餐厅进餐，不能抢着付账，推拉争付，甚为不雅。未征得朋友同意，亦不宜代友付账。

坐在餐桌上的时候，身体保持挺直，两脚齐放在地板上，仪态看起来要规范。当然，这并不是要求他在餐桌上必须像军校的学生一般，坐得像枪杆一样笔直，不过也不可能像布娃娃一样，弯腰驼背地瘫在座位上。

暂停用餐时，双手如何摆放可以有多种选择。可以把双手放在桌面上，以手腕底部抵住桌子边缘；也可以把手放在桌面下的膝盖上。尽量不要用手去拨弄盘中的食物，或玩弄头发。

吃东西时手肘不要压在桌面。在上菜空档，把一只手或两只手的手肘撑在桌面上，并无伤大雅，因为这是正在热烈与人交谈的人自然而然会摆出来的姿势。不过，吃东西时，手肘最好还是要离开桌面。

吃面或条状的面食，最方便的方式是用筷子，但动作要轻，防止面带着汤乱溅。吃细长的面条时，假如是坚持"正统"吃法的人，就会用筷子卷绕面条，不宜太多，约只卷四五条。卷绕时要慢，让所有的面条结实地卷绕在筷子上，然后就可以将它送入口中。

第一次尝试这种吃面方式时，可能会有很多面条从筷子上滑下，卷绕时也可能会溜失不少面条。有时即使是个中高手也难免会失误，而必须费劲将滑溜而出的面条吸入口中，因而发出嘶嘶的响声。不过，任何事情都一样，熟能生巧。

喝汤十分容易发出声响。在日本文化传统中，喝汤时发出声响是正常而自

然的举动。喝汤时要小声，用汤匙舀汤，入口前要吹凉汤匙里的汤，也请小声吹气。如果汤是装在汤碗中，汤里还有料，先把料吃光，再喝汤。不过，千万不可捧起盘子，直接从盘里喝汤。如果是清炖肉汤，而且汤的热度已经不再滚烫，也可以直接拿起汤碗来喝，不须用汤匙一匙一匙地喝。

（6）宴后的礼节。到朋友家赴宴后，别忘了寄谢函，它可以是一封谢函也可以是一张热情洋溢的明信片。

如果已经致赠昂贵的礼物或打过电话道谢，也应当写份谢函寄给主人。一封得体的谢函会让主人非常高兴，甚至会被他的家人传阅一读再读，还有可能被保存下来成为传家典藏。好的宴会谢函可有如下内容：

客人要先点出他以个人身份或是代表配偶发言，并表明致谢对象是谁。

第一段应该写那次聚饮机会多么难得，让大家欢聚一堂，品味佳肴，共叙友情。

第二段可以谈谈主人的家和附近的风景以及湖光山色有多赏心悦目。

第三段可以谈谈其他客人或赞美主人的孩子。

最后再写一次感谢的话，然后签名。记得，宴会的主办人如果是夫妇，给两人的谢词一定要平均。

◎ **4. 不同场合的用餐礼仪**

（1）办公室的进餐礼仪。一次性餐具最好立刻扔掉，不要长时间摆在桌子或茶几上。如果突然有事情耽搁，也记得礼貌地请同事代劳。

容易被忽略的是饮料罐，只要是开了口的，长时间摆在桌上总是有损办公室雅观。如果不想马上扔掉，或者想等会儿再喝，就把它藏在不被人注意的地方。

吃起来乱溅以及声音很响的食物，会影响他人，食物掉在地上，要马上捡起扔掉。餐后将桌面和地面打扫一下，这是必须做的事情。

有强烈味道的食品，尽量不要带到办公室。即使你喜欢，也会有人不习惯的。而且其气味会弥散在办公室里，这是很损害办公环境和公司形象的。

在办公室吃饭，拖延的时间不要太长。在一个注重效率的公司，员工会自然形成良好的吃饭习惯。准备好餐巾纸，及时擦拭油腻的嘴，不要用手擦拭。嘴里含有食物时，不要贸然讲话。他人嘴含食物时，等他咽完再对他讲话。

（2）吃自助餐的礼仪。要循序取菜。自助餐虽然比吃正规西餐自由些，可也有自己的规矩，如果想要吃饱吃好，那么在具体取用菜肴时，就一定要首先了解合理的取菜顺序，然后循序渐进。取菜的顺序一般是冷菜、汤、热菜、甜点、水果、冰激凌。在取菜前，最好先在全场转上一圈，了解一下情况，然

后再去取菜。

　　要排队取菜。在享用自助餐时，由于用餐者往往成群结队而来，大家都必须自觉地维持公共秩序。轮到自己取菜时，应用公用的餐具将食物装入自己的食盘之内，然后应迅速离去。

　　要量力而行。一次取菜不可太多，可多取几次，取到盘中的菜应当吃完。最忌一次取得过多，最后剩下。

　　几个朋友一起用餐，应自取自用，忌大家共取许多盘，像吃中餐那样一块儿吃。餐桌上如摆设多套叉，应按从外向内的顺序分别用来吃冷菜、热菜，横放的叉、勺是用来吃甜品的。

　　吃完一盘可将刀叉平行竖放盘中，再去取下一盘，服务员会主动收去。

　　除非餐厅特别声明，自助餐一般不含酒水——大饭店的酒水一般较贵，点时需注意看酒水单。

第二节　外国饮食礼仪

　　西方餐桌礼仪起源于法国梅罗文加王朝，由于受到拜占庭文化的影响，而制定了一系列精到的礼仪。到了罗马帝国的查里曼大帝时，礼仪更为复杂而专制，皇帝必须坐最高的椅子，每当乐声响起时，王公贵族必须将菜肴传到皇帝手中。在17世纪以前，传统习惯是戴着帽子进餐。帝制时代餐桌礼仪显得烦琐与严苛，不同民族有不一样的用餐习惯：高卢人坐着用餐，罗马人卧着进食，法国人从小被教导用餐时双手要放在桌上，但是英国人却被教导不吃东西时双手要放在大腿上。古代希腊人待客时，在进入餐厅以前会先请客人更换凉鞋，让客人感到轻松舒适，主人也会把最好的座位留给陌生人。而罗马人由于喜欢卧着进餐，不但餐前先沐浴，还换穿毛料的及膝长袍以方便躺卧。罗马贵族喜欢在三面有躺椅的躺卧餐桌用餐，上菜时仆役的双脚随着音乐的节拍移动，先端给主人。12世纪，当意大利文化影响到法国时，餐桌礼仪与菜单用语变得更为优雅与精致，教导礼仪的著作纷纷问世。

一、亚洲国家饮食礼仪

　　亚洲人待客非常讲究。与亚洲人交往时，一定注意不要让对方丢面子。名

片在亚洲人的交往中使用非常广泛。亚洲人的商业通用语是英语。下面简单地介绍一些亚洲国家的饮食礼仪。

◎ **1. 日本人的饮食礼仪**

日本人相互拜访时，一定要提前打电话预约。日本人一般不在家里宴请客人。如果应邀到日本人家中做客，在门厅要脱帽子、手套和鞋。男子坐的姿势比较随便，但最好是跪坐，上身要直；妇女要正跪坐或侧跪坐，忌讳盘腿坐。告别时，离开房间后再穿外衣。到日本人家中做客通常要为女主人带一束鲜花，同时也要带一盒点心或糖果，最好用浅色纸包装，外用彩色绸带结扎。

日本人接待至亲好友时，使用传统敬酒方式，主人在桌子中央摆放一只装满清水的碗，并将每个人的酒杯在清水中涮一下，然后将杯口在纱布上按一按，使杯子里的水珠被纱布吸干，这时主人斟满酒，双手递给客人，看着客人一饮而尽。饮完酒后，客人也将杯子在清水中涮一下，在纱布上吸干水珠，同样斟满一杯酒回敬给主人。这种敬酒方式表示宾主之间亲密无间的友谊。

日本人的斟酒也很讲究，酒杯不能拿在手里，要放在桌子上，右手执壶，左手抵着壶底，千万不要碰酒杯。主人斟的头一杯酒一定要接受，否则是失礼的行为。第二杯酒可以拒绝，日本人一般不强迫人饮酒。

日本人吃饭是用筷子的，但是他们所用的筷子不是平头，而是尖头。在用筷子时，日本人有"忌八筷"之说。所谓"忌八筷"，其一，不准用舌头舔筷子；其二，忌迷筷，即不准拿着筷子在饭菜上晃来晃去，举棋不定；其三，忌移筷，即不准夹了一种菜又夹另一种菜，而不去吃饭；其四，忌扭筷，即不准将筷子反过去，吞在口里；其五，忌插筷，即不准将筷子插在饭菜里，或是把它当作叉子，叉起饭菜吃；其六，忌掏筷，即不准用筷子在饭菜里扒来扒去，挑东西吃；其七，忌跨筷，即不准把筷子跨放在碗、盘之上；其八，忌别筷，即不准用筷子当牙签用。除此之外，日本人还忌讳用一双筷子让大家依次夹食物。

日本人在宴客时，大都忌讳将饭盛得过满，并且不允许一勺盛一碗饭。作为客人，则不能仅吃一碗饭。哪怕是象征性的，也要再添一次饭。否则，就会被视为宾主无缘。给客人盛饭时，禁忌把整锅饭一下分成一碗碗的份饭，因过去给囚犯盛饭时多采用这种方法。吃饭时禁忌敲饭碗，据说这是因为人们迷信敲碗声会招来饿鬼。

日本人饮食中的其他一些禁忌，如忌讳往糕上撒盐和撕拉着吃糕；忌讳在锅盖上切东西；忌讳往白水里放汤；着过筷的饭菜和动过口的汤，不能吃到一半剩下；携带食物外出郊游时，禁忌把吃剩的东西丢在山里，据说这是担心吃

剩的东西会招来鬼魂；忌讳把红豆饭浇上酱汤吃，据说这样做会在结婚时遭雨浇；作为客人就餐时，忌讳过分注意自己的服装或用手抚摸头发；在宴会上就餐时，忌讳与离得较远的人大声讲话。讲话时禁忌动手比画和讲令人悲伤或批评他人的话；在有关红白喜事的宴会上，禁忌谈论政治、宗教等问题等。

◎ 2. 韩国人的饮食礼仪

韩国素有"礼仪之国"的称号，韩国人十分重视礼仪道德的培养，直到现在，韩国人依然遵循传统的饮食礼仪。

韩国人平时使用的一律是不锈钢制的平尖儿筷子。中国人、日本人都有端起饭碗吃饭的习惯，但是韩国人认为这种行为不规矩。如果去韩国家庭作客或有韩国客人在场，出于尊重，一定要把碗放在桌上，用勺子一口一口地吃，而这时，另一只手既然不端碗，就老老实实地藏在桌子下面，不可在桌子上"露一手儿"。右手一定要先拿起勺子，从水泡菜中盛一口汤喝完，再用勺子吃一口米饭，然后再喝一口汤、再吃一口饭后，便可以随意地吃任何东西了。这是韩国人吃饭的顺序。勺子在韩国人的饮食生活中比筷子更重要，它负责盛汤、捞汤里的菜、装饭，不用时要架在饭碗或其他食器上。而筷子呢？它只负责夹菜。即使汤碗中的豆芽儿菜用勺子怎么也捞不上来，也不能用筷子。这首先是食礼的问题，其次是汤水有可能顺着筷子流到桌子上。筷子在不夹菜时，传统的韩国式做法是放在右手方向的桌子上，两根筷子要拢齐，2/3 在桌上，1/3 在桌外，这是便于拿起来再用。

韩国人家里如有贵客临门，主人感到十分荣幸，一般会以好酒好菜招待。客人应尽量多喝酒，多吃饭菜，吃得越多，主人越开心。

韩国人讲究礼貌，待客热情，待客时，一般以咖啡、不含酒精的饮料或大麦茶招待客人，有时还加上适量的糖和淡奶，这些茶点常常要求客人必须接受。吃饭时，主人总要请客人品尝一些传统饮料——低度的浊酒和清酒。浊酒亦称农酒，昔日是农家自酿酒。韩国主人对于不饮酒的客人，多用柿饼汁招待，柿饼汁是一种传统的清凉饮料，把柿饼（亦可用梨、桃、橘、石榴等鲜水果）、桂皮粉、松仁、蜂蜜、生姜放在水中煮沸，待凉后滤去渣皮即可，味道甜辣清凉．常常在逢年过节时全家人在一起饮用。

韩国人用餐时有个习惯：不大声说话、咀嚼声音小、尽量不谈商业话题。他们认为，吃饭就是休息、享受的时候，伤脑筋的话题尽量少提。给长辈倒酒时得用双手，喝时得侧身手掩以示敬意。与年长者同坐时，坐姿要端正。由于韩国人的餐桌是矮腿小桌，放在地炕上，用餐时，宾主都应席地盘腿而坐。入座时，宾主都要盘腿席地而坐，不能将腿伸直，更不能叉开。未征得同意前，

不能在上级、长辈面前抽烟，不能向其借火或接火。吃饭时不要随便发出声响，更不许交谈。进入家庭住宅或韩式饭店应脱鞋。在大街上吃东西、在人面前擤鼻涕，都被认为是粗鲁的。

韩国饭馆内部的结构分为两种：使用椅子和脱鞋上炕。在炕上吃饭时，男人盘腿而坐，女人右膝支立——这种坐法只限于穿韩服时使用。现在的韩国女性平时不穿韩服，所以只要把双腿收拢在一起坐下就可以了。坐好点好菜后，不一会儿，饭馆的服务人员就会端着托盘中先取出餐具，然后是饭菜。

在韩国，如有人邀请你到家吃饭或赴宴，应带小礼品，最好挑选包装好的食品。韩国人用双手接礼物，但不会当着客人的面打开。不宜送外国香烟给韩国友人。酒是送韩国男人最好的礼品，但不能送酒给妇女，除非你说清楚这酒是送给她丈夫的。在赠送韩国人礼品时应注意，韩国男性多喜欢名牌纺织品、领带、打火机、电动剃须刀等。女性喜欢化妆品、提包、手套、围巾类物品和厨房里用的调料。孩子则喜欢食品。如果送钱，应放在信封内。

若有拜访必须预先约定。韩国人很重视交往中的接待，宴请一般在饭店或酒吧举行，夫人很少在场。

总之，韩国人的饮食礼仪比较特殊，在同韩国人聚餐时一定尊重他们国家的食礼。

◎ **3. 朝鲜人的饮食礼仪**

朝鲜素有"礼仪之国"的称号，朝鲜人十分重视礼仪道德的培养，尊老敬长是朝鲜民族恪守的传统礼仪。

（1）到朝鲜朋友家做客礼仪。朝鲜民族热情好客，每逢宾客来访，总要根据客人身份举行适当规格的欢迎仪式，无论在什么场合遇见外国朋友，朝鲜人总是彬彬有礼，热情问候，谈话得体，主动让道，挥手再见。

被邀请到朝鲜朋友家中作客，主人家事先要进行充分准备，并将室内院外打扫得干干净净。朝鲜人时间观念很强，人总是按约定的时间等候客人的到来，有的人家还要全家到户外迎候。

客人到来时，主人多弯腰鞠躬表示欢迎，并热情地将客人迎进家中，用饮料、水果等招待。朝鲜人素来待客慷慨大方，主人总要挽留客人吃饭，许多人家还要挽留远道而来的客人在家中留宿几天，用丰盛的饭菜款待。

（2）朝鲜人的餐饮礼仪。朝鲜人的饮食极富民族特色。他们的主食是兼吃米、面，米饭、打糕、冷面、饺子汤。打糕，是一种手工打制而成的米糕。冷面，是一种用荞麦面做成的凉面。饺子汤，则是将在牛肉汤里煮熟的大馅饺子连饺子带汤一起上桌。它们都是待客时的上佳之选，往往不可或缺。朝鲜人

爱吃的菜肴，大多偏辣、偏酸。他们做菜时忌油腻，不放糖，不加花椒，爱吃清淡之物。在朝鲜菜里，名声最大的有泡菜、烤牛肉、人参鸡，等等。一般而论，朝鲜人还大都爱吃狗肉。

朝鲜人一般都爱喝酒，日常饮料则为凉白开水或清茶。在用餐时，他们通常不喝清汤。朝鲜人主要的饮食禁忌是：不吃鸭子、羊肉或肥猪肉；讨厌吃稀饭；吃热菜时，不喜欢加醋。对可口可乐等西式饮食，朝鲜人一般不感兴趣。

朝鲜人的主要餐具是筷子和碗。在一般情况下，他们都讲究冬用铜碗，夏用瓷碗。在用餐时，他们多围坐在一张矮桌周围。但是，在民间，有公公与儿媳、大伯与弟媳不同桌用餐的讲究。用餐的时候，讲究尊老的朝鲜人，一定要先给长辈盛饭。在长辈动筷子之前，其他人是不准开吃的。

（3）朝鲜人的饮酒礼仪。朝鲜家如有贵客临门，主人感到十分荣幸，一般会以好酒好菜招待。客人应尽量多喝酒，多吃饭菜。吃得越多，主人越发感到有面子。

在饮酒时，朝鲜人很讲究礼仪。在酒席上按身份、地位和辈分高低依次斟酒，位高者先举杯，其他人依次跟随。级别与辈分悬殊太大者不能同桌共饮。在特殊情况下，晚辈和下级可背脸而饮。斟酒要按照年龄、辈分、地位的顺序，依次由高而低地进行。在敬酒时，敬酒人必须先向对方鞠躬，然后再致祝词。在碰杯时，杯子须较对方低。敬酒之后，应先向对方鞠躬，然后方可离去。

传统观念是"右尊左卑"，因而用左手执杯或取酒被认为是不礼貌的。经允许，下级、晚辈可向上级、前辈敬酒。敬酒人右手提酒瓶，左手托瓶底，上前鞠躬、致辞、为上级、前辈斟酒，一连三杯，敬酒人自己不饮。要注意的是，身份高低不同者一起饮酒碰杯时，身份低者要将杯举得低，用杯沿碰对方的杯身，不能平碰，更不能将杯举得比对方高，否则是失礼。妇女给男人斟酒，但不给其他妇女斟酒。

◎ **4. 越南人的饮食礼仪**

越南是个多民族的国家，除越（京）族外，还有岱、泰、芒、侬、苗、瑶、土、哲、高棉、马拿、色登等50多个民族。在这样一个多民族共同生活的国家里，衣食住行方面保持了各自不同的风俗习惯。但是，从总的方面来说，越南人待人接物的礼仪还是大同小异的。

在饮食习惯上，越南人的主食是大米。有的时候，他们也吃一些薯类和面食。喜欢吃生冷酸辣的食物。通常，他们不喜欢将菜肴烧得过熟，也不大喜欢吃红烧的菜肴，或是脂肪过多的食物。有时，他们甚至吃生肉、生血。越南人

一般不爱吃的东西还有：羊肉、豆芽、甜点和过辣的菜肴。多刺的鱼，他们往往也不吃。越南的少数民族在饮食上也多有一些各自的禁忌，如瑶人不吃狗肉，芒人不吃麂子肉，占白尼人不吃牛肉，加非尔人不吃牛肉，等等。他们最常使用的佐餐调料是一种叫做"鱼露"的东西。鱼露配料是越南菜清新美味的秘诀。鱼露集中了鱼的精华，具有很高的营养价值，可以帮助化解油腻的菜肴。糯米饭也是越南人普遍喜欢的食品，经常用来待客，最典型的糯米饭用木鳖果汁搅拌而成，看上去晶亮鲜红、味甜且有滋补作用。生牛河是越南著名的庶民料理，其最美味处是汤底，凝缩了牛腩、牛骨、花椒、八角、香茅、香叶、白胡椒粒等煲足了 8 小时的精华。

越南的傣人特别喜欢食用鱼肉和各种血冻（猪血冻、鸭血冻、牛血冻、鹿血冻等），并爱在血冻里加蒜头、辣椒、番石榴叶等佐料；酸笋汤、青蛙肉、酸肉、酸瓜、酸汁等也是他们不可缺少的食品。越南人爱用花生油或大油来烹制菜肴。特别喜欢用干蒜瓣来炒牛肉。喜欢吃糖醋类和醋熘类菜肴。他们习惯菜炒好后一起上桌再用餐。

越南人大多数不能喝烈性酒，但爱饮茶和咖啡。各种酸汤也大受他们钟爱。日常生活中，越南人颇爱嚼食槟榔。他们的方法是将其切片后，与蚌壳粉等物一起入口咀嚼，但不得咽下去。越南人用餐使用筷子，不过他们禁忌将筷子直插于饭菜之中。他们就餐不用桌子，而是惯于将饭菜一次上齐，摆在一个大炕上，然后围坐而食。在越南人家中就餐时，吃饭多多益善。要是剩的东西过多，对主人是失敬的。

越南人就餐一般用中式的碗、筷。作客时，客人在用水、用烟或用饭前要先向主人说一句"不客气了"或"您先请"等，以示礼貌。越南各族人常用他们最喜欢的酒和生冷酸辣食物待客，客人不应拒绝。

◎ 5. 蒙古人的饮食礼仪

蒙古人饮食习惯特点浓郁，平日所吃的主食，主要是肉类和乳制品。在肉类之中，他们最爱吃的是羊肉，同时也吃牛肉。一般情况下，蒙古人不大吃猪肉和马肉。与此同时，他们还忌讳吃鱼、虾、蟹、海味以及所谓"三鸟"的内脏。蒙古人所指的"三鸟"是鸡、鸭、鹅。还有不少人不爱吃米、面、青菜。经常食用的蔬菜品种包括马铃薯、白菜、圆葱、萝卜等，喜饮酒。一般食肉不用筷或叉，而是左手拿肉，右手拿刀切着吃。"手扒肉"、"烤全羊"、"石烤肉"、"羊背子"等，都是蒙古人的传统佳肴。在款待嘉宾时，他们通常要设"全羊席"。届时，由主人首先动手，其他人则应按一定顺序进食。在吃肉时，蒙古人一般用手撕而食之，或以刀子割食。吃著名的"手抓饭"时，则

须以手直接进行抓食。蒙古人没有喝汤的习惯，他们的主要饮料是马奶酒和茶。当游客们来到草原的蒙古包中，女主人会把传统的奶茶和其他乳制品特别是酸马奶端到客人面前热情款待。按蒙古人传统，来家就是客，一律以茶、食招待。除非客人忙得等不及烧茶，但也要品尝点奶食品才能上路，如果到一个蒙古人家里而什么也不吃就走，会被认为是对主人的不尊敬。

蒙古人待客很重要的一项内容是置酒相待。当主人敬酒时，客人应举起酒杯，一饮而尽，表示对主人的尊敬和交友的诚意。按照古老的习俗，敬酒不喝，即话不投机。进入微醉状态之后，说话便十分投机甚至可以推心置腹，即使客人酩酊大醉，主人也乐不可支，认为这才是真正的朋友。献茶敬酒照例以长辈、老人为先。有时也会为了表示对客人的尊重而先客后主，客人接过来茶碗要放在长者面前。献茶要站起身双手奉上，不能坐着献茶。晚辈如果是男性，敬酒时作单跪姿势。

除以食品招待客人外，主人还向客人敬鼻烟，它装在 1 立方寸大小、精致的小瓷瓶内。如果客人也有，就要互敬鼻烟。如果是同辈人相见，要用右手递壶或双手略举，鞠躬互换，各自从壶内倒出一点烟，用食指抹在鼻孔上，吸入品闻烟味，然后再换回鼻烟壶。如果是长辈与晚辈相见，晚辈要跪一足，双手递鼻烟壶，长辈则微微欠身用右手接鼻烟壶。

敬酒时，如果家长年高辈长，一般会由少辈人代替。晚辈忌讳在长辈面前喝酒吸烟，但必须接过酒杯并酹酒之后，将杯放在桌子上。如果客人好喝酒，长辈便会借故回避，给机会让同辈人饮酒娱乐。即使非常嗜酒的老人，也不能同青年人一道饮酒。大规模喜庆，也必须按年龄、辈分、地位、性别分开坐。避席的长辈待年轻人饮到差不多时返回，与客人共同斟满一杯酒放在桌子上，大家开始用饭。如果主人以整羊席待客，则先由长者动刀割肉。和客人一起吃饭的，必须是家庭主事人。

进入蒙古包之前要将马鞭子放在门外，否则是对主人的不尊敬。

进门要从左边进，入蒙古包以后坐在主人的右边。

离开蒙古包之时要走原来的路线，出包以后不要急于上马，要走一段路，等到主人进去后才能离开。

◎ 6. 泰国人的饮食礼仪

泰国人很讲究礼貌，晚辈对长辈处处表示尊重，所以泰国的"敬语"用得特别多。

在泰国民间，人们用餐时多惯于围绕着低矮的圆桌跪膝而坐，以右手抓食物享用。在泰国，人们普遍认为"左手不洁"，所以绝对不能以其取用食物。

而今，有些泰国人用餐时爱叉、勺并用，即左手持叉，右手执勺，两者并用。

泰国人不喝热茶，而是在茶里加上冰块，令其成为冰茶。在一般情况下，他们惯于直接饮用冷水。在喝果汁的时候，他们还有在其中加入少许盐的偏好。在口味方面，泰国人不爱吃过咸或过甜的食物，也不吃红烧的菜肴。从总体上讲，泰国人喜食辛辣、鲜嫩之物。在用餐时，他们爱往菜肴中加入辣酱、鱼露或味精。他们最爱吃的食物，当属具有其民族特色的"咖喱饭"。

泰国人以大米为主食，副食是鱼和蔬菜。早餐吃西餐，如烤面包、黄油、果酱、咖啡、牛奶、煎鸡蛋等，午餐和晚餐则喜用中餐，如中国的川菜和粤菜。另外，泰国人特别喜欢喝啤酒，在喝咖啡和红茶时，喜欢配以小蛋糕和干点心，饭后有吃苹果、鸭梨的习惯，但不吃香蕉。另外，在递给别人东西时要用右手，不得已用左手时要说声"请原谅"。

泰国人经事先联系后，会准时赴约，进屋时先脱鞋。泰国人相见时双手合十互致问候，晚辈向长辈行礼时，双手合十，举过前额，长辈也会合十回礼。双手举得越高，表示尊重的程度越深。当然视情况也有行跪拜礼的，若长辈坐着，晚辈只能坐在地上或蹲跪，不可高过长辈。因男女授受不亲，即使在公开场合下，舞曲响起，男女身体也不可接触，这时客人最好是坐着不动。与泰国人交往，可以送一些小的纪念品和鲜花，送的礼物事先要包装好。

从总体上讲，泰国人的服饰喜用鲜艳之色。在泰国，有用不同的色彩表示不同日期的讲究。由于气候炎热，泰国人平时多穿衬衫、长裤与裙子。只有在商务交往中，他们才会穿深色的套装或套裙。但是，在公共场合，尤其是在参观王宫、佛寺时，穿背心、短裤和超短裙是被禁止的。去泰国人家里做客，或是进入佛寺之前，务必要记住先在门口脱下鞋子。

在举止动作上，泰国人的禁忌很多。泰国人的头部尤其是孩子的头部，一般绝对不准触摸。拿着东西从泰国人头上通过被视作一种侮辱。在睡觉时，他们忌讳"头朝西，脚向东"，因为在泰国只有停尸时才那么做。他们不准用脚指示方向，不准脚尖朝着别人，不准用脚踏门或是踩踏门槛。在外人面前席地而坐时，不准盘足或是双腿叉开。跟泰国人接触时，忌讳动手拍打对方。用左手接触对方，讲话时以手指对对方指指点点，也是禁止的。

◎ 7. 老挝人的饮食礼仪

老挝人普遍信奉佛教，注重佛门禁忌。老挝人认为：头是神圣之处，不容他人触摸；脚是下贱的部分，坐下来后不仅不应乱动，而且最好别让人看到。用左手接触东西或从坐卧之人身上跨过去，均为严重的失礼行为。他们在饮食方面的主要讲究是：日进二斋，过午不食。不禁酒，不必食素。但是，"忌食

十肉"，即不吃人肉、象肉、虎肉、豹肉、狮肉、马肉、狗肉、蛇肉、猪肉、龟肉。

老挝人以糯米为主食，他们大多爱吃酸味食品。副食有牛肉、猪肉，各种蔬菜、水果、果汁等。老挝人爱喝酒，比较常见的是烈性白酒。老挝人流行吃小吃，不管什么时候，都可以弄点小吃开聊。腌牛肉、牛皮酱、香肠都很有特色。

老挝人十分好客，每逢宾客临门，主人会显得格外高兴，除热情迎候，还要用各种时令鲜果和自家酿制的美酒招待，因而在老挝流行"主人引路，敬酒在先"的说法。应邀到老挝朋友家中拜访、作客，应同主人事先联系约定，并准时赴约，主人会率家人按时恭候迎接。见面问候后，要在主人引导下进入住房。走进客厅之前，要自动脱鞋，因老挝有进屋脱鞋的习惯。进入室内后盘腿席地而坐，不可将腿往前伸，这是不礼貌的举动。

老挝人用餐时，喜欢席地而坐。男女的坐姿也很有讲究，各不相同（一般男的盘腿而坐，女的侧腿而坐）。老挝人吃饭一般都不使用刀叉和筷子，而是惯于用手抓饭。他们习惯将糯米放在小竹篓中蒸熟，用手捏糯米饭团，夹着生菜同吃。据说，饭团捏得越紧，吃起来越香。

客人坐定后，主人送上酒，先自己斟满一杯一饮而尽，然后斟满一杯递给客人，客人要双手接过一饮而尽，表示谢意，即使不喝酒的客人也应该多少尝一些，不然会引起主人不高兴。

在老挝乡间作客，主人要热情请客人饮坛酒。坛酒是老挝乡间款待宾客的必备之物，用糯米加其他原料制成，封入坛中，宾客进门，取出酒坛，放在客厅中央，众人围着酒坛席地而坐，主人当众取下坛口上的封泥，根据在场人数多少，向坛中插入一些细管，每人握住一根细管吸饮坛中的酒，大家边饮边谈，显得亲密无间。

老挝人喜爱以传统饭菜招待客人，以辛辣和酸味食品为主。著名的饭菜有糯米饭、竹筒饭、腌鱼、"考本"、剁生、酸笋、青苔、干牛皮、拌木瓜等。"考本"汤是用粉浇上肉末、椰汁和香料熬成的，味道鲜美。剁生是生冷食品，将新鲜的牛肝、牛肚洗净后切碎，拌上香辣佐料制成，吃到嘴里略带腥苦味，初次食用很不习惯，尽管主人并不强求，如果客人入乡随俗地多少品尝一些，或夸奖味道不错，主人会感到格外高兴和亲切。老挝人吃饭时，习惯将鸡头或鱼头让给客人，以表示对客人的尊敬，客人应高兴地接受，并向主人致以谢意。

◎ **8. 柬埔寨人的饮食礼仪**

柬埔寨有许多人信仰佛教，忌讳杀生，很少食用动物类食品，一般都喜欢吃素。喜爱用传统的饭菜招待客人。以大米为主食，平时常吃素食，逢年过节吃些鱼、虾、牛肉等，显得丰盛和喜庆。待客的名菜有熏鱼、滑蛋虾仁、菜扒虾丸、素菜、凉拌菜等。凉拌菜是在蔬菜里放入葱、姜、蒜、辣椒、椰汁等，酸咸适度，香辣可口，别有风味。他们最喜欢吃的是烤香蕉，把未完全成熟的青香蕉串起来放在火上烤，烤黄便吃。

柬埔寨吃饭不用桌椅。一般都是席地跪坐，用手抓着吃。现在的城市里，人们吃饭时也用筷子，有的用叉子、汤匙。一般将饭菜包在事先准备好的生菜叶里，再蘸上佐料食用。吃完饭，客人要赞扬饭菜丰盛，味道好，感谢主人盛情款待。

在柬埔寨，有很多忌讳客人需要遵守。他们认为右手干净，左手污垢，进食用右手，递给他人物品，尤其是食物，也要用右手或者双手。

到柬埔寨朋友家去作客，要事先约好时间，并按时赴约，穿戴要干净、整齐。主人会在家里恭迎等候，宾主见面时，客人应双手合十还礼。一般情况下，可以称男主人为先生，称女主人为夫人，对其他女性可以称呼女士、小姐。如果知道主人的姓名、职务、职业，可以在姓名、职务、职业后带上"先生"、"夫人"、"小姐"的称呼。如果主人是部长以上的高官，则应该称呼为"部长阁下"、"大使阁下"等。

◎ **9. 印度人的饮食礼仪**

印度人称他们的国家为"婆罗多"，意为月亮，这是一切美好事物的象征。主客见面时，都用双手合十于胸前致意。晚辈为表示对长辈的尊敬，行礼时要弯腰并触摸长者的脚，男女不能握手。印度人的独特礼节是：用摇头表示赞同，用点头表示不同意。

印度人的主食主要是大米和面食。他们烹调的方式主要有炒、煮、烩三种。在做饭的时候，他们喜欢加入各种各样的香料，尤其是爱加入辛辣香料，如咖喱粉等。印度人在饮食方面最大的特点就是食素的人特别多，而且社会地位越高的人越忌荤食。在印度，根据教规，印度教教徒和锡克教教徒不吃牛肉，伊斯兰教徒不吃猪肉，耆那教教徒则忌杀生又忌肉食。在一般情况下，蛇肉、竹笋、蘑菇和木耳等，有许多印度人是不吃的，还有不少印度人甚至不吃鸡蛋。绝大多数印度人都不吸烟。平时，印度人不太爱喝汤，也不怎么喜欢饮酒。有许多印度人认为，白开水是世界最佳的饮料。通常，红茶也是他们的主要饮料。在喝茶时，他们往往将其斟入盘里，用舌头舔饮。印度人用餐的时候，一般不用任何餐具，而习惯用右手抓食。在请客的时候，印度人往往会请在座者中最有钱的人或者最受欢迎的人付账。

客人到印度人家后，要向主人和他的家人问好。目前，自由、平等的观念在印度已日益深入人心，但在社交场合，人们依旧讲究等级，重视身份有别。在印度，人们正式的姓名往往很长。不同种型的人在自己的姓之前，必须加上一个表示本人种姓的专用称呼，以示区别。在印度，"老爷"、"主人"一类的称呼通常表示着一个人的社会地位。除此之外，印度人的姓名有时也反映着他的民族归属与宗教信仰。

饭前和饭后要漱口和洗手，因印度人就餐不用餐具，一般用右手吃饭，用右手递取食物，敬酒敬菜。尤其在印度的北方，人们要用右手的指尖来拿吃东西，把食物拿到第二指关节以上是不礼貌的。而在印度的南方，人们却用整个右手来搅拌米饭和咖喱，并把它们揉成团状，然后食用。印度人用手进食时，忌讳众人在同一盘中取食。不得用手触及公共菜盘，不得去公共菜盘中取食，否则将被共同进餐的人所厌恶。就餐时常用一个公用的盛水器供人饮用，喝水时不能用嘴唇接触盛水器，而要对准嘴往里倒。

在印度人的餐桌上，主人一般会殷勤地为客人布菜，客人不能自行取菜。同时，客人不能拒绝主人给你的食物和饮料，食品被认为是来自上帝的礼物，拒绝它是对上帝的忘恩负义。吃不了盘中的食品，不要布给别人，被你触及了的那些食品将被视为污染物，许多印度人在就餐前很在意他们的食物是否被异教徒或非本社会等级的人碰过。餐后印度人通常给客人端上一碗热水放在桌上，供客人洗手。

在传统的印度人家庭或农村中，还存在如下习俗：通常客人与男人、老人、孩子先吃，妇女则在客人用膳后再吃；不同性别的人同时进餐时，不能同异性谈话。

作为客人，餐后要向主人表示敬意，即应当赞扬食品很好吃，表示自己很喜欢。一般不要说"谢谢你"等致谢的话，否则被认为是见外。

因受印度教的影响，印度人敬牛、爱牛，不打牛、不杀牛、不使用牛皮制品，爱牛也绝对不容非议。在每年之中，他们必须封斋一次，每次三天左右。在此期间，他们白天不可以进食。在印度，当众吹口哨乃是失礼之举。

◎ 10. 巴基斯坦人的饮食礼仪

巴基斯坦的全称是巴基斯坦伊斯兰共和国，是世界上第一个以伊斯兰命名的国家，宪法规定伊斯兰教为国教，国家元首必须是穆斯林，全国居民97%信奉伊斯兰教，巴基斯坦人的风俗礼仪主要来自伊斯兰教的一些规定，也保留

着一些传统的风俗习惯。

巴基斯坦人热情好客，讲究礼节，待人诚实。对于久别重逢的朋友，寒暄的时间很长，相互问候的内容很广泛，从身体到事业，从家庭到业余爱好，无所不谈。巴基斯坦人在社交活动中所行的见面礼节主要是握手礼。但是遇到巴基斯坦妇女时，千万不要主动与对方握手。巴基斯坦人注重衣着得体。到巴基斯坦朋友家做客要服饰整洁，男性要穿长衫、长裤，即使天气再热，也最好穿西服，系领带，女性不要穿裙子。

到巴基斯坦朋友家里做客，事先要预约。巴基斯人对时间观念要求不是十分严格，不准时赴约不会被认为是失礼行为，但最好还是按约定时间抵达，但不要提前，以免主人未作准备而弄得措手不及。巴基斯坦人多用奶茶和水果招待客人，有时用干果。巴基斯坦人对朋友总是显得慷慨大方，总要挽留客人吃饭，用丰盛可口的穆斯林膳食招待，认为只有这样才算表达了对朋友的诚挚情谊。

巴基斯坦的穆斯林不食猪肉、不饮酒，主食主要是米饭和面食，并且爱吃粗面烙饼和抓饭。在副食方面，他们主要吃牛肉、羊肉、鸡肉和鸡蛋，同时也很爱吃豆制品、蔬菜泥。他们还有生食蔬菜之习。从口味上讲，他们爱吃甜、辣之物，不喜食过咸之物。心灵手巧的家庭主妇用香麻、黄油、咖喱、胡椒、辣酱调味炒、煎、烧、烩、涮制成各种各样富于民族特色的饭菜迎接待客。传统名菜如咖喱鸡、涮羊肉、烧羊肉、煎牛排等，异国客人食后应赞不绝口。许多菜里因放入各种香料，有着一种特殊的香味，加上色泽淡雅，味道鲜美，令人食欲倍增。

从饮食禁忌上讲，巴基斯坦人不吃猪肉、自死之物、动物的血和非按教规宰杀之物，不吃母鸡、甲鱼、螃蟹、海狗、禾花雀，不吃鱼肚和海参。对于酒和含有酒精的一切饮料，他们都绝对不饮用。通常，他们还不抽香烟。用左手取用食物，在巴基斯坦也属于非礼之举。

巴基斯坦人喜爱甜食，常用甜菜泥、西式点心、染色的甜米饭、甜发面饼招待客人。进餐时，由男主人陪用，女主人是不出面的。饭后，还要请客人吃梨、柑、橙、香蕉、葡萄等水果。客人告辞时，主人要热情地送到院门外，把右手放在胸前，真诚地说"胡达哈菲兹"（真主保佑你），客人同样将右手放在胸前，回答说"胡达哈菲兹"。当客人已走出很远时，主人仍站在院门外目送着。

二、欧洲国家的饮食礼仪

◎ 1. 英国人的饮食礼仪

英国的正式名称是大不列颠及北爱尔兰联合王国，有时它也被人们称为"联合王国"、"不列颠帝国"、"大英帝国"、"英吉利"或是"英伦三岛"。它位于欧洲西部，是由大不列颠岛、爱尔兰岛的东北部及其周围的一些小岛所组成的岛国。

在待人接物方面，英国人讲究含蓄和距离，性格内向，不善表达，不爱张扬；为人处世上较为谨慎和保守。对待任何新生事物，英国人往往会持观望的态度；在人际交往中崇尚宽容和容忍。与外人交往时，一般都非常善解人意，懂得体谅人、关心人、尊重人；在正式场合注重礼节和风度。在社交场合，英国人极其强调"绅士风度"。它不仅表现为英国人对妇女的尊重和照顾方面，而且也见之于英国人的仪表修洁、服饰得体和举止有方。

英国人在菜肴上没有多大特色，日常的伙食基本上没有多大的变化。除了面包、牛肉、火腿之外，英国人平常爱吃的也就是土豆、炸鱼和煮菜了。英国人每餐吃水果，早餐喜欢吃麦片、三明治、奶油、橘酱点心、煮鸡蛋、果汁牛奶、可可，午餐、晚餐喜欢喝咖啡和吃烤面包。午餐为一天中的正餐，英国人把午饭作为主餐，餐间往往要饮酒，爱吃牛（羊）肉、鸡、鸭、野味、油炸鱼等。晚餐较简单，通常以冷肉和凉菜为主。餐间喝茶，但不饮酒。英国人做菜时很少用酒做调料，调味品大都放在餐桌上，由进餐者自由挑选。

传统的英国人非常重视餐桌上的礼仪。用餐中刀叉为八字形，如果在用餐中途暂时休息片刻，可将刀叉分放盘中，刀头与叉尖相对成"一"字形或"八"字形，刀叉朝向自己，表示还是继续吃。如果是谈话，可以拿着刀叉，无须放下，但若需要做手势时，就应放下刀叉，千万不可手执刀叉在空中挥舞摇晃。应当注意，不管任何时候，都不可将刀叉的一端放在盘上，另一端放在桌上。刀与叉除了将料理切开送入口中之外，还有另一项非常重要的功用：刀叉的摆置方式传达出"用餐中"或是"结束用餐"之信息。在家庭内的餐会或是与朋友之间的轻松聚餐，像沙拉或是蛋包饭之类较软的料理，也可以只使用叉子进餐。但是在正式的宴席上使用刀叉，能给人较为优雅利落的感觉。

另外，英国人不邀请因公事交往的人来家里吃饭，公务宴请大都在酒店或餐馆里进行。英国人爱喝茶，把喝茶当作每天必不可少的享受，尤其喜欢中国的"祁门红茶"，不喝清茶，茶中一般加放糖、鲜柠檬、冷牛奶等，即制成奶

茶或柠檬茶再喝。英国人所喝的茶是红茶，在饮茶时，他们首先要在茶杯里倒入一些牛奶，然后才能依次冲茶，加糖。

英国人的饮食禁忌主要是不吃狗肉，不吃过咸、过辣或带有粘汁的菜肴。做菜时加味精也为其忌讳。

在人际交往中，英国人不喜欢送贵重的礼物。涉及私生活的服饰、肥皂、香水，带有公司标志与广告的物品，都不适合送给英国人。鲜花、威士忌、巧克力、工艺品以及音乐会门票，则是送给英国人的首选。

◎ **2. 法国人的饮食礼仪**

法国人非常爱好社交，善于交际，对他们来说，社交是人生的重要内容，没有社交活动的生活是难以想象的。在日常生活里，法国人非常善于交际。即使与他人萍水相逢，他们也会主动与之交往，而且表现得亲切友善，一见如故。法国的烹调技术在世界上闻名。

法国人渴求自由，他们认为，自由就是可以去做法律禁止之外的一切事情。与法国人打交道，约会必须事先约定，并且准时赴约，但是也要对他们可能的姗姗来迟事先有所准备。

在人际交往中，法国人所采用的见面礼节主要有握手礼、拥抱礼和亲吻礼。就一般而言，法国人所行的吻面礼，不但使用得最多、最广泛，而且在其做法上也有一定的特点。

正式称呼法国人的姓名时，应该只称呼其姓氏，或是姓与名兼称。家人、熟人、朋友、同事、同学之间可直呼其名。对于关系至为密切者，则宜直呼其爱称。有时有必要使用谦称或敬称，但"老人家"、"老先生"、"老太太"等带有"老"字的称呼都是法国人忌讳的。

法国人在用餐时，两手允许放在桌上，但却不许将两肘支在桌子上。在放下刀叉时，习惯于将其一半放在碟子上，一半放在餐桌上。

一般来说，在法国人的餐桌上，酒水比菜肴要贵。而在正式的宴会上，则有"交谈重于一切"之说。这是因为法国人视宴请为交际场合，所以他们举行的宴会大都时间较长，在用餐时只吃不谈，是不礼貌的。一般情况下，法国人不请人到自己家中作客。一旦被邀请赴法国人家作客，客人应对每一道菜表示赞赏。外国人到法国人家作客，不要讲蹩脚的法语，应讲英语。

吃完切忌用餐巾用力抹手抹嘴，而要用餐巾的一角轻轻印去嘴上或手指上的油渍便可。假如吃多道主菜，吃完第一道（通常是海鲜）之后，侍者会送上一杯雪葩（用果汁或香槟造），除了让口腔清爽之外，更有助增进你吃下一道菜的食欲。就算凳子再舒服，坐姿都应该保持正直，不要靠在椅背上面。进

108

食时身体可略向前靠，两臂应紧贴身体，以免撞到隔壁。吃法国菜同吃西餐一样，用刀叉时记住由最外边的餐具开始，由外到内，不要见到美食就扑上去，导致失礼。吃完每碟菜之后，将刀叉四围放或者打交叉乱放都非常难看。正确方法是将刀叉并排放在碟上，叉齿朝上。

与法国人交往时忌送黄色的花，因为他们认为黄花代表不忠诚。法国人忌黑绿色和黑桃图案，这些均被认为不吉祥。

◎ **3. 德国人的饮食礼仪**

德国人在人际交往中对礼节非常重视。在社交场合，德国通常都采用握手礼作为见面礼节。与德国人握手时，务必要坦然地注视对方，握手的时间最好长一些，用力要较大。此外，与亲朋好友见面时，德国人往往会行拥抱礼。在德国，亲吻礼多用于夫妻、情侣之间，并未广泛使用。有些上了年纪的人，与人相逢时，还往往习惯于脱帽致意。

在一般情况下，切勿直呼德国人的名字。称其全称，或仅称其姓，则大都可行。德国人对职衔、学衔、军衔看得比较重。对于有此类头衔者，在称呼时一定不要忘使用其头衔，这被视为向对方致敬的一种做法。"阁下"这一称呼在德国是不通用的。

在宴席上，男士坐在女士和地位高的人的左侧，女士在离开或离开后又返回饭桌时，邻座位上的男士要站起来以示礼貌。请德国人进餐，与他们交谈时最好谈原野风光，他们个人的业余爱好多为体育活动。德国人的具体饮食习惯为：早餐简便，一般只吃面包、喝咖啡即可。午餐是主餐，主食是面包、蛋糕、面条、米饭，副食为土豆、瘦猪肉、牛肉、鸡、鸭、野味、鸡蛋。晚餐一般吃冷餐，并喜欢以小蜡烛照明，在幽幽的烛光下，人们边吃边谈心。德国人不太喜欢吃羊肉、鱼虾、海味，菜肴宜清淡、酸甜，不宜辣；喜欢喝啤酒、葡萄酒。此外，德国人习惯在外聚餐，在事先没有讲明的情况下聚餐时要各自付钱。

德国人在用餐时，吃鱼用的刀叉不能用来吃肉或奶酪；如果同时饮用啤酒与葡萄酒，应该先喝啤酒，然后喝葡萄酒，否则被视为有损健康；食盘中不宜堆积过多的食物；不得用餐巾扇来扇去。

德国人忌讳茶色、红色和深蓝色，忌食核桃。向德国人赠送礼品时，不宜选择刀、剑、剪、餐刀和餐叉。以褐色、白色、黑色的包装纸盒彩带包装、捆扎礼品，也是不允许的。

◎ **4. 意大利人的饮食礼仪**

意大利人热情好客，待人接物彬彬有礼，在正式场合，穿着十分讲究，谈

话时要注意分寸，一般谈论工作、新闻和足球等内容的话题。

一般来说，与别人约会时，许多意大利人都会晚到几分钟。据说，意大利人认为，这既是一种礼节，也是一种风度。

意大利人的主餐是午餐，一顿午餐能延续两个小时，执意拒绝午餐或晚餐的邀请是不礼貌的。意大利人请客，大多爱在餐馆进行。他们的一顿宴请，一般要延续两三个小时。在席间，他们主张莫谈公事，以便专心致志地用心品尝美味佳肴。如果到意大利人家作客，可以带葡萄酒、鲜花（花枝数要为单数）和巧克力作为礼物，但注意不要带菊花，菊花被用于葬礼上。意大利人喜欢吃通心粉、馄饨、葱卷等面食，爱吃牛肉、羊肉、猪肉、鸡、鸭、鱼虾、海鲜等，菜肴特点是味浓，尤以原汁原味闻名，烹调以炒、煎、炸、焖著称。

通心粉、比萨饼等面食，都是他们的发明创造。除了面包、蛋糕之外，意大利人不把面食当主食吃，而只是当作一道菜来享用。在他们的餐桌上，通常第一道菜就要上面食，而且大都讲究要把它做得半生不熟。另外，意大利人还爱吃混入菜肴的炒米饭。不过，他们也是将其当作一道菜来吃的，并且讲究每次用餐之时，在面食、炒饭二者之中，只能选择一种。

意大利人有早晨喝咖啡、吃烩水果、喝酸牛奶的习惯。酒（特别是葡萄酒）是意大利人离不开的饮料，不论男女几乎每餐都要喝酒甚至在喝咖啡时也要掺上一些酒。每逢节日，意大利人更是开怀痛饮。

◎ **5. 俄罗斯人的饮食礼仪**

俄罗斯人热情、豪放、勇敢、耿直，集体观念强。在交际场合，俄罗斯人习惯于和初次会面的人行握手礼。但对于亲友，尤其是在久别重逢之时，他们则大多与对方热情拥抱。有时，还会与对方互吻双颊。

一般而论，俄罗斯人以面食为主，他们爱吃用黑麦烤制的黑面包。以肉、鱼、禽蛋为副食，喜食牛、羊肉，爱吃带酸的食品。吃水果时，他们多不削皮。在饮食习惯上，俄罗斯人讲究量大实惠，油大味厚。他们喜欢酸、辣、咸味，偏爱炸、煎、烤、炒的食物，尤其爱吃冷菜。早餐简单，几片面包，一杯酸牛奶即可。午餐较讲究，爱吃红烧牛肉、烤羊肉串、红烩鸡、烤鸭等。晚餐也比较丰盛，对我国的糖醋鱼、辣子鸡、酥鸡、烤羊肉等十分喜爱。俄罗斯人特别喜爱吃青菜、黄瓜、西红柿、土豆、萝卜、洋葱、奶酪、水果。

一般情况下，俄罗斯人都很能喝烈性酒。具有该国特色的烈酒伏特加是他们最爱喝的酒。他们酒量很大，可以不吃菜，往往一醉方休。他们不爱喝葡萄酒、绿茶，喜欢喝加糖的红茶。热情的主人会一杯接一杯地劝酒，这在俄罗斯是一种好客的表现，不过现在俄罗斯有的地方已开始禁酒，宴会上一般只上少

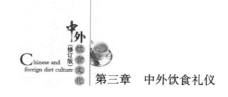

量的果酒，而以各色的饮料为主。

通常，俄罗斯人是不吃海参、海蜇、乌贼、黄花和木耳的。还有不少人不吃鸡蛋和虾。此外，鞑靼人不吃猪肉、驴肉、螺肉，犹太人也不吃猪肉，并且不吃无鳞无鳍之鱼。

俄罗斯人在迎接贵宾之时，通常会向对方献上"面包和盐"，这是给予对方的一种极高的礼遇。办宴会时通常都用长桌子，男女间隔而坐。如果夫妇双方同去赴宴，自己的夫人会被安排在别的男子身边入座，而自己身边坐的也必然是其他人的夫人。宴会开始时，主人先敬欢迎词，然后大家碰杯饮酒，随便选食。用餐之时，俄罗斯人多用刀叉。他们忌讳用餐发出声响，并且不能用匙直接饮茶，或让其立于杯中。通常，他们吃饭时只用盘子，而不用碗。用餐时，不应有拘谨的表现，也不能只顾着吃，应该同周围的人边谈边吃。参加俄罗斯人的宴请时，宜对其菜肴加以称道，并且尽量多吃一些。俄罗斯人将手放在喉部，一般表示已经吃饱。

三、美洲和大洋洲国家的饮食礼仪

◎ 1. 美国人的饮食礼仪

美国人性格外向，热情直爽，不拘礼节，他们的风俗礼仪存在着许多与众不同之处。美国是一个时间观念很强的国家，各种活动都按预定的时间开始，迟到是不礼貌的。同美国人约会联系简单，打个电话，对方会很高兴地同意在尽短的时间内见面。美国社会有付小费的习惯，凡是服务性项目均需付小费，旅馆门卫、客房服务等需付不低于1美元的小费，饭店吃饭在结账时收15%的小费。

在人际交往中，美国人有时会请亲朋好友们上自己家里共进晚餐。美国人看重的是这一形式本身，而在实际内容上却不甚讲究。美国人请客时只准备两三道菜，是极为正常的。用餐的时候，美国人一般以刀叉取用。在切割菜肴时，他们习惯于先是左手执叉，右手执刀，自左至右将其切割完毕，然后，放下餐刀，将餐叉换至右手，右手执叉而食。吃完饭后，客人应向主人特别是女主人表示特别感谢。通常的家宴是一张长桌子上摆着一大盘沙拉、一大盘烤鸡或烤肉、各种凉菜、一盘炒饭、一盘面包片以及甜食、水果、冷饮、酒类等。宾主围桌而坐，主人说一声"请"，每个人端起一个盘子，取食自己所喜欢的菜饭，吃完后随意添加，边吃边谈，无拘无束。

美国人虽然不拘礼节，但是赴宴时最好备一束花或者一瓶酒。在家宴中，

最让主人感到高兴的是洋溢着友谊之情的祝酒词，因为这种礼物并非金钱可以换来的。用餐结束后，要夸女主人的手艺，回去之后再寄去一封简短的感谢信。

◎ **2. 加拿大人的饮食礼仪**

加拿大人彼此相遇之时，都会主动向对方打招呼，问好。他们虽然有时也以拥抱或亲吻作为见面礼节，但是通常仅仅适用于亲友、熟人、恋人或夫妻之间。在一般场合里，加拿大人在称呼别人时，往往喜欢直呼其名，而略去其姓，父子之间互称其名，也是常见之事。只有在非常正式的情况下，才会对对方连姓带名一同加以称呼，并且彬彬有礼地冠以"先生"、"小姐"、"夫人"之类的尊称。在加拿大的日常生活里，他们绝对不习惯像中国人那样，以"主任"、"局长"、"总经理"、"董事长"之类去称呼自己的交往对象。对于交往对象的头衔、学位、职务，加拿大人只有在官方活动中才会使用。

加拿大人对法式菜肴比较偏爱，并以面包、牛肉、鸡肉、土豆、西红柿等物为日常之食。从总体上讲他们以肉食为主，特别爱吃奶酪和黄油。加拿大人重视晚餐。他们有邀请亲朋好友到自己家中共进晚餐的习惯。受到这种邀请应当理解为是主人主动显示友好之意。应邀到加拿大朋友家中作客，尤其是应邀吃饭，按当地习惯是比约定的时间晚到一会儿，晚十分钟左右。到达主人家，可以给女主人送一束鲜花作礼物，或者带一瓶酒、一盒糖果。

加拿大人宴请客人也很独特，他们不设烟酒。对于中国人来讲，不论是在家里还是到酒店招待朋友吃饭，一般都离不开烟酒，否则就有怠慢之嫌。然而，在加拿大请客吃饭则都不设烟酒招待客人。因为，在加拿大有禁烟规定，并且必须年满 16 岁以上者方可购买香烟。其次，加拿大人不吃热食。一般是主家先将各式菜肴烧好，用碗、盘、碟等器皿盛好后，依次将各式菜肴摆在厨房内的餐桌台上，待客人到齐后，供客人们享用。因为菜肴烧得比较早，时间一长，也就成了凉菜，加拿大人称之为"冷餐宴会"。另外，他们不排桌席。在加拿大，宴请是不安排桌席的。通常是客人们手拿一次性使用的塑料餐盆和叉子，一个个排在摆满饭菜的台前，然后自己动手随意选取自己喜爱吃的食物和菜肴，最后自找地方用餐。因为不排桌席，所以客人们取好饭菜后，有坐有站，随随便便，无拘无束。进餐时，客人要赞美饭菜的味道好，称赞女主人贤惠能干，感谢主人的盛情款待。第二天要给主人写封信或打个电话表示谢意。加拿大人待客的食物比较丰富，有月牙面包、三明治面包、烤面包、牛肉、鸡肉、鱼、海鲜、蔬菜、黄油、奶酪等，饮料有咖啡、矿泉水、果汁、牛奶。席间要饮酒，但不多，不对客人强行劝酒。待客的著名菜肴有牛排、浓汁豌豆汤

等传统法国菜。

加拿大人忌食的东西主要有肥肉、动物内脏、腐乳、虾酱、鱼露以及其他一切带有腥味、怪味的食物。动物的头部、脚爪和偏辣的菜肴，他们也不大喜欢吃。

加拿大人用餐时一般使用刀叉。对于在餐桌上化妆、吸烟、吐痰、剔牙的人，加拿大人是非常看不惯的。

◎ **3. 新西兰人的饮食礼仪**

新西兰人的饮食习惯大体上与英国人相同，饮食以西餐为主。口味清淡、对动物蛋白质的需求量比较大，牛肉、羊肉、鸡肉、鱼肉都是他们爱吃的。特别喜欢品尝中国的苏菜、京菜和浙菜。

新西兰人用欧洲大陆式的用餐方式，始终左手握叉，右手拿刀。他们在吃饭时不喜欢谈话，有话一般要等到饭后再谈。如果到新西兰人家做客，一定要准时赴约，他们不喜欢迟到的客人。新西兰人喜欢喝啤酒，人均年啤酒消费量达 130 公升。国家对烈性酒严加限制，有的餐馆只出售葡萄酒，专卖烈性酒的餐馆对每份正餐只配一杯烈性酒。除了爱吃瘦肉，欧洲移民的后裔们还爱喝浓汤，并且对红茶一日不可缺。受英国习俗的影响，饮茶也是新西兰人的嗜好，一天至少 7 次，即早茶、早餐茶、午餐茶、午后茶、下午茶、晚餐茶和晚茶。每逢循例饮茶时，他们都会按部就班，一丝不苟。

晚宴通常较端正地围坐在餐桌用餐，由主人准备食谱而主人宴请客人在餐厅用餐则较不普通，除非是商业应酬或者是婚宴。如果被邀约在餐厅一起用餐，通常是各付各的。参加晚宴时最好能带一瓶酒或简单的礼物给主人，如果对酒的类别不清楚，可以直接问卖酒的人。通常新西兰人不喜欢甜酒，除非与甜品一起使用，但是并不普遍。新西兰人也喜欢喝啤酒与烈酒。如果主人不喜欢喝酒，而你带酒去是非常不礼貌的，除非你与他们非常熟络或者他们建议你带去。

四、非洲国家的饮食礼仪

◎ **1. 埃及人的饮食礼仪**

埃及的正式名称叫作阿拉伯埃及共和国。西部与利比亚为邻，东部与以色列交界，并且隔红海与沙特阿拉伯相望，南部与苏丹接壤，北部则濒临大西洋。埃及之名，译自英语。在阿拉伯语里，它叫作"米斯尔"，其含意是"辽阔的国家"。此外还有一种说法，认为它来自古代腓尼基语"岛"这个词的

发音。

埃及人非常好客，贵客临门，会令其十分愉快。去埃及人家里作客时，应当注意要事先预约，并且在主人方便的时候为好。晚上6点以后以及斋月期间不应进行拜访。按惯例，穆斯林家里的女性尤其是女主人是不待客的，所以不要打听女主人或者对其问候。

在待客之时，主人往往在客人一登门之后，便送上茶水，并且还要挽留客人用餐。对于主人所上的茶水，客人必须喝光。要是杯中遗留了一些茶水的话，是会触犯埃及人的禁忌的。就座之后，一定不要将足底朝外，更不要朝向对方。吃饭的时候，埃及多以手指取食。在正式场合，他们也惯于使用刀、叉和勺子。不能与他人说话，喝汤或饮料时不能发出声响，食物一经入口不能吐出。在主人家中用餐时，一定要尽量多用一些，否则就会被视为瞧不起主人，让主人不高兴。劝客人多用餐，在埃及乃是主人的一项义务。用餐之后，一定要洗手。

埃及人还忌讳用手触摸食具和食品，并认为浪费面包是对真主的不敬。在埃及人举行的正规宴会上，最后一道菜一般是甜点。此外，他们还习惯于以自制的甜点待客。客人要是婉言谢绝，一点儿也不吃，会让主人极为失望，而且也是失敬于主人的。

埃及人按照伊斯兰教教规是不喝酒的。他们忌食的东西有猪肉、狗肉、驴肉、骡肉、龟、虾、蟹、鳝，动物的内脏、动物的血液、自死之物、未诵安拉之名宰杀之物等。埃及人不喜欢吃整条的鱼和带刺的鱼。

◎ **2. 坦桑尼亚人的饮食礼仪**

坦桑尼亚的正式名称是坦桑尼亚联合共和国。它地处赤道之南，位于非洲东部，其大陆部分北与肯尼亚、乌干达交界，南与赞比亚、马拉维、莫桑比克为邻，西与卢旺达、布隆迪、扎伊尔接壤，东部则濒临大西洋。坦桑尼亚民风古朴，风俗独特。在待人接物方面，他们热情、爽朗、朴实、友好。在交际应酬之中，坦桑尼亚人一般都以握手或拥抱作为见面礼节。

坦桑尼亚人常年以玉米、高粱、豆类等杂粮和木薯、香蕉等为主食，副食有肉类、蔬菜、水果。当地的蔬菜价格高于水果，所以一般人宁可买水果，也不买蔬菜。坦桑尼亚地处热带，自然条件优越，热带水果种类繁多，不少人还常常以椰子、香蕉、木瓜等果实充饥。他们爱喝的饮料是咖啡、啤酒和汽水。

坦桑尼亚人不吃猪肉、动物内脏、龟、鳖、蟹以及鱿鱼、海参。有些部族在饮食上还有自己的讲究：哈亚人忌吃昆虫、禽和鸡，他们把鸡当作祭品。克拉依人待客的"蛇饭"极具特色，它是以只去内脏、不去头尾的红花蛇与饭

一起蒸煮而成。要提醒的是：客人在吃饭时，不可吐掉蛇皮，否则，就是对主人的友谊表示怀疑。

思考题

1. 结合实际生活谈谈应如何弘扬中国饮食礼仪中的优良传统。
2. 以国外某一个国家为例，谈谈该国的饮食礼仪。

第四章 | 中外酒文化

第一节　中国酒文化

从人类的洪荒时代起，酒就出现了。酒的历史几乎是和人类文化史一道开始的。世界古老的文明民族的神话传说中都流传着酒的故事，古希腊的神话、希伯来人的《圣经》和古印度典籍中都有所记载。我国关于酿酒的起源，也有着众多神奇的传说。但传说毕竟不是真实的历史，而我国一部悠久的酿酒史，正是同几千年的经济文化发展密切联系的，也是与劳动人民的聪明才智分不开的。正因为劳动人民的智慧和创造，才在今日给我们留下如此众多的"天之美禄"。

在中华民族5000年的历史长河中，酒和酒类文化始终占据着重要的地位。酒文化是一种特殊的文化形式，在几千年的文明史中，酒几乎渗透到社会生活的各个领域。酒已不仅仅是一种客观的物质存在，更是一种文化象征，即酒神精神的象征。酒神精神以道家哲学为源头。庄周主张物我合一，天人合一，齐一生死。庄周倡导"乘物而游"、"游乎四海之外"。追求绝对自由，忘却生死、名利、荣辱，是中国酒神精神的精髓所在。在文学艺术的王国中，酒神精神无处不在，它对文学艺术家本人及其传世之作的创造产生了极为深远的影响。因为，自由、艺术和美是三位一体的，因自由而艺术，因艺术而产生美。

中国是酒的王国。酒的形态万千，色泽纷呈；品种之多，产量之丰，皆堪称世界之冠。中国更是酒文化的极盛地，饮酒的意义远远大于口腹之乐；在许多场合，它都作为一种文化消费的象征、一个文化符号的代表，用来表示一种心境、一种气氛、一种礼仪。

一、酿酒起源的传说

我国是世界酿酒最早的国家，历史悠久，技术先进。但我国的酒源于何时？最初的酒是如何产生的？这自古就是一个争论不休的话题，众说纷纭，莫衷一是。因此，关于造酒、酿酒，历史上又流传着不少神奇的传说。

◎ **1. 上天造酒说**

从上古开始，中国人的祖先就有酒是天上"酒星"所造的说法。东汉时期的孔融在《与曹操论酒禁书》中写道："天垂酒星之燿，地列酒泉之郡，人著旨酒之德。"唐朝李白《月下独酌》诗之二中写到"天若不爱酒，酒星不在天。"《晋书》中也有关于酒旗星座的记载："轩辕右角南三星曰酒旗，酒官之旗也，主宴饮食。"轩辕，星座名，在星宿北，一共有 17 颗星，其中 12 颗属狮子星座。酒旗三星，呈"一"形排列。

酒旗星的发现最早见于《周礼》一书中，距今已有将近 3000 年的历史。二十八宿的创造，开始于殷代而确立于周代，是中国古代天文学的伟大发现之一。在当时天文科学仪器极其简陋的情况下，能在浩瀚的星河中观察到这几颗并不怎样明亮的"酒旗星"给予命名，并留下关于酒旗星的种种记载与传说，这不能不说是一种奇迹。

酒星发明了酒当然是一种神话传说，不可信。但细细品味，又令人不得不钦佩古人的智慧与聪明。

◎ **2. 猿猴造酒说**

唐人李肇所撰《国史补》一书，其中有一段极精彩的记载，就是关于人类如何捕捉聪明伶俐的猿猴。猿猴是一种十分机敏的动物，它们生活在深山野林中，出没无常，很难捉到。当时的人们经过长期细致的观察，终于发现猿猴有一个致命的特征，那就是"嗜酒"。于是，人们便在猿猴出没的地方，摆上香甜浓郁的美酒。猿猴闻香而至，起先只是在酒缸前流连不前，接着便小心翼翼地蘸酒吮尝。时间一久，终因经受不住美酒的诱惑而畅饮起来，直到酩酊大醉而被人捉住。这种捕捉猿猴的方法并非中国独有，东南亚一带的群众和非洲的土著民族捕捉猿猴或大猩猩也都采用类似的方法。

猿猴不仅嗜酒，而且还会"造酒"，这在中国历史的典籍中都有记载。清代文人李调元在他的著述中有记载："琼州多猿……尝于石岩深处得猿酒，盖猿酒以稻米与百花所造，一百六轧有五六升许，味最辣，然极难得。"清代的一本笔记小说中也提到："粤西平乐等府，山中多猿，善采百花酿酒。樵子入

山，得其巢穴者，其酒多至数百。饮之，香美异常，名曰猿酒。"明代文人李日华在他的著述中，也有过类似的记载："黄山多猿猱，春夏采花果于石洼中，酝酿成酒，香气溢发，闻数百步"。《安徽日报》曾刊登画家程啸天在黄山险峰深谷觅得"猴儿酒"的事情。这些不同时代人的记载，都证明在猿猴的聚居处，常常有类似"酒"的东西发现。

"猿猴造酒"的古代传说正是建立在这种天然果酒的基础上。江苏淮阴洪泽湖畔下草湾曾经发现醉猿化石，证明天然果酒是在"人猿相揖别"之前就已产生。"猿猴造酒"听起来近乎荒唐，其实倒很有科学道理。酒是一种由发酵所得的饮品，是由酵母菌的微生物分解糖类产生的。酵母菌是一种分布极其广泛的菌类，在广袤的大自然原野中，尤其在一些含糖分较高的水果中，这种酵母菌更容易繁衍滋长。山林中野生的水果，是猿猴的重要食物。猿猴在水果成熟的季节，收贮大量水果于"石洼中"，堆积的水果受到自然界中酵母菌的作用而发酵，在石洼中将一种被后人称为"酒"的液体析出，因此，猿猴在不自觉中"造"出酒来，是合乎逻辑与情理的。《紫桃轩杂缀·蓬栊夜话》中曾有记载："黄山多猿猱，春夏采杂花果于石洼中，酝酿成酒，香气溢发，闻数百步。"当然，这里的"酝酿"是指由自然变化养成，猿猴居深山老林中，完全有可能遇到成熟后坠落发酵而带有酒味的果子，从而使猿猴采"花果""酝酿成酒"。不过，猿猴造的这种酒与人类酿的酒是有质的区别的，充其量也只能是带有酒味的野果。由此也可推论酒的起源是由果发酵开始，因为它比粮谷发酵容易得多。

人类社会进入旧石器时代的后期，虽说当时人类基本上还过着采集和渔猎的生活，但已能打制许多获取食物的石头工具，在此时，人类就具有野果自然发酵酿酒的知识了。随着社会的发展，人类社会进入新石器时代，畜牧业逐渐产生并发展起来，当猎获到哺乳幼兽的母兽时，人们可能尝到兽乳，含糖的兽奶也可能受到自然界酵母菌等微生物作用发酵成酒。自然发酵而成的果酒和用乳酿制的酒，可以说是最原始、最古老的酒了。

◎ **3. 仪狄造酒说**

史籍中有多处提到仪狄"作酒而美"、"始作酒醪"的记载。

公元前2世纪史书《吕氏春秋》中记载有："仪狄作酒"。汉代刘向编辑的《战国策》则进一步说明："昔者，帝女令仪狄作酒而美，进之禹，禹饮而甘之，曰：'后世必有饮酒而亡国者。'遂疏仪狄。"

汉代许慎在《说文解字·酒字条》中也有同样的说法。大致意思是夏禹叫仪狄去酿酒，仪狄经过一番努力后，酿出味道很好的美酒，就进献给夏禹，夏禹喝了，觉得确实味美。关于仪狄造酒的说法，在《太平御览》中也说：

"仪狄始作酒醪，变五味。"另有一种说法叫"仪狄作酒醪，杜康作秫酒"。"醪"，是一种糯米经过发酵而成的"醪糟儿"，性温软，其味甜，多产于江浙一带。现在的不少家庭中仍自制醪糟儿。醪糟儿洁白细腻，稠状的糟糊可当主食，上面的清亮汁液颇近于酒。还有一种说法是"酒之所兴，肇自上皇，成于仪狄"。是说自上古三皇五帝的时候，就有各种各样的造酒方法流行于民间，是仪狄将这些造酒的方法归纳总结出来，使之流传于后世的。

那么，仪狄是不是酒的"始作"者呢？事实上用粮食酿酒是件程序、工艺都很复杂的事，单凭个人力量是难以完成的。仪狄再有能耐，最早发明造酒似乎不大可能。有可能的是，他是一位善酿美酒的匠人、大师，或是监督酿酒的官员，他总结了前人的经验，完善了酿造方法，终于酿出了质地优良的酒醪。所以，郭沫若说，"相传禹臣仪狄开始造酒，这是指比原始社会时代的酒更甘美浓烈的旨酒。"这种说法似乎更可信。

◎ **4. 杜康造酒说**

"有饭不尽，委之空桑，郁绪成味，久蓄气芳，本出于代，不由奇方。"意思是说，杜康将没有吃完的剩饭，放置在桑园的树洞里，剩饭在树洞中发酵，有芳香的气味传出。这就是酒的做法，杜康就是酿祖。魏武帝乐府诗曰："何以解忧，惟有杜康。"自此之后，认为酒就是杜康所创的说法似乎更多了。

历史上杜康确有其人。古籍中如《世本》、《吕氏春秋》、《战国策》、《说文解字》等对杜康都有过记载。清乾隆十九年重修的《白水题志》中，对杜康也有过较详细的描述。"杜康，字仲宇，相传为陕西省白水县康家卫人，善造酒。"康家卫是一个至今尚在的小村庄，西距孙城七八公里。村边有一道大沟，长约10公里，最宽处100多米，最深处也近百米，人们叫它"杜康沟"。沟的起源处有一眼泉，四周绿树环绕，草木丛生，名"杜康泉"。县志上说"俗传杜康取此水造酒"，"乡民谓此水至今有酒味"。有酒味固然不准确，但此泉水质清冽甘醇却是事实。清流从泉眼中汩汩涌出，沿着沟底流去，最后汇入白水河，人们称它为"杜康河"。杜康泉旁边的土坡上，有个直径5~6米的大土包，以砖墙围护着，传说是杜康埋骸之所。杜康庙就在坟墓左侧，凿壁为室，供奉杜康造像。可惜庙与像在"十年浩劫"中均被砸毁。唐代诗人杜甫于安史之乱时，曾携妻儿投奔在白水县任县尉的舅舅崔顼，写下了《白水明府舅宅喜雨》等诗多首，诗句中有"今日醉弦歌"、"生开桑落酒"等饮酒的记载。酿酒专家们对杜康泉水也做过化验，认为水质适于造酒。

◎ **5. 尧帝造酒说**

尧作为上古五帝，传说为真龙所化，下界指引民生。他与老百姓同甘共

苦，带领人们发展农业，妥善处理各类政务，受到百姓的拥戴。尧由龙所化，对灵气特别敏感。受滴水潭灵气所吸引，将大家带到此地安居，并借此地灵气发展农业，使得百姓安居乐业。为感谢上苍，并祈福未来，尧精选出最好的粮食，并用滴水潭水浸泡，用特殊手法去除所有杂质，淬取出精华合酿祈福之水，此水清澈纯净、清香悠长，以敬上苍，并分发于百姓，共庆安康。百姓为感恩于尧，将祈福之水取名曰"华尧"。

另外还有"梨园造酒说"。一个叫仲宾的人，种了很多梨树，有一年梨子大丰收，很多梨子吃不完也卖不掉，扔了又可惜。于是他就用梨园里的大缸把多余的梨子装起来，为了防止腐烂，就用泥巴把缸口封住了。可是仲宾却把这梨封到缸里的事儿给忘了。过了几年，一天他突然闻到一股清香从梨园飘来，原来这满缸梨都变成了美味的酒液。

传说固然不是信史，但是从这些传说中，我们一方面看到了酒是怎么被人们无意中发现并有意识地去酿造生产的，另一方面，也看到了古代劳动人民的勤劳与聪明。

二、酒的起源与发展

◎ 1. 黄酒的起源和发展

远古时期，先祖们过着采集狩猎的生活。有时采摘的野果吃不完，便贮存起来，因野果里含有的发酵性糖分与空气中的霉菌、酵母菌相遇，就会发酵，生成含有酒香气味的果子。这种自然发酵现象，使祖先有了发酵酿酒的模糊意识，久而久之，便积累了以野果酿酒的经验。大概6000年前的新石器时期，简单的劳动工具足以使祖先们衣可暖身，食可果腹，并且还有了剩余，剩余的粮食只能堆积在潮湿的山洞或地窖里，时间一长，霉变的粮食浸在水里，经过天然发酵成酒，这便是天然粮食酒。后经历上千年的摸索，人们逐渐掌握了酿酒的一些技术。曲药的发现、人工制作运用大概可以追溯到公元前2000年的夏王朝到公元前200年的秦王朝。根据考古发掘，我们的祖先早在殷商武丁时期就掌握了微生物"霉菌"生物繁殖的规律，已能使用谷物制成曲药，发酵酿造黄酒。到西周，农业的发展为酿造黄酒提供了完备的原始资源，人们的酿造工艺在总结前人的基础上有了进一步的发展。秦汉时期，曲药酿造黄酒技术又有了大的提高，《汉书·食货志》载："一酿用粗米二斛，得成酒六斛六斗。"这是我国现存最早用稻米曲药酿造黄酒的配方。《水经注》又载："酃县有酃湖，湖中有洲，洲上居民，彼人资以给，酿酒甚美，谓之酃酒。"衡阳在

西汉至东晋时期称酃县，这说明当时的人们已有了品牌意识——喝黄酒必首推酃酒，酃酒誉满天下，是曲药酿黄酒的代表。

公元前 200 年的汉王朝到公元 1000 年的北宋，历时 1200 年，是我国传统黄酒的成熟期。《齐民要术》、《酒诰》等著作相继问世，酃酒、新丰酒、兰陵酒等名优酒开始诞生。中国传统黄酒的发展进入了灿烂的黄金时期。经过漫长的历史岁月，华夏民族在不断的生产实践中，逐步积累粮食酿酒经验，使黄酒酿造工艺技术炉火纯青。

在最新的国家标准中，黄酒的定义是：以稻米、黍米、黑米、玉米、小麦等为原料，经过蒸料，拌以麦曲、米曲或酒药，进行糖化和发酵酿制而成的各类黄酒。根据黄酒的含糖量的高低可分为干黄酒、半干黄酒、半甜黄酒、甜黄酒。按原料和酒曲划分，有糯米黄酒（主要生产于我国南方地区和湖北襄阳地区）、黍米黄酒（主要生产于我国北方地区）、大米黄酒（主要生产于我国吉林及山东）、红曲黄酒（主要生产于我国福建及浙江两地）。

十堰市"房县庐陵王黄酒"被称为黄酒中的"宝马"，至今盛产不衰，因其在酿造工艺上的考究及质量的绝佳被业界誉为黄酒中的极品。唐嗣圣元年（公元 684 年），唐中宗李显（武则天之子）被贬为庐陵王，左迁房州（今湖北房县）。庐陵王入房县时，随行 700 余人中带有宫廷酿酒工匠，利用世界著名的清峰大断裂带天然神农架矿泉水，特选当地稻米（糯米）酿制出醇香的黄酒佳品。李显复位后，特封此酒为"皇封御酒"，故房县黄酒又称"皇酒"。后来此酿酒工艺流传到民间，至今已千年有余。

黄酒以大米、黍米为原料，一般酒精含量为 14% ~ 20%，属于低度酿造酒。黄酒营养丰富，含有 21 种氨基酸，其中包括几种未知氨基酸，而人体自身不能合成、必须依靠食物摄取的 8 种必需氨基酸黄酒都具备，故被誉为"液体蛋糕"。

◎ **2. 白酒的起源和发展**

我国是制曲酿酒的发源地，有着世界上独创的酿酒技术。白酒是用酒曲酿制而成的，为中华民族的特产饮料，又为世界上独一无二的蒸馏酒，通称烈性酒，成为全球酒类饮料产销大国，对中国政治、经济、文化和外交等领域发挥着积极作用。

关于白酒的起源迄今说法不一。最早的文献记录是"鞠蘖"。发霉的粮食称鞠，发芽的粮食称蘖，从字形看都有米字。由此得知，最早的鞠和蘖，都是粟类发霉发芽而成的。《说文解字》说："蘖，芽米也。""米，粟实也。"以后用麦芽替代了粟芽，蘖与曲的生产方式分家以后，用蘖生产甜酒（醴）。商、周后 1000 多年到汉朝，蘖酒还很盛行。北魏时用谷芽酿酒，所以在《齐民要

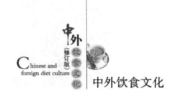

术》内无蘖曲的叙述。1636 年宋应星著的《天工开物》中有记载："古来曲造酒，蘖造醴，后世厌醴味薄，遂至失传"。据周朝文献记载，曲蘖可作酒母解释，也可解释为"酒"。如杜甫《归来》诗里有"恁谁给曲蘖，细酌老江乾"；陈驹声有"深深曲蘖日方长"的诗句，这里"曲蘖"也是指"酒"。

根据白酒香味的不同，可将中国的白酒分为以下七种香型：一是浓香型，以四川省泸州老窖特曲酒为典型代表。这种香型的白酒为无色或微黄色，清亮透明，芳香浓郁，甜绵爽净，纯正协调，余味悠长。二是酱香型，又称茅香型，以贵州省仁怀市的茅台酒为典型代表。这种香型的白酒为无色或微黄色，透明晶亮，酱香突出，优雅细腻，空杯留香，经久不散，幽雅持久，口味醇厚、丰满，回味悠长。三是清香型，又称汾香型，以山西省汾阳市杏花村的汾酒为典型代表。这种香型的白酒无色，清亮透明，清香芬芳，醇厚柔和，甘润绵软，余味爽净，后味较长。四是米香型，以广西壮族自治区桂林市的三花酒为典型代表。这种香型的白酒为无色透明，蜜香清雅，入口绵甜，落口爽净，回味怡畅，具有令人愉快的药香。酒内含有高级脂肪酸乙酯，气温在 10℃ 以下时，这种高级脂肪酸乙酯遇冷会沉淀析出，使酒内出现乳白色絮状悬浮物，当气温一回升，悬浮物溶解在酒中，酒色就又恢复清亮透明。五是凤香型，以陕西省宝鸡市凤翔县的西凤酒为典型代表。这种香型的白酒为无色，清澈透明，醇香秀雅，甘润挺爽，诸味谐调。清而不淡，浓而不酽，融清香、浓香优点于一体。六是兼香型，以湖北宜昌的西陵特曲为典型代表。这种香型的白酒为无色，清亮透明，浓头酱尾，协调适中，醇厚甘绵，酒体丰满，留香悠长。七是其他香型，可分为董香型、豉香型、芝麻香型、特香型、老白干型等。

◎ **3. 葡萄酒的起源和发展**

葡萄酒是以葡萄为原料，经过酿造工艺制成的饮料酒。酒度一般较低，在 8 ~ 22 度之间。唐代的《册府元龟》是最早对用西域传来的方法酿造葡萄酒做明确记载的史书。葡萄原产于亚洲西南小亚细亚地区，后广泛传播到世界各地。汉武帝建元三年（公元前 138 年）张骞出使西域，将欧亚种葡萄传入内地，并招来了酿酒的工人，中国开始有了按照西方制法酿造的葡萄酒。可见葡萄酒传入中国比传到法国尚早七八百年。当时葡萄酒是十分珍贵的东西。《续汉书》中有一则这样的故事，说公元 2 世纪末的东汉年间，"扶风孟佗以西凉葡萄酒十斛献张让，立拜凉州刺史"。张让是汉灵帝的宠臣，孟佗用葡萄酒向他贿赂，立即买到官位，可见葡萄酒之贵重。公元 627 年，唐太宗李世民从高昌（新疆吐鲁番）得到马乳葡萄酒并派人学习酿酒方法，就在宫廷中亲自种植葡萄，按照其方法酿葡萄酒。《太平御览》详细记载了此事。从唐代开始，

葡萄酒的酿造有了很大发展，酒的风味、色泽更佳，唐代许多诗人，如王绩、王翰、白居易、李白等，都有歌咏葡萄酒的诗篇。13 世纪的元代，规定祭祀太庙必须用葡萄酒。当时民间经营酿酒业的颇多，葡萄酒成为一种重要的商品。意大利人马可·波罗在《马可·波罗行记》中写道，太原有许多葡萄酒园，酿造很多葡萄酒，从太原贩运到全省各地。

我国古代出现过多种酿造葡萄酒的方法，主要分为自然发酵法和加曲法。自然发酵法，是指葡萄酒无须酒曲也能自然发酵成酒的。因为葡萄的表面上有大量的酵母存生，只要果皮破裂，酵母与葡萄汁接触，就会自然发酵酿成葡萄酒。元代诗人周权在他的一首诗中对葡萄酒的酿造过程做了生动的描绘——"累累千斛昼夜春，列瓮满浸秋泉红。数宵酝月清光转，浓腴芳髓蒸霞暖。酒成快泻宫壶香，春风吹冻玻璃光。甘逾瑞露浓欺乳，曲生风味难通谱。"从诗中可以看到当时葡萄酒是采用自然发酵法酿造的，其过程是将葡萄先在臼中捣碎，然后放在坛中发酵，几天之后就成了清凉浓醇的甜葡萄酒。明代李时珍在《本草纲目》中记载的也是葡萄酒的自然发酵法。加曲法，是指我国古代用葡萄汁加曲造酒的方法。由于我国人民长期以来用曲酿酒，在中国人的传统观念中，酿酒时必须加入酒曲，再加上技术传播上的障碍，有些地区还不懂葡萄自然发酵酿酒的原理，就出现了葡萄汁加曲造酒的方法。明代高濂著《遵生八笺》中写道："用葡萄子，取汁一斗，用曲四两搅匀入瓮内，封口自然成酒，更有异香。"

以上不同的酿葡萄酒方法，说明我国劳动人民不但善于吸收外来经验加以利用，而且善于结合我国固有的酿酒技术，创造性地发展独特的酿造工艺。

◎ **4. 啤酒的起源和发展**

啤酒是在 19 世纪末 20 世纪初传入我国，属外来酒种。啤酒以大麦芽、酒花、水为主要原料，经酵母发酵作用酿制而成的饱含二氧化碳的低酒精度酒。现在国际上的啤酒大部分均添加辅助原料。有的国家规定辅助原料的用量总计不超过麦芽用量的 50%。但在德国，除制造出口啤酒外，国内销售啤酒一概不使用辅助原料。

最早是 1900 年俄国人在哈尔滨市建立了乌卢布列希夫斯基啤酒厂；1903 年德国人和英国人合营在青岛建立了英德啤酒公司（青岛啤酒厂前身）。此后，不少外国人在东北和天津、上海、北京等地建厂，如上海斯堪的纳维亚啤酒厂（上海啤酒厂前身）建于 1920 年，哈尔滨啤酒厂建于 1932 年，北京啤酒厂建于 1941 年等。中国人最早自建的啤酒厂是 1904 年在哈尔滨建立的东北三省啤酒厂，之后是 1914 年建立的五洲啤酒汽水厂（哈尔滨），1915 年建立的

北京双合盛啤酒厂。当时中国的啤酒业发展缓慢，生产技术掌握在外国人手中，生产原料麦芽和酒花都依靠进口。1949 年以前，全国啤酒厂不到 10 家，总产量不足万吨。1949 年后，中国啤酒工业发展较快，并逐步摆脱了原料依赖进口的落后状态。

中国生产啤酒的历史虽短，但各地还是涌现出了一批优质品牌。自 1963 年在第二届全国评酒会上，青岛啤酒被评为国家名酒后，到 1984 年第四届全国评酒会时，已有青岛啤酒、特制北京啤酒、特制上海啤酒同时被评为国家名酒。

三、酒器文化

酒器指用来盛酒用的器具。在我国古代，酿酒业的发展，使得各种不同类型的酒具应运而生。在商代，由于青铜器制作技术的提高，我国的青铜酒器达到前所未有的繁荣。商代以后，青铜酒器逐渐衰落，直到战国、秦汉时期渐渐退出历史舞台。青铜酒器主要有爵、角、觚、觯、斝、尊、壶、卣、方彝、觥、罍、瓵、瓿、盉等。

在我国南方，用木胎涂漆工艺制作的漆制酒具逐渐流行，其形制也基本上继承了青铜酒器的形制——有盛酒器具、饮酒器具。在饮酒器具中，漆制耳杯是较为常见的一种。耳杯又称"羽觞"、"羽杯"，是古代的一种饮器，可饮酒、盛羹，通常为椭圆形，平底，两侧各有一个弧形的耳。"羽觞"的形状像爵，两耳像鸟的双翼；还有一种观点认为，在饮酒的时候，杯上可插上羽毛，意在催人快速饮酒，所以称为"羽觞"。耳杯自战国开始出现后盛行，并一直延续到晋代。目前出土的历代耳杯中，多为木胎涂漆的漆器耳杯，此类耳杯保存得也最为完整。此外，还有两耳上鎏金铜饰或者用陶、玉、铜等材质制作的耳杯。在古代，漆器还是财富和地位的象征，因此，能够用漆器耳杯饮酒的属贵族阶层。

古代酒器就其用途，分为贮酒器、盛酒器和饮酒器三类。青铜酒器是贵族之具，多用于皇室贵族间的宴飨、朝聘、会盟等礼仪交际场合，是一种高档的用具；而用于陪葬的青铜酒器，作用如同铭功颂德的纪念品。所以现在我们见到的出土或传世的商代酒器，都属于这类高档品。

古人云："非酒器无以饮酒，饮酒之器大小有度。"饮酒须持器。中国人历来讲究美食美器，饮酒之时更是讲究酒器的精美与适宜，所以酒器作为酒文化的一部分同样历史悠久。

在不同的历史时期，由于社会经济的不断发展，酒器的制作技术、材料，酒器的外形自然而然会产生相应的变化，因而也就产生了种类繁多、令人目不

暇接的酒器。

◎ **1. 远古时代的酒器**

火的使用，使人们结束了原始的茹毛饮血的生活方式。农业的兴起，人们不仅有了赖以生存的粮食，还可以随时用谷物酿酒。陶器的出现，人们开始有了炊具，后又分化出了专门的饮酒器具。远古时期的酒，是未经过滤的酒醪（这种酒醪现在仍很流行），呈糊状和半流质。这种酒不适于饮用，而适于食用。故食用的酒具应是一般的食具，如碗、钵等大口器皿。远古时代的酒器制作材料主要是陶器、角器、竹木制品等。

新石器文化时期，出现了形状类似后世酒器的陶器，如裴李岗文化时期的陶器。河姆渡文化时期的陶器也能使人联想到在商代时期的酒具应有相当久远的历史。酿酒业的发展，饮酒者的身份等原因，使得酒具从一般的饮食器具中分化出来成为可能。酒具质量的好坏，往往成为饮酒者身份高低的象征之一，专职的酒具制作者应运而生。山东大汶口文化时期的一个墓穴中，曾出土了大量的酒器，据考古人员的分析，死者生前可能是一个专职的酒具制作者。在新石器时期晚期，尤以龙山文化时期为代表，酒器的类型增加，用途明确，与后世的酒器有较大的相似性，有罐、瓮、盂、碗、杯等。酒杯的种类繁多，有平底杯、圈足杯、高圈足杯、高柄杯、斜壁杯、曲腹杯、觚形杯等。

◎ **2. 商周的青铜酒器**

在商代，由于酿酒业的发达，青铜器制作技术提高，中国的酒器达到空前的繁荣。当时的职业中还出现了专门以制作酒具为生的氏族。周代饮酒风气虽然不如商代，但酒器基本上还沿袭了商代的风格。周代也有专门制作酒具的"梓人"。

青铜酒具的铸造开始于夏朝，在春秋时期走向高峰，到了战国时期就成了落日余晖。青铜酒具大多是由铜锡合金溶液浇铸在陶模上冷却而制成的。现已发现的最早的铜制酒器为夏二里头文化时期的爵。商周时期的酒器用途基本上是专一的。商周的青铜器分为食器、酒器、水器和乐器四大部，共50类，其中酒器占24类。酒器按用途分为煮酒器、盛酒器、饮酒器、贮酒器，此外还有礼器。形制丰富，变化多样。

盛酒器具是一种盛酒备饮的容器。类型很多，主要有樽、壶、区、卮、皿、鉴、斛、觥、瓮、瓶、彝。每一种酒器又有许多式样，有普通型的，也有动物造型的。以樽为例，有象樽、犀樽、牛樽、羊樽、虎樽等。这些酒具形制端庄厚重，式样厚重敦实，古朴美观。酒具上各种不同的装饰，造型狰狞可怕，神秘难解，显示出奴隶主贵族的高高在上和不可侵犯。有些模拟动物造型的酒具，则表现出奴隶主阶级对美好事物的向往和对吉祥的祈求。

中外饮食文化

饮酒器的种类主要有觚、觯、角、爵、杯、舟。不同身份的人使用相应的饮酒器，《礼记·礼器》明文规定"宗庙之祭，尊者举觯，卑者举角"。

温酒器，用于饮酒前将酒加热，配以勺，便于取酒，有的称为樽，汉代盛行。

◎ 3. 汉代的漆制酒器

商周后，青铜酒器逐渐衰落。秦汉之际，在中国南方，漆制酒具开始流行。漆器成为两汉、魏晋时期的主要酒器类型。漆制酒器形制基本上继承了青铜酒器的形制，有盛酒器具和饮酒器具。饮酒器具中，漆制耳杯是常见的。在湖北省云梦睡虎地 11 座秦墓中，出土了漆耳杯 114 件。

在汉代，人们饮酒一般是席地而坐。酒樽放在席地中间，里面放着挹酒的勺，饮酒器具也置于地上，故酒具形体较矮胖。

魏晋时期开始流行坐床，酒具形状也变得瘦长。

◎ 4. 瓷制酒器

瓷器大致出现于东汉前后。与陶器相比，瓷器的各方面性能都超越陶器。唐代的酒杯形体比过去的小很多，因此，有人认为唐代出现了蒸馏酒。唐代出现了一些适于在桌上使用的酒具，如注子，唐人称为"偏提"，其形状类于今日之酒壶，有喙，有柄，能盛酒，又可注酒于酒杯中。慢慢地，注子取代了以前的樽、勺。宋代是陶瓷生产鼎盛时期，有不少精美的酒器。宋人喜欢将黄酒温热后饮用。于是，宋人发明了注子和注碗配套组合。使用时，将盛有酒的注子置于注碗中，往注碗中注入热水，就可以温酒。瓷制酒器一直沿用至今。明代的瓷制品酒器以青花、斗彩、祭红酒器最有特色，清代瓷制酒器中具有清代特色的有珐琅彩、素三彩、青花玲珑瓷及各种仿古瓷。

◎ 5. 其他酒器

在我国历史上还有一些独特材料或独特造型的酒器，虽然不够普及，但具有很高的欣赏价值，如金、银、象牙、玉石、景泰蓝等材料制成的酒器。明清时期以至新中国成立后，锡制温酒器广为使用。

夜光杯：唐诗有云，"葡萄美酒夜光杯。"夜光杯为玉石所制的酒杯，现代已仿制成功。

倒流壶：据有关资料记载，倒流壶在宋代时最为出名。到了元代，其工艺发展得更加炉火纯青。清代依然非常流行。倒流壶的壶盖是虚设的，不能打开。在壶底中央有一小孔，壶底向上，酒从小孔注入。小孔与中心隔水管相通，而中心隔水管上孔高于最高酒面，当正置酒壶时，下孔不漏酒。壶嘴下是隔水管，入酒时酒可不溢出，设计非常巧妙。

鸳鸯转香壶：宋朝皇宫中所使用的壶，它能在一壶中倒出两种酒来。

九龙公道杯：产于宋代，上面是一只杯，杯中有一条雕刻而成的昂首向上的龙，酒具上绘有八条龙，故称九龙杯。下面是一块圆盘和空心的底座，斟酒时，如适度，滴酒不漏；如超过一定的限量，酒就会通过"龙身"的虹吸作用，将酒全部吸入底座，故称公道杯。

渎山大玉海：专门用于贮存酒的玉瓮，用整块杂色墨玉琢成，周长5米，四周雕有出没于波涛之中的海龙、海兽，形象生动，气势磅礴，重3500公斤，可贮酒30石。据说这口大玉瓮是元始祖忽必烈在至元二年（公元1256年）从外地运来，置在琼华岛上，用来盛酒，宴赏功臣，现保存在北京北海公园前团城。

◎ **6. 当代酒器**

现代酿酒技术和生活方式对酒具产生了显著的影响。进入20世纪后，酿酒工业发展迅速，留传数千年的自酿自用的方式正逐渐退出历史舞台。在现代酿酒工厂里，白酒和黄酒的包装方式主要是瓶装和坛装，啤酒有瓶装、桶装、听装等。七八十年代以前，广大的农村地区及一部分城市地区卖的如果是坛装酒，一般要自备容器。但瓶装酒在较短时期内就得以普及，故百姓家庭以往常用的贮酒器、盛酒器随之消失，饮酒器具则是永恒的。但是在一些地区，自酿自用的方式仍被保留，但已不是社会主流。民间所饮用的酒类品种在最近几十年中发生了较大变化，在80年代前，酒度高的白酒一直都是消耗量最大的，黄酒在我国东南一带较为普遍。80年代后，啤酒的产量飞速发展，一跃成为酒类中产量最大的品种，而葡萄酒、白兰地、威士忌等的消费量一般较小。

酒类的消费特点决定了这一时期的酒具有以下特点：

（1）小型酒杯较为普及。这种酒杯主要用于饮用白酒，主要是玻璃、瓷器酒杯，近年也有用玉、不锈钢等材料制成的。

（2）中型酒杯。这种杯既可作为茶具，也可以作为酒具，如啤酒、葡萄酒的饮用器具，主要是透明的玻璃杯。

（3）有的工厂为了促进酒的销售，将盛酒容器设计成酒杯，受到消费者的喜爱。酒喝完后，容器还可以作为杯子继续使用。现在，罐装啤酒越来越普及，这也是典型的包装容器和饮用器相结合的例子。

四、酒德、酒礼、酒道、酒令和酒俗

◎ **1. 酒德**

历史上，儒家学说被奉为治国安邦的正统观点，酒的习俗同样也受儒家酒

文化观点的影响。儒家讲究"酒德"，这两字最早见于《尚书》和《诗经》，是说饮酒者要有德行，不能像夏纣王那样，"颠覆厥德，荒湛于酒"。《尚书·酒诰》中集中体现了儒家的酒德，如"饮惟祀"（只有在祭祀时才能饮酒）、"无彝酒"（平常少饮酒，不要经常饮酒，以节约粮食，只有在有病时才宜饮酒）、"执群饮"（禁止聚众饮酒）、"禁沉湎"（禁止饮酒过度）。儒家并不反对饮酒，用酒祭祀敬神，养老奉宾，都是德行。

中国儒家经典历来提倡酒德，劝人戒酒或节饮。《易经》释困卦为"九二，困于酒食"，释未济卦为"饮酒濡首，亦不知节也"，都是凶险的征象，语含警诫。《诗经·小雅·宾之初筵》就表彰宾客各就席，揖让不失礼；批评"曰既醉止，威仪幡幡。是曰既醉，不知其秩。"（喝醉了，就仪态失度，轻薄张狂，连普通的礼节也忘了）。此外，《尚书》有《酒法》篇，《抱朴子》有《酒诫》篇，晋代庾阐作《断酒戒》，唐代皮日休撰《酒箴》，宋代吴淑撰《酒赋》，苏轼撰《既醉备五福论》，都谆谆告诫制欲节饮；元代忽思慧的《饮膳正要》，明代李时珍的《本草纲目》，明清之际顾炎武的《日知录》，也提醒酒为"魔浆"、"祸泉"，少饮有益，滥醉伤身。总体来说，中国传统主张让酒回归到文化的本位，讲求以下的酒德：

（1）量力而饮。即饮酒不在多少，贵在适量。要正确估量自己的饮酒能力，不做力不从心之饮。过量饮酒或嗜酒成癖，都将导致严重后果。《饮膳正要》指出："少饮为佳，多饮伤神损寿，易人本性，其毒甚也。醉饮过度，丧生之源。"《本草纲目》亦指出："若夫沉湎无度，醉以为常者，轻则致疾败行，甚则丧邦亡家而陨躯命，其害可胜言哉！"正如郭小川在《祝酒歌》里所咏唱的："酗酒作乐的是浪荡鬼，醉酒哭天的是窝囊废，饮酒赞前程的是咱社会主义新人这一辈！"

（2）节制有度。即饮酒要注意自我克制，十分酒量最好只喝到六七分，至多不得超过八分，这样才能做到饮酒而不乱。《三国志》裴松之注引《管辂别传》，说到管辂自励励人："酒不可极，才不可尽。吾欲持酒以礼，持才以愚，何患之有也?"就是力戒贪杯与逞才。明代莫云卿在《酗酒戒》中也论及：与友人饮，以"唇齿间沉酒然以甘，肠胃间觉欣然以悦"为限；超过此限，则立即"覆斛止酒"（杯倒扣，以示决不再饮）。对那些以"酒逢知己千杯少"为由劝其再饮者则认为"非良友也"，这也是节饮的榜样。相反，信陵君"与宾客为长夜饮，日夜为乐饮者四岁，竟病酒而卒"；曹植"任性而行，不自雕励，饮酒不节"，"常饮酒无欢，遂发病薨"，享年仅 41 岁。而晏婴谏齐景公节制饮酒，山涛酒量极宏却每饮不过八斗，都一直被奉为

佳话。

（3）饮酒不能强劝。清代阮葵生所著《茶余客话》引陈畿亭的话说："饮宴苦劝人醉，苟非不仁，即是客气，不然，亦蠢俗也。君子饮酒，率真量情；文士儒雅，概有斯致。夫唯市井仆役，以逼为恭敬，以虐为慷慨，以大醉为欢乐，土人亦效斯习，必无礼无义不读书者。"人们酒量各异，对酒的承受力不一；强人饮酒，不仅败坏这一赏心乐事，而且容易出事甚至丧命。因此，作为主人在款待客人时，既要热情，又要诚恳；既要热闹，又要理智，切勿强人所难，执意劝饮。

◎ **2. 酒礼**

饮酒作为一种食文化，在远古时代就形成了大家必须遵守的礼节。如果在一些重要的场合下不遵守，就有犯上作乱的嫌疑。再加上饮酒过量，不能自制，容易生乱，所以，制定饮酒礼节就显得尤为重要。明代的袁宏道，看到酒徒在饮酒时不遵守酒礼，深感长辈有责任起到教导的作用，于是从古书中采集了大量的资料，专门写了一篇《觞政》。

我国古代饮酒有以下一些礼节：主人和宾客一起饮酒时，要相互跪拜。晚辈在长辈面前饮酒，叫侍饮，通常需要先行跪拜礼，然后坐入次席。长辈命晚辈饮酒时，晚辈才可举杯；长辈杯中的酒尚未饮完，晚辈也不能先饮尽。《礼记·乡饮酒义》注云："以礼属民而饮酒于序。"古人饮酒，长幼有序。所谓有序，《礼记·曲礼上》云："长者举未觯，少者不敢饮。"古人饮酒，习惯以一饮、一干、一尽为序。若长者饮未尽，少者先尽，为不敬，此乃顾及古人长幼尊卑有序之礼。与今日宴席中众宾举杯齐干，大家同尽之礼俗不同。此俗至唐犹然，王建诗云："劝酒不依巡。"巡者，遍也。依次干杯遍饮为一巡。是必一人饮毕，再及一人，逐次而饮。不然，依《曲礼》所云，长者如今日徐徐饮酒，而不尽杯，少者岂不承俟之，无一滴入口乎？所以，长者饮酒，一干而尽，实为常习，可谓照顾少年之礼。

古代饮酒的礼仪有四步：拜、祭、啐、卒爵。具体就是先做出拜的动作，表示敬意，接着把酒倒一点在地上，以祭谢大地生养之德；然后尝尝酒味，并加以赞扬，取悦主人；最后仰杯而尽。在酒宴上，主人要向客人敬酒（叫酬），客人要回敬主人（叫酢），敬酒时还应说上几句敬酒辞。客人之间相互也可敬酒（叫旅酬）。有时还要依次向人敬酒（叫行酒）。敬酒时，敬酒的人和被敬酒的人都要"避席"，起立。普通敬酒以三杯为度。

◎ **3. 酒道**

在中国古代先哲看来，万物之有无生死变化皆有其"道"，人的各种心

中外饮食文化

理、情绪、意念、主张、行为亦皆有"道"。因此，饮酒也就自然而然有酒道。

中国古代酒道的根本要求就是"中和"二字。"未发，谓之中"，即对酒无嗜饮，也就是庄子的"无累"，无所贪。"发而皆中节"，有酒，可饮，亦能饮，但饮而不过，饮而不贪，饮似未饮，绝不及乱，故谓之"和"。和，是平和谐调，不偏不倚，无过亦无不及。意思其实是，酒要饮到不影响身心，不影响生活和思维规范的程度为最佳，以不产生任何消极的身心影响与后果为度。对酒道的理解，不仅是着眼于既饮而后的效果，而是贯穿于酒事、自始至终的全过程。"庶民以为饮，君子以为礼"（邹阳《酒赋》），合乎"礼"，就是酒道的基本原则。但"礼"并不是超越时空永恒不变的。随着时代的变迁，礼的规范也在不断变化中。在"礼"的淡化与转化中，"道"却没有淡化，相反，变得更实际和科学化。

于是，由传统"饮惟祀"的对天地鬼神的诚敬转化为对尊者、长者之敬，对客人之敬。儒家思想是悦敬朋友的，以美酒表达悦敬并请客人先饮（或与客同饮，但不得先客人而饮）是不为过的。封建时期是很讲尊卑、长幼、亲疏礼分的，顺此在宴享座位的确定和饮酒的顺序上都不能乱了先尊长后卑幼的名分。民主时代虽已否定等级，但中华民族尊上敬老的文化与心理传统却根深蒂固，饮酒时礼让长者尊者仍是当今的习俗。不过，这已经不是严格的尊长"饮讫"之后他人才依次饮讫的顺序了，而是体现出对尊长的礼让、谦恭和尊敬。既是"敬"，便不可"强酒"，随个人之所愿，酒事活动充分体现一个"尽其欢"的"欢"字。这个欢是欢快、愉悦之意。无论是聚饮的示敬、贺庆或联谊，还是独酌的悦性，都应循从饮不过量的原则，即不贪杯，也不耽于酒，仍是传统的"中和"，可以理解为"宜"。

◎ 4. 酒令

酒令也称行令饮酒，是酒席上饮酒时助兴劝饮的一种游戏。通常是推一人为令官，余者听令，按一定的规则，或搳拳，或猜枚，或巧编文句，或进行其他游艺活动。负者、违令者、不能完成者，无罚饮；若遇同喜可庆事项时，共贺之，谓之劝饮，含奖勉之意。相对来说，酒令是一种公平的劝酒手段，可避免恃强凌弱，多人联手算计人的场面，人们凭的是智慧和运气。可以说，酒令是酒礼施行的重要手段。酒令是我国酒文化中的一朵别有风姿的奇葩，它是劝酒行为的文明化和艺术化。

酒令的产生与中国古代酒文化的发达有十分密切的关系。中国是一个具有悠久的酿酒历史的国家，历代古人都很喜欢喝酒。夏王朝的夏桀，曾"为酒

130

池，可以运舟"；商王朝的纣王曾"造酒池肉林"，好为"长夜之饮"；周王朝的穆王曾有"酒天子"之称：他们都是中国历史上有名的嗜酒皇帝。到了汉代，由于国家统一，经济繁荣，人民生活较为安定，因此饮酒之风更为盛行。西汉时的梁孝王曾召集许多名士到梁苑喝酒，并令枚乘、路侨、韩安国等作赋玩乐。韩安国赋几不成，邹阳替他代笔，被罚酒，而枚乘等人则得赏赐。这种在喝酒时制定出一定的规则，如有违反则必须受到处罚的做法，实际上已经开创了酒令的先河。

酒令的真正兴盛在唐代。由于贞观之治，人民安居乐业，经济空前繁荣，后代流行的各种类型的酒令，几乎都是在唐代形成的。酒令的种类众多，且各有特点，现择三种主要的方法进行介绍。

（1）流觞传花类。曲水流觞是古人所行的一种带有迷信色彩的饮酒娱乐活动。我国古代最有名的流觞活动，要数公元353年3月3日在绍兴兰亭举行的一次。书法家王羲之与群贤聚会于九典水池之滨，各人在岸边择处席地而坐。在水的上游放置一只酒杯，任其漂流曲转而下，酒杯停在谁面前，谁就要取饮吟诗。也有人用花来代替酒杯，用顺序传递来象征流动的曲水。传花的过程中，以鼓击点，鼓声止，传花亦止。花停在谁的手上，犹如漂流的酒杯要停在谁的前面，谁就被罚饮酒。击鼓传花由于不受自然条件的限制，很适合在酒宴席上进行，宋代孙宗鉴《东皋杂录》中称，唐诗有"城头击鼓传花枝，席上抟拳握松子"的记载，可见唐代就已盛行击鼓传花行酒令的方式。在无任何器具的情况下，文人饮酒行令，又常和诗句流觞。曲水流觞是一种很古老的民俗活动，后世不少酒令，都是由流觞脱胎变化出来的，堪称我国酒令发展的源头。

（2）手势类。揸拳又称划拳、豁拳、拇战，是一种手势酒令，两人相对同时出手，猜对方所伸出手指之合计数，猜对者为胜。因是互猜，故又称猜拳。

揸拳由于简便易行，故流传极广而又久盛不衰，是酒令中最有影响，最有群众基础的一种。如猜拳令中有这样一种：行令者二人各出一拳，且同时各说出一数，猜度二人所伸指数之和，猜对者为胜家，由负家饮酒。如果全部猜对，则各饮酒一杯。如果都没猜对，则重新开拳。每次每人最多出五指，最多说十数。猜拳令辞因时代、地域的不同，有所变化。拇指必出，是"好"意。令词很多，最普及的如：猜拳时往往会加上"哇"、"啊"、"哪"等语气词，节奏感强，朗朗上口，增添饮酒时的热闹气氛。

（3）骰子类。骰子是边长约5毫米的正立方体，用兽骨、塑料、玉石等

材料制成，白色，共有 6 个面，每面分别镂上一、二、三、四、五、六个圆形凹坑，酒宴席上常用它行酒令。

骰子的四点涂红色（近世幺点亦涂红色），其余皆涂黑色。将骰子握在手中，投在盘中，令其旋转，或将骰子放在骰盘内，盖上盖子摇。等骰子停下后，按游戏规则，以所见之色点定胜负，故骰子又称色子。

◎ 5. 酒俗

（1）时节酒。

1）清明酒。清明节祭扫祖坟，人们总是全家老小带上酒及各种祭品，带去的酒菜在坟地祭过后就送给"坟亲"享用，自己回家喝清明酒。有些人家没去墓地祭祀，也在家中摆酒祭奠祖宗，俗称"堂祭"，祭后族人聚饮，这也是"清明酒"。

2）端午酒。端午节，家家门前要挂菖蒲、艾蒿用以避邪，中午要喝端午酒，并要置备"五黄"，即黄鱼、黄鳝、黄梅、黄瓜和雄黄酒。这时家家户户都清扫灰尘，因为过了端午，盛夏来临。喝端午酒的风俗流行至今。

3）七月半酒。农历七月十五又称中元鬼节。南方地区河流纵横，湖泊很多。旧时这天，河中要点燃河灯。在河蚌壳内放进菜油，用灯芯点亮，放在河中任其漂荡，点点灯火，倒映水中，非常好看。有的村子还要倚水搭台演戏，俗称"社戏"。戏一般演 3 天，白天要摆七月半酒，晚上在各家神龛前要供上茶水，脸盆内盛上水，放上毛巾，让亡灵擦汗，洗脸。

4）冬至酒。南方一些地区，民间有冬至给死者送寒衣的习俗。这一天，祭奠之后，焚化纸做的寒衣供死者"御寒"。这一祭祀酒席，俗称"冬至酒"。祭祀之后，亲朋好友聚饮，既怀念亡者，又可以联络亲朋的感情。

（2）婚嫁酒。绍兴是著名酒乡，因此以酒为纳彩之礼，以酒为陪嫁之物，就成了绍兴男婚女嫁中的习俗。最有代表性的东西就是"女儿酒"。"女儿酒"是女儿出世后就着手酿制的，贮藏在干燥的地窖中，或埋在泥土之下，直到女儿长大出嫁时，才挖出来请客或做陪嫁之用。此俗后来演化到生男孩时也酿酒，并在酒坛上涂以朱红，着意彩绘，并名之为"状元红"。女儿酒对酒坛的使用十分讲究，往往在土坯时就塑出各种花卉、人物等图案，等烧制出窖后，请画匠彩绘各种山水亭榭、飞禽走兽以及各类民间传说、戏曲故事。在画面上方有题词，或装饰图案，可填入"花好月圆"、"白首偕老"、"万事如意"等吉祥祝语，以寄寓对新婚夫妇的美好祝愿。这种酒坛被称为"花雕酒坛"。这种花雕酒存放时间长达 20 年左右，启封时，异香扑鼻，满室芬芳。"花雕"又成了绍兴人生儿生女的代名词。时至今日，若生了女儿，人们依然会戏称

"恭喜花雕进门"。在绍兴的婚嫁酒俗中，旧时还有不少名目，除"女儿酒"外，还有如"会亲酒"、"送庚酒"、"纳彩酒"等，均由男女各方自家操办。"订婚酒"是婚嫁全过程中仅次于结婚的一个关键性步骤，是正式婚礼的前奏曲。至今，在绍兴的不少地方，仍重视订婚，要摆酒席，会亲友，因此，"订婚酒"是一个重要酒俗。

婚礼新人喝"交杯酒"时，十分严肃认真，因为从此以后，新婚夫妻要风雨同舟，相濡以沫，因此这杯酒对人生具有特殊意义。当一对新人喝交杯酒时，闹房的亲友必须屏息静气，保持安静。这是绍兴婚嫁酒俗中又一独特之处。

（3）生丧酒。

1）寄名酒。旧时孩子出生后，如请人算出命中有克星，多厄难，就要把他送到附近的寺庙里，作寄名和尚或道士。大户人家则要举行隆重的寄名仪式。拜见法师之后，回到家中，就要大办酒席，祭祀神祖，并邀请亲朋好友痛饮一番。

2）满月酒。也可称"百日酒"，中华各民族普遍的风俗之一。孩子满月时，摆上几桌酒席，邀请亲朋好友共贺，亲朋好友一般都要带礼物，也有的送上红包。有的地方风俗是孩子满月时，要剃头。这时家里要祀神祭祖，摆酒宴请，亲友们轮流抱过小孩，最后就坐在一起同喝"剃头酒"。除了用酒给婴孩润发外，在喝酒时，有的长辈还会用筷头蘸上一点，给孩子吮，希望孩子长大以后，能像长辈们一样，有福分喝"福水"（酒）。

3）得周酒。孩子长到一周岁时，俗称"得周"。这时的孩子已牙牙学语，在酒席间，由大人抱着轮流介绍长辈，让孩子称呼，这不仅增添了"得周酒"的热烈气氛，更让人享尽天伦之乐。

4）寿酒。中国人有给老人祝寿的习俗，一般在50、60、70岁等生日，称为大寿。一般由儿女出面举办，邀请亲朋好友参加酒宴。办寿酒无论在中国的哪个地区似乎都已成定规，并且，寿酒一般都十分讲究，民谚曰："十岁外婆家，廿岁丈姆家；三十弗做，四十要岔；五十大庆，七八十大做。"

5）白事酒。也称"丧酒"。旧俗中，长寿仙逝为"白喜事"。浙江部分地区称"白事酒"，又叫"豆腐饭"，乡间称"吃大豆腐"。菜肴以素斋为主，酒也称为素酒。

（4）岁时酒。

1）分岁酒。亦称"新岁酒"，一般在除夕之夜进行，一家人围坐吃喝，欢快异常。在喝"分岁酒"时，不仅要在门上贴大红门联，且全家灯火通明。

133

如有亲人远在外地，不能回家过年的，则要让出一个席位，摆上筷箸，斟满酒，以表示对远地亲人的怀念。如若盼子心切，就在席上外加一酒杯和筷子，以预示明年人丁兴旺，这种酒称"添丁酒"。

2）元宵酒。元宵即上元，指农历正月十五日，除闹花灯外，男女老少还要在家喝元宵酒，早晨吃用各种馅做的"汤团"。

（5）生活酒。

1）进屋酒。在中国农村，盖房是件大事。盖房过程中，上梁又是最重要的一道工序。因此，在上梁这天，要办"上梁酒"，有的地方还流行用酒浇梁的习俗。房子造好，举家迁入新居时，又要办"进屋酒"，一是庆贺新屋落成，并致乔迁之喜；二是祭祀神仙祖宗，以求保佑。

2）开业酒。这是店铺作坊置办的喜庆酒。店铺开张、作坊开工之时，老板要置办酒席，以志喜庆贺。

3）饯行酒。有朋友远行，为其举办酒宴，表达惜别之情。在战争年代，勇士们上战场执行重大且有生命危险的任务时，指挥官们都会为他们斟上一杯酒，用酒为勇士们壮胆送行。

生活上的酒俗与酒习还有：和解酒，人与人之间有了纠纷，有人出面劝之和解，以酒为中介物化解矛盾，增进感情。宴宾酒，除游乐性的如"元宵赏灯"、"中秋赏月"、"重阳登高"、"赏菊品蟹"等约亲友小酌外，尚有"洗尘酒"、"接风酒"等。另外，还有"会酒"、"罚酒"、"谢情酒"、"仰天酒"等。

知识链接 ☞【酒俗之劝酒一说】

中国人饮宴时，很喜欢劝人多饮。这种做法，起源非常早。《诗经·小雅·楚茨》中有："以为酒食，以享以祀，以妥以侑，以介景福"的诗句。侑，就是劝的意思。诗的本意是唯恐受享者没有吃饱，故而劝饮劝食。

中国人的好客，在酒席上发挥得淋漓尽致。人与人的感情交流往往在敬酒时得到升华。中国人敬酒时，往往都想对方多喝点，以表示自己尽到了主人之谊。客人喝得越多，主人越高兴，说明客人看得起自己；如果客人不喝，主人会觉得有失面子。有人总结说：劝人饮酒有如下几种方式：

"文敬"，是传统酒德的一种体现，即有礼有节地劝客人饮酒。酒席开始，主人先讲上几句话，然后便开始第一次敬酒。这时，宾主都要起立，主人先将杯中的酒一饮而尽，并将空酒杯口朝下，说明自己已经喝完，以示对客人的尊重。客人一般也要喝完。在席间，主人往往还分别到各桌去敬酒。

"回敬"：这是客人向主人敬酒。

"互敬"：就是客人与客人之间的"敬酒"，为了使对方多饮酒，敬酒者会找出种种必须喝酒的理由，若被敬酒者无法找出反驳的理由，就得喝酒。在这种双方寻找论据的同时，人与人的感情交流得以升华。

"代饮"：即不失风度，又不使宾主扫兴的躲避敬酒的方式。本人不会饮酒或饮酒太多，但是主人或客人又非得敬上以表达敬意，此时就可请人代酒。代饮酒的人一般与他有特殊的关系。在婚礼上，男方和女方的伴郎和伴娘往往是代饮的首选人物，故酒量必须得大。

"罚酒"：这是中国人"敬酒"的一种独特方式。"罚酒"的理由五花八门。最常见的可能是对酒席迟到者的"罚酒三杯"，有时也不免带点开玩笑的意思。

劝人多饮几杯酒的做法，有其淳朴民风遗存的一面——表达了敬酒人的真诚，希望对方喝好喝够，同时也可以活跃酒宴的气氛，为饮酒者助兴。但是，它也有一定的副作用。不知从何时起，劝酒"劝"过了头，竟然带有相当的"强迫"之意，甚至有些用心不良之人以灌醉对方为乐。这种做法，自古以来就遭到不少人的反对。《孔丛子》、《积善录》、《遯翁随笔》等古籍中，都有反对劝人强饮的记载。清代人阮葵生在《茶余客话》中引陈畿亭的话说："饮宴者劝人醉，苟非不仁，即是客气，不然，亦蠹俗也。君子饮酒，率真量情；文人儒雅，概有斯致。夫唯市井仆役，以逼为恭敬，以虐为慷慨，以大醉为快乐，士人而效斯习，必无礼无义不读书者。"

他的话，含有轻侮劳动群众之意。但他说的不要硬劝人醉，却是大有可取之处的。遗憾的是逼人致醉之事，至今仍时有发生。还编出了许多顺口溜，方便了劝酒之人达成行动的目的，如"感情深，一口闷，感情浅，舔一舔"，"饮酒不用让，感情就是量"之类，硬把"多喝"与"感情深"拉到一起，根本不顾及酒量大小和多喝会损害健康，实在是一种必须戒绝的陋习。

（6）少数民族酒俗。

1）藏族人好客，用青稞酒招待客人时，先在酒杯中倒满酒，端到客人面前。这时，客人要用双手接过酒杯，然后一手拿杯，另一手的中指和拇指伸进杯子，轻蘸一下，朝天一弹，表示敬天神，接下来，再来第二下、第三下，分别敬地、敬佛。这种传统习惯是提醒人们：青稞酒的来历与天、地、佛的慷慨恩赐分不开，故在享用酒之前，要先敬神灵。在喝酒时，藏族人民的约定风俗是：先喝一口，主人马上倒酒斟满杯子，再喝第二口，再斟满，接着喝第三口，然后再斟满，往后，就得把满杯酒一口喝干。这样做，主人才觉得客人看得起他，客人喝得越多，主人越高兴，说明主人的酒酿得好。藏族人敬酒时，敬男客用大杯或大碗，敬女客则用小杯或小碗。

2）壮族人敬客人的交杯酒不用杯，而是用白瓷汤匙两人从酒碗中各舀一匙，相互交饮。主人这时还会唱敬酒歌："锡壶装酒白连连，酒到面前你莫嫌，我有真心敬贵客，敬你好比敬神仙。锡壶装酒白瓷杯，酒到成前你莫推，酒虽不好人情酿，你是神仙饮半杯。"

3）在黔东南自治州的苗乡侗寨，有"无酒不成礼，无酒不成席"的规矩。家家都放有一两坛自己用糯米酿成的米酒。酒俗是苗侗人民民俗文化的重要组成部分，在节日常有报酒（祝酒）、敬酒、拦寨酒、拦门酒、迎客酒、送客酒；红喜席有嫁别酒、分家酒、换酒（交杯酒）、酒歌酒、定亲酒、贺儿酒；白喜席（如高龄老人过世等）有慰问酒、陪葬酒、酬劳酒、别魂酒、祭祀酒；日常席有火堂酒、平伙酒（打平伙）；还有结盟议事时的歃血酒（血酒）、议榔酒。一般都用土碗做酒杯，逢重大节日和吉日，酒具改为牛角。

4）西北裕固族待客敬酒时，用的是敬双杯。主人不论客人多少，只拿出两只酒杯，在场的主人轮番给客人敬双杯。

5）锡伯族的年轻人不许和长辈同桌饮酒，原因大致有二：一是长幼有别，不能没大没小；二是酒喝多了容易失礼，对长辈的不敬被视为最丢脸的事。

6）朝鲜族晚辈也不得在长辈面前喝酒，若长辈坚持让小辈喝，小辈也得双手接过酒杯来转身饮下，并表示谢意。

五、文学艺术与酒

◎ 1. 酒文学

在中国历史上，酒与文学的关系可以说是中华民族饮食文化史上的一种特

定的历史现象，一座不可企及的历史文化高峰。文人饮酒是中国酒文化的重要现象，酒助文思，文乘酒咏，就诞生了酒文学，它是文化人充分活跃于政治舞台与文化社会、文化被文化人所垄断的历史结果；是历史文化在封建制度所留有的自由空间里充分发展的结果。

在蒸馏酒开始普及的明代以前，人们饮用的基本是米酒和黄酒。明代以后，白酒的饮用才得以发展。黄酒和果酒（包括葡萄酒）按照中国的历史传统酿制法，酒精含量都比较低。而历史上的这两种酒，尤其是随用随酿的"事酒"或者平时饮用的普通酒，酒度可能更低。这种酒低酌慢饮，酒精刺激神经中枢，使兴奋中心缓慢形成，有一种"渐乎其气，甘乎其味，颐乎其韵，陶乎其性，通乎其神，兴播乎其情，然后比兴于物，直抒胸臆，如马走平川，水泻断崖，行云飞雨无遮无碍"的意境。酒对人的这种生理和心理作用，这种慢慢吟来的节奏和韵致，这种饮法和诗文创作过程灵感兴发内在规律的巧妙一致与吻合，便使文人爱酒，与酒结下不解之缘，留下了数不清的趣闻佳话。于是，酒话、酒诗、酒词、酒歌、酒赋——酒文学便油然而发，蔚为大观，成为中国文学史上的一大奇迹。

一部中国诗歌发展的历史，从《诗经》的"宾之初筵"（《小雅》）、"瓠叶"（《小雅》），到《楚辞》的"奠桂酒兮椒浆"（《东皇太一》），《短歌行》的"何以解忧？惟有杜康"；从《文选》、《全唐诗》到《酒词》、《酒颂》；数不尽的斐然大赋、五字七言，多叙酒之事、歌酒之章！酒文学起源于周朝，到了汉末魏晋时期，社会动荡不安，军阀割地混战，人民生活困苦，这时期的酒文学多忧郁悲凉，慷慨激昂。在酒诗、酒赋里，杨雄、孔融、曹植、王粲对酒的功德进行了热情洋溢的讴歌，刘伶则通过描写"大人先生"塑造饮酒者的世外桃源。唐代是我国封建王朝的鼎盛时期，酒文学在这一时期也是繁荣有加，涌现出了大量的酒诗歌，有描述朋友亲人相聚一起其乐融融的场面，有歌颂饮酒之感胜于神仙的快乐，有吟叹离别钱行的感伤，有控诉怀才不遇的愤懑。酒词源于隋唐，至宋朝而盛行，苏轼、范仲淹、李清照是这个时期的代表人物。元明清是酒文学继承遗产、缓慢发展的时期，这一时期酒戏曲形式的崛起丰富了酒文学的内容，扩大了酒文学的外延。

数千年来，在偌大的国土上，无处不酿酒，无人不饮酒。酿了数千年的酒，饮了数千年的酒，但真正优游于酒中的，只能是那些达官贵人、文人士子；一部酒文化，某种意义上就是中上层社会的文化，酒文学也是他们的文学。无数的祭享祀颂、公宴祖钱、欢会酬酢，便有无数的吟联唱和、歌咏抒情。酒必有诗，诗必有酒，中国的诗是酒的诗，中国的文学是酒的文学。

☞【饮酒诗的分类】

传统节日酒

我国古代传统节日如春节、清明节、中秋节、重阳节等往往都是"每逢佳节倍思亲"之时。传统佳节，诗人自然饮酒抒怀。如杜牧的《清明》："清明时节雨纷纷，路上行人欲断魂。借问酒家何处有？牧童遥指杏花村。"卢照邻的《九月九日登玄武山旅眺》："他乡共酌金花酒，万里同悲鸿雁天。"孟浩然的《积登万山寄张五》："何当载酒来，共醉重阳节。"韩愈的《八月十五日夜赠张功曹》："一年明月今宵多，人生由命不由他。有酒不饮奈明何！"

宴会酒

宴会是比较轻松的时刻，往往是喜庆的日子或是朋友团聚集会的场合。此时此刻，觥筹交错，呼五喝六，热闹非凡，酒是必不可少的兴奋剂。且看李白《春夜宴从弟桃李园序》："开琼筵以坐花，飞羽觞而醉月，不有佳作，何伸雅怀？如诗不成，罚依金谷酒数。"张继的《春夜皇甫冉宅欢宴》："流落时相见，悲欢共此时。兴因尊酒洽，愁为故人轻。"岑参的《凉州馆中与诸判官夜集》："一生大笑能几回，斗酒相逢须醉倒。"

独酌、闲饮、咏怀酒

诗人们有时独酌杯酒，抒发人生感慨，或激进慷慨，促人奋进；或感叹仕途失意、怀才不遇、想念佳人、人生坎坷而处于矛盾、苦闷和焦灼中的彷徨与痛苦之中，他们以酒寄情，托物言志，咏成不少千古佳作。如王绩的《过酒家》："眼看人尽醉，何忍独为醒。"李世民的《赋尚书》："寒心睹肉林，飞魄看沉湎。纵情昏主多，克己明君鲜。灭身资累恶，成名由积善。既承百王末，战兢随岁转。"李白的《月下独酌》："花间一壶酒，独酌无相亲。举杯邀明月，对影成三人。"及《行路难》："金樽清酒斗十千，玉盘珍馐直万钱……长风破浪会有时，直挂云帆济沧海。"杜甫的《独酌成诗》："醉里从为客，诗成觉有神。"罗隐的《自谴》："今朝有酒今朝醉，明日愁来明日愁。"韦庄的《谴兴》："乱来知酒圣，贫去觉钱神。"

饯行酒

临别饯行，友人们既共叙美好回忆，又对未来充满憧憬，绵绵的离愁，

真诚的祝福，都留在饯行的酒席上。如王维的《送元二使安西》："渭城朝雨浥轻尘，客舍青青柳色新。劝君更尽一杯酒，西出阳关无故人。"李白的《金陵酒肆留别》："风吹柳花满店香，吴姬压酒劝客尝。金陵子弟来相送，欲行不行各尽觞。请君试问东流水，别意与之谁短长？"白居易《琵琶行》："浔阳江头夜送客，枫叶荻花秋瑟瑟。主人下马客在船，举酒欲饮无管弦。醉不成欢惨将别，别时茫茫江浸月。"贾至的《送李侍郎赴常州》："今日送君须尽醉，明朝相忆路漫漫。"

边塞、军中酒

边塞酒诗较少，王翰的《凉州词》极为优美："葡萄美酒夜光杯，欲饮琵琶马上催。醉卧沙场君莫笑，古来征战几人回。"诗悲壮雄浑，抒发了征夫们视死如归的悲壮和激昂。其他如李欣的《塞下曲》："金笳吹朔雪，铁马嘶云水。帐下饮葡萄，平生寸心是。"鲍防的《杂感》："汉家海内承平久，万国戎王皆稽首。天马常衔苜蓿花，胡人岁献葡萄酒。"杜甫的《军中醉饮寄沈八、刘叟》："酒渴爱江清，馀甘漱晚汀。软沙欹坐稳，冷石醉眠醒。野膳随行帐，华音发从伶。数杯君不见，醉已遣沉冥。"

祭祀酒

这是饮酒中场面最为壮观、气氛最为活跃的时刻。我国传统节日以祭祀神灵、集社欢庆丰收最为热闹。此时人山人海，熙熙攘攘，锣鼓喧天，欢歌狂舞，痛饮豪赌，游戏玩耍，热闹场面，应有尽有。如王驾的《社日》："鹅湖山下稻粱肥，豚栅鸡栖对掩扉。桑柘影斜春社散，家家扶得醉人归。"李嘉佑的《夜闻江南人家赛神，因题即事》："南方淫祀古风俗，楚妪解唱迎神曲。锵锵铜鼓芦叶深，寂寂琼筵江水绿。雨过风清洲渚闲，椒浆醉尽迎神还……听此迎神送神曲，携觞欲吊屈原祠。"刘禹锡的《阳山庙观赛神》："汉家都尉旧征蛮，血食如今配此山。曲盖幽深苍桧下，洞箫愁绝翠屏间。荆巫脉脉传神语，野老娑娑启醉颜。日落风生庙门外，几人连踏竹歌还。"

展现社会的酒诗

任何社会都有它的阴暗面，封建的唐王朝也不例外。诗人们以敏锐的视觉，发现了社会底层的劳苦大众的疾苦，也感受到达官贵人们的奢侈和糜烂，这些酒诗是有积极的社会意义的。如白居易的《轻肥》："食饱心自若，酒酣气益振。是岁江南旱，衢州人食人。"郑遨的《伤农》：

"一粒红稻饭，几滴牛领血。珊瑚枝下人，衔杯吐不歌。"贯休的《富贵曲》："太山肉尽，东海酒竭；佳人醉唱，敲玉钗折。宁知耘田车水翁，日日日炙背欲裂。"

◎ **2. 酒与书法、绘画**

从古至今，文人骚客总是离不开酒，诗坛书苑如此，那些在书画界占尽风流的名家们更是"雅好山泽嗜杯酒"。他们或以名山大川陶冶性情，或在花前酌酒对月高歌，往往"醉时吐出胸中墨"。酒，成了他们激发灵感的源泉，成了他们创作的催化剂。借助酒兴，可以使他们淋漓尽致地表现个性，展现生活的趣味，创造出独具特色的作品来。

被誉为天下第一行书的《兰亭集序》，就是书法家王羲之在绍兴兰亭与人聚饮时写就的。他在醉酒中信手写下《兰亭集序》，此序写成，众名士都拍案叫绝，就连王羲之在酒醒之后也大吃一惊。事后他又多次书写《兰亭集序》（以下简称《序》），却再也没有达到醉酒时绝代所无的艺术境界。酒作用于王羲之，使他成为千古书圣。酒与《序》共存，《序》与酒共名，酒与《序》共同吟出了千古绝唱。

张旭号"草圣"，与李白、贺知章等人同为"酒中八仙"。张旭非常喜欢喝酒，"每大醉，呼叫狂走，乃下笔"，有时把头浸在墨汁里，用头发抒写，飘逸奇妙、异趣横生。时人称他为"张颠"，称他的狂草为"醉墨"。杜甫在《八仙歌》中这样写他："张旭三杯草圣传，脱帽露顶王公前，挥毫落纸如云烟。"活灵活现地刻画出了张旭醉后挥毫的神态。正因为如此，才有不朽之作《古诗四帖》传世。

唐朝另一位酒与书齐名的应属怀素。怀素是出家人，人称"醉僧"，在经禅之余爱好书法，尤其擅长写草书。他爱好喝酒，喝酒时就到处乱写，寺院里的墙壁、器皿、衣物都留下他草书的痕迹。有人问怀素写字的秘诀，他竟以"醉"字作答，正所谓"醉来信手两三行，醒后却书书不得"（怀素语）。李白写醉僧怀素："吾师醉后倚胡床，须臾扫尽数千张。飘飞骤雨惊飒飒，落花飞雪何茫茫。"怀素酒醉泼墨，方留其神鬼皆惊的《自叙帖》。

唐朝以后，书法艺术得以继承发展。苏东坡、黄庭坚、米芾、蔡襄都以书法著称于世，号称"宋四大家"。这四人既是书法大家，又是酒中人。苏东坡不但喜欢喝酒，还能自己酿酒；黄庭坚寄情山水田园，饮酒酬唱，以诗词书画解愁自娱；米芾一生嗜酒，"醉困不知醒，欹枕卧江流"；蔡襄更是有好饮酒而不醉的高尚酒德。

　　宋代书法家苏舜钦，常练草书，有时酒酣落笔，较之平时更洋洋洒洒，别具一格，人争相传之。明朝遗臣朱耷，常常醉后挥毫，人们为了得到他的作品，便"置酒招之"，将纸、墨置于席边。待酒兴大发，他便开始泼墨，结果是"洋洋洒洒，数十幅立就"，而"醒时，欲觅其片纸只字不可得，虽陈黄金百镒于前勿顾也！"

　　酒与书法共在。酒使不少书法家狂放不羁，不拘成法，越是开怀畅饮，越是激昂振奋，然后笔走龙蛇，创造出了许多艺术价值极高的传世佳作。绘画与书法一样，要达到得心应手的程度，必须有娴熟而深厚的技巧和功底，并心有所感而寄于笔墨。要做到心有所感，书法家借助酒力，画家也是如此。

　　王维是唐代大诗人，但他还是位名画家，并且他还有"不醉不画"的习惯。王维只身终南山中，酒瘾日增，酒量渐大，求画不得者见隙可乘，每每请酒至醉后再求，屡屡得手。一日当地太守请酒，王维又醉，被扶到客厅作画。此时王维尚有几分清醒，决意"画留墙头不留人"，于是脱下鞋子沾墨依墙而作。太守满眼都是鞋印，大惑不解。王维说："熄烛借月画自来。"太守吹灭蜡烛，只见月色入室，朦胧映墙，墙面小溪流淌，溪边葡萄满架，一幅美景尽收眼底。太守情不自禁伸手去揭，方才醒悟是墙面之作。王维醉画葡萄，太守怒而无奈，也算一段佳话。

　　苏轼的画作往往也是乘酒醉发真兴而作，黄山谷题苏轼《竹石》诗说："东坡老人翰林公，醉时吐出胸中墨。"连苏轼自己也承认"空肠得酒芒角出，肝肺槎牙生竹石。森然欲作不可留，写向君家雪色壁。"苏东坡酒后所画的正是其胸中郁结和心灵的写照。

　　"扬州八怪"之一的郑板桥，他的字画不容易得到。于是求者拿狗肉和美酒款待，在他的醉意中求字画者即可如愿。郑板桥也知道求画者的把戏，但他耐不住美酒狗肉的诱惑，只好写诗自嘲："看月不妨人去尽，对月只恨酒来迟。笑他缣素求书辈，又要先生烂醉时。"

　　著名的书画家、戏剧家、诗人徐文长也以纵酒狂饮著称。《青在堂画说》记载他醉后作画的情景：文长醉后拈写过字的败笔，作拭桐美人，即以笔染两颊，而丰姿绝代。正如清代学者朱彝尊评论徐文长画时所说，"小涂大抹"都具有一种潇洒高古的气势。

　　"吴带当风"的画圣吴道子，作画前必酣饮大醉方可动笔，最后为画，挥毫立就。在段成式的《酉阳杂俎》中记载有寺院主持以酒换取吴道子画的故事。

　　明代画家唐伯虎，在桃花坞建筑屋室，饮酒作画，以卖画为生。求画者往

往携酒而来，才可得到一幅画。

醉后泼墨的画家在近现代也是屡见不鲜。著名国画大师傅抱石，每当作画时，总是少不了酒，常常是一手执笔一手执酒，用酒激发创作之情。新中国成立初期，他和著名画家关山月合作，为人民大会堂创作"江山如此多娇"时，由于当时生活困难无钱买酒，竟写信向周恩来总理倾诉无酒之苦，周总理亲自派人将酒送去。美酒润笔，情谊动人，他与关山月很快构思出了"江山如此多娇"的不朽之作，得到了毛主席的高度赞扬。

书画家酒后挥就的作品大都痛快淋漓，自然天成，透出一种真情率意，毫无矫揉造作之态。此外，酒文化还是画家们创作的重要题材，如文会、雅集、夜宴、月下把杯、蕉林独酌、醉眠、醉写……无一不与酒有关，无一不在历代中国画里反复出现。这样的名画也比比皆是：东汉壁画《夫妇宴饮图》，"砖印壁画"《竹林七贤与荣启期图之——阮籍》，晚唐孙位的《高逸图》（此图原应是画"竹林七贤"的，因图只存山涛、王戎、刘伶、阮籍四人，故残卷得"高逸"之名），南唐顾闳中的《韩熙载夜宴图》，南宋刘松年的《醉僧图》，明代刘俊的《雪夜访普图》讲的是宋代赵匡胤雪夜走访赵普的历史故事图，明代仇英的《春夜宴桃李图》是一幅文人士大夫宴饮的图画，明代丁云鹏的《漉酒图》描绘了陶渊明过滤酒的场面，清康熙《五彩钟馗醉酒像》，等等。

与酒有关的画作还很多，如以酒喻寿，中国画就常以石、桃、酒来表示祝寿。八仙中的李铁拐、吕洞宾以善饮著称，也常常在中国画里出现。扬州八怪之一的黄慎就喜欢画李铁拐。《醉眠图》是黄慎写意人物中的代表作品：李铁拐背倚酒坛伏在一个大葫芦上作醉眠态，葫芦的口里冒着烟与淡墨烘染的天地交织在一起，给人以茫茫仙境之感。此图把李铁拐这个无拘无束、四海为家的神仙的醉态刻画得别具一格。国画大师齐白石画过一幅吕洞宾像，并题诗："两袖清风不卖钱，缸酒常作枕头眠。神仙也有难平事，醉负青蛇（指剑）到老年。"这件作品诗画交融，语言极富哲理，发人深省。

◎ **3. 酒与舞蹈**

千百年来，酒与舞在中国文化发展史上写下了多少庄严肃穆，奢靡淫恶，繁荣昌盛，衰败没落；写下了多少铭刻千古的真情、美意；写下了多少惊世骇俗的恶径、险行……

在中国几千年的历史舞台上，酒与舞蹈有时是相伴二尤，增色生辉；有时是相伴二魔，隐埋祸种，潜伏杀机。

越王勾践兵败，吴宫受辱，归国后卧薪尝胆，立志报仇雪耻。后用大夫范

蠡所设"美人计"，举国内遍寻美女，得西施与郑旦。"使学师教之歌舞，学习容步，使其艺成而后进吴宫"。吴王夫差自得西施，荒于酒色，日夜歌舞宴饮，不理朝政。数年后勾践兴兵伐吴，大败吴国，夫差自刎而亡。勾践班师携西施而归。

鸿门宴历来被喻为凶险的象征。"项庄舞剑，意在沛公。"它提示人们要警惕那些貌似献媚的舞蹈中暗藏着杀机。在统治集团内部的党派纷争，或敌对国家处在暂时休战的交往中，往往是酒无好酒，宴无好宴。欢歌妙舞的背后，倒映的是刀光剑影，血溅杯盘。

中国几千年的酒舞历史为中国古今艺术大师们提供了取之不尽，用之不竭的素材。在文学家、艺术家的笔下和聚光灯下的舞台上，酒与舞的融合创造出种种风格的美、个性的美、形象的美。昆曲表演艺术家俞振飞《太白醉写》一戏中的"一点三颤"、"一歪一斜"，表现了"诗仙"李白"斗酒诗百篇"的飘逸潇洒、豪放不羁、不畏权贵的艺术形象；京剧《武松打虎》、《醉打蒋门神》，无不是突出一个醉字，而又立足一个舞字来刻画，表现武松威武勇猛的英雄形象。这些个性鲜明的艺术形象，总会使人在欣赏之后倍加感受到那种酒舞相合带给人的畅快，使人在那艺术的醉态舞中感悟到一种人的本质和人生的真谛。

知识链接　☞【少数民族的酒与舞蹈】

中国是一个多民族的国家，各少数民族大都保留着本民族的酒礼习俗和歌舞文化。而酒与舞的不同的结合形式，恰恰最能体现出各民族的生活习性和民族性格。在诸民族自发的礼仪交往中，酒与舞往往被视作最隆重的仪式和最热诚的接待，是最恰当、美好的祝愿。在一些少数民族的日常生活中，酒与舞蹈也被看作是人们生活必不可少的一部分。

苗族人民居住的山寨往往被人称作"歌山"或"花山"，这正是对苗家人喜爱歌舞的形象比喻。苗家有一句俗语——"苗家无酒不唱歌"。因此，酒歌在苗族人民的日常生活中占有很重要的地位，而酒歌优美的旋律和节奏，正是苗家丰富多彩的舞蹈的伴奏。酒、歌、舞的结合构成了苗族开朗的民族性格和他们好客、敬客的个性。从苗家婚礼酒歌中的"楼板舞"中，即可体会到这种民族的性格及其淳朴、憨厚的民族风尚。

当某家的儿子通过自由恋爱的形式娶到一位称心如意的媳妇时，村

寨里的青年男女就要会集到新郎家中讨喜酒吃。新人将朋友们邀请上小楼，打圈围坐在一起。这时朋友们唱起酒礼歌，新人赶紧捧出美酒，供大家品尝。当酒酣歌兴之际，姑娘们走进圈内，小伙子们围在四周，拍手踩脚，旋转跳跃，掌声啪啪，楼板咚咚，歌声琅琅，跳起了"楼板舞"。狂欢之际，那新搭起的木板小楼似乎承受不住这么多的欢乐和幸福，嘎嘎作响，颤颤悠悠，整幢小楼似摇摇欲坠，这时家人们要赶快扛来大圆木在楼下支撑"抢险"。歌声、笑声、掌声、喧闹声、小楼板的咚咚声响彻山寨，传播着一片浓情，一片蜜意。

《康熙鹤庆府志·风俗》记载彝族风俗这样写道："彝俗，饮必欢呼。彝性嗜酒，凡婚丧，男女聚饮，携手旋绕，跳书跃欢呼，舞歌通宵，以此为乐戏。"寥寥数语，将彝族人民古朴、庄重、粗犷、豪放的性格刻画得十分鲜明。彝族人民不愧是能歌善舞的民族。让我们欣赏一下彝族姑娘出嫁时的"酒礼歌舞"吧。天黑了，在主人家门前院坝场子中，篱笆园内，天井溪旁，到处燃起一堆堆的篝火。人们围在火边，由"酒礼婆"唱"勺果车"（酒礼舞的开头歌）后，宾客们开始跳起"酒礼舞"。酒礼舞有两种形式。一种是由女性跳，以歌为主，舞蹈为辅。舞蹈者列成长龙阵，逆时针方向边舞边歌，缓缓踏步而行。歌词内容丰富，有赞美父母养育之恩的，有表现姑娘与父母难舍难分的，有祝愿姑娘生活幸福的……人们唱一排歌，跳一阵舞，饮几杯酒，辗转轮回，时起时伏，歌、舞、酒深深地融合在一起，场面十分隆重、热烈。直至通宵达旦，酒礼婆唱"鼠果者"（收尾歌），酒礼方始告终。另一种是男性青年跳的酒礼舞蹈。歌声伴舞起，舞随歌势行，是这一酒礼舞的特色。首先唱祝酒歌，舞蹈的基本动作是模拟"锄土劳动"的姿态，即以腰为轴心，上步弯腰，踏地，回步，端腿直立，手足上下合拍，一起一伏，自然舞动。舞蹈古朴庄重，节奏单一。领舞者还往往根据自己的感情变化，即兴编舞表演，群舞众人不断吼叫，使舞蹈气氛更加热烈，场面也随之更壮观。最后，总管事请众人到坝院中坐好，新郎手执酒壶向每位来宾敬上一杯美酒。然后新娘舞出，围着插有咂杆的甜酒坛绕舞三圈，表示请宾客们"吃咂酒"。于是众宾客拥至酒坛，轮流用咂杆吃咂酒。小伙子和姑娘们则对唱酒礼歌，同跳酒礼舞，欢畅通宵，天明方散。

生活在我国北方大草原的游牧民族——蒙古族的生活中更是离不开酒和舞蹈。无论是狩猎归来，还是放牧休息，牧民们燃起熊熊篝火，烧烤

猎来的兽肉，和着悠扬的马头琴声，歌声此起彼伏。牧民们举杯对饮，翩翩起舞。这一习俗由来已久。元朝诗人乃贤在《塞上》一诗中曾生动形象地描绘过这一图景："马乳新同玉满瓶，沙羊黄鼠割来腥。踏歌尽醉营盘晚，鞭鼓声中按海青。"

另外，像傣族的"醉酒舞"、藏族的"酒歌卓舞"，都是非常有特色的中国民族民间舞蹈和民间酒舞礼仪习俗。在这些活动中人们体验亲情厚谊和幸福欢乐。在一些带有竞赛性质的民间盛会中，如蒙古族的"那达慕"，藏族的"跑马节"、"转山会"等，更是离不开美酒和舞蹈：一边是烈马奔腾，一边是歌声荡漾；一边是英雄畅饮，一边是舞袖飘扬。美酒敬壮士，艳舞舒芳心，酒舞融情，更是一种豪放，一脉柔情，总之都是美。

第二节　外国酒文化

一、世界各民族神话中酒的故事

世界古老的文明民族的神话传说中都流传着酒的故事。古希腊神话、希伯来人的《圣经》和古印度典籍中，均有记载。

◎ 1. 希腊神话中的酒神

狄俄尼索斯（Dionysus）与罗马人信奉的巴克斯（Bacchus）是同一位神祇，他是古代希腊色雷斯人信奉的葡萄酒之神。他不仅握有葡萄酒醉人的力量，还以布施欢乐与慈爱而在当时成为极有感召力的神。他推动了古代社会的文明并确立了法则，维护着世界和平。除此之外，他还护佑着希腊的农业与戏剧文化。古希腊人对酒神的祭祀是秘密宗教仪式之一，类似对于德米特尔与普赛芬妮的艾琉西斯秘密仪式。在色雷斯人的仪式中，他身着狐狸皮，据说是象征新生。

狄俄尼索斯是宙斯和塞墨勒的儿子。塞墨勒是忒拜公主，宙斯爱上了她，与她幽会。天后赫拉得知后十分嫉妒，变成公主的保姆，怂恿公主向宙斯提出要求，要看宙斯真身，以验证宙斯对她的爱情。宙斯拗不过公主的请求，现出

原形——雷神的样子，结果塞墨勒在雷火中被烧死。宙斯抢救出不足月的婴儿狄俄尼索斯，将他缝在自己的大腿中，直到足月才将他取出。因他在宙斯大腿里时宙斯走路像瘸子，因此得名"狄俄尼索斯"（即"瘸腿的人"之意）。

狄俄尼索斯是酒神，当他的妈妈被宙斯的璀璨之焰烧死时，他还只是个孤弱的婴儿。他的父亲将他寄托在山中仙子们那里，她们精心地哺育他长大。在森林之神西莱娜斯的辅导下，他掌握了有关自然的所有秘密以及酒的历史。他乘坐着他那辆由野兽驾驶的四轮马车到处游荡。据说他曾到过印度和埃塞俄比亚。他走到哪儿，乐声、歌声、狂饮就跟到哪儿。他的侍从们被称为酒神的信徒，他们肆无忌惮地狂笑，漫不经心地喝酒、跳舞和唱歌。

◎ 2.《圣经》中关于酒的最早记载

古希腊人和罗马人有他们的葡萄酒神，希伯来人则有自己的有关葡萄和葡萄酒的传说。《圣经·旧约·创世记》是希伯来民族关于宇宙和人类起源的创世神话。书中记载，上帝在创造了宇宙、世界、光明与黑暗以后的第三天，开始在地球上创造有生命的植物，其中也包括葡萄。第五天则创造了各种动物；第六天，他用泥土创造了世上第一个男人——亚当，然后，取亚当的肋骨创造了第一个女人——夏娃，他们就是人类的祖先。

亚当与夏娃的子孙中，有一个名叫诺亚的男人，十分虔诚地信奉上帝，而且十分善良。当上帝发现世上出现了邪恶和贪婪后，决定要用洪水淹没世界，但愿意赦免诺亚一家。诺亚遵循上帝的旨意，带着他的三个儿子以及成对的动物，登上了漆过松脂的柏木大船，即著名的诺亚方舟。上帝连降了40昼夜的滂沱大雨，洪水泛滥，水位比大地上最高的山峰还高出7米。150天以后，洪水退去，世上就剩下诺亚一家和方舟里的动植物。

此后，诺亚开始耕作土地，开辟了一个葡萄园，并种下了第一株葡萄。后来，他又着手酿造葡萄酒。一天，他喝了园中的酒，赤身裸体地醉倒在帐篷里。他第二个儿子可汗看见后，去告诉兄弟西姆和雅弗，后两人拿着长袍，倒退着进帐篷背着面给父亲盖上，没有看父亲裸露的身体。诺亚酒醒后，就诅咒可汗，要神让可汗的儿子迦南一族做雅弗家族的奴隶。自己酒后失礼，却迁怒于儿子，甚至还要罚自己的孙子为奴。"酒后无德"看来古今中外都是一样的。

《圣经》里随处可见葡萄园与葡萄酒的记载。据法国食品协会的统计，《圣经》中至少有521次提到葡萄园及葡萄酒。

1872年，英国博物馆的约翰·史密斯成功地解释了巴黎卢浮宫所藏黏土板上的楔形文字。该篇文字被命名为"伊尔加美许叙事诗"，其中第九、第十

两章记叙大洪水来临之前，人们造方舟以便乘坐的故事。在叙事诗中，提到了雇主请造船工人饮用葡萄酿成的红、白葡萄酒。

◎ **3. 古罗马典籍中记载的酒**

葡萄树和葡萄酒的发展与罗马帝国紧紧相关，事实上是罗马人把葡萄籽引进并把葡萄酒的酿造技术传遍欧洲的。罗马帝国统治从公元前 27 年 ~ 公元 476 年。据史料记载，罗马总共控制土地面积达 590 万平方公里。在此期间，罗马人把语言、文化、饮食、习惯等传遍其所占领的区域，也就是现今的西班牙、葡萄牙、法国、德国、英国、罗马尼亚、瑞士、比利时、奥地利等国。罗马人讲着拉丁语，喝着葡萄酒，在那个时候，甚至罗马军人的军饷都是葡萄籽或者葡萄酒，因为罗马人非常喜欢吃喝。那个时候罗马人会使用木桶作为酒的运输、存储和陈化的工具，他们使用木桶装酒贩运到当时罗马帝国的各个角落。葡萄酒已经作为商品广泛地进行交易。

二、各国名酒一览

外国酒基本上是以不同生产方法来分类的，将酒分成蒸馏酒、酿造酒和配制酒三大类。

◎ **1. 蒸馏酒**

蒸馏酒是将经过发酵的原料加以蒸馏提纯，从而获得有较高酒精含量的液体。蒸馏酒根据原料的不同，有谷物蒸馏酒、葡萄蒸馏酒和其他蒸馏酒之分。常用的蒸馏酒有以下几种：

（1）威士忌酒（Whisky）。是以大麦、黑麦、玉米等为原料，经过发酵蒸馏后放入木制的酒桶中陈化而酿成的一种最具代表性的蒸馏酒。市场的销售量很大。威士忌酒的产地很广，制造方法也不完全相同，主要品种有：

1）苏格兰威士忌（Scotch Whiskey）。苏格兰的名牌产品，用经过干燥、泥炭熏焙产生的独特香味的大麦芽做酿造原料制成。此酒的陈化时间最少是 8 年，通常是 10 年或更长的时间。苏格兰威士忌具有独特的风格，色泽棕黄带红，清澈透亮，气味焦香，带有浓烈的烟熏味。主要品牌有黑方（Johnnie Walker Black Lable）、芝华士（Chivas Regal）、金铃（Bell's）、老牌（Old Parr）、特级（Something Special）。

2）爱尔兰威士忌（Irish Whiskey）。以大麦、燕麦及其他谷物为原料酿造，经三次蒸馏并在木桶中陈化 8 ~ 15 年。其风格与苏格兰威士忌接近，最明显的区别是没有烟熏的焦味，口味绵柔，适合做混合酒的其他饮料混合饮用。

主要的品牌有吉姆逊父子（John Jameson & Son）、波威士（Power's）、老什米尔（Old Bush Mills）、吐拉摩（Tullamore Dew）。

3）加拿大威士忌（Canadian Whiskey）。加拿大开始生产威士忌是在18世纪中叶，那时只生产稞麦威士忌，酒性强烈。19世纪以后，开始生产由玉米制成的威士忌，口味比较清淡。它是在加拿大政府管理下蒸酿、贮藏、混合和装瓶的。在木桶中陈化的时间是4～10年。主要的品牌有加拿大俱乐部（Canadian Club）、西格兰姆斯（Seagram's）、王冠（Crown Royal）。

4）美国威士忌（American Whiskey）。尽管美国只有200多年的历史，但因为其移民多数来自欧洲，因此也带去了酿酒的技术。波本威士忌是美国威士忌的代表。波本是美国肯塔基州的一个地名，在波本生产的威士忌被称作波本威士忌（Bourbon Whiskey）。波本威士忌的主要原料是玉米和大麦，经发酵蒸馏后陈化2～4年，不超过8年。主要的品牌有四玫瑰（Four Roses）、老爷爷（Old Granddad）、吉姆宾（Jim Beam）、野火鸡（Wild Turkey）。

（2）金酒（Gin）。也称杜松子酒，可分为荷兰式金酒和英国式金酒两类。

1）荷兰式金酒。采用大麦、麦芽、玉米、稞麦等为原料，经糖化发酵后蒸馏，在蒸馏时加入杜松子果和其他香草类，经过两次蒸馏而成。荷兰式金酒色泽透明清亮，香味突出，风格独特，适宜于单饮。主要的品牌有波尔斯（Bols）、波马（Bokma）、汉斯（Henkes）。

2）英国式金酒。采用稞麦、玉米等为原料，经过糖化发酵后，放入连续式蒸馏酒器中，蒸馏出酒精度很高的酒液后，加入杜松子和其他香料，再次放入单式蒸馏酒器中蒸馏而成。英国式金酒既可以单饮，也可用于调酒。英国式金酒也称为干金酒，酒液无色透明，气味奇异清香，口感醇美爽适。主要的品牌有哥顿金酒（Gordon's）、将军金酒（Beefeater）、布多斯金酒（Booth's）、坦卡里金酒（Tanqueray）。

（3）伏特加酒（Vodka）。分两大类：一类是无色、无杂味的上等伏特加；另一类是加入各种香料的伏特加。伏特加是从俄语中"水"一词派生而来的，是俄国具有代表性的烈性酒，原料是土豆和玉米。将蒸馏而成的伏特加原酒，经过8个小时以上的缓慢过滤，使原酒酒液与活性炭分子充分接触而净化为纯净的伏特加酒。伏特加酒无色、无异味，是酒类中最无杂味的酒品。主要的品牌有：皇冠（Smirnoff）、斯多里施娜亚（Stolichnaya）红牌，莫斯科伏斯卡亚（Moskovskaya）绿牌。

（4）朗姆酒（Rum）。这是制糖业的一种副产品，以甘蔗提炼而成，大多数产于热带地区。朗姆酒的生产工艺与大多数蒸馏酒相似，经过原料处理，酒精发酵，蒸馏取酒之后，必须再陈化1～3年，以便酒液染上橡木的色香味。朗姆酒按口味可以分三类，即淡朗姆酒、中朗姆酒、浓朗姆酒。朗姆酒按颜色也可分为三类，即白朗姆酒（Silver Rum）、金朗姆酒（Golden Rum）和黑朗姆酒（Dark Rum）。主要的品牌有白加地（Bacardi）白朗姆酒、麦耶（Myers's）黑朗姆酒、摩根船长（Captain's）。

（5）特吉拉酒（Equila）。产于墨西哥，是用一种叫龙舌兰的仙人掌类植物为原料制成的烈性酒。龙舌兰的成长期为8～10年，酿酒时用其球状仙人掌类，先劈开放入蒸馏器中蒸馏，取出的龙舌兰放入滚转机压碎，浇上温水，放入酒母发酵，再次蒸馏，用木桶陈化。特吉拉酒呈琥珀色，香气奇异，口味凶烈。主要的品牌有特吉拉安乔（Tequila Anejo）、欧雷（Ole）、玛丽亚西（Mariachi）、索查（Sauza）。

（6）白兰地。该酒的前身是白葡萄酒。白兰地是用发酵过的葡萄汁液，经过两次蒸馏而成的美酒。法国是世界上首屈一指的白兰地生产国。法国人引以为自豪的白兰地叫干邑（Cognac），是世界上同类产品中最受欢迎的一种，有白兰地之王之称。干邑原是法国南部一个古老城市的名称。法国人认为，只有在这一地区酿造并选用当地优质葡萄为原料的酒才可以称作干邑。法国另一个很有名的白兰地产区是岩马纳。法国白兰地用字母或星印来表示白兰地酒贮存时间的长短，贮存时间越久越好。"V.S.O."为12～20年陈的白兰地酒；"V.S.O.P."为20～30年陈的白兰地酒；"X.O"一般指40年陈的白兰地酒；"X"一般指70年的特陈白兰酒。"V"是Very的缩写，是非常的意思；"S"是Superior、Special的缩写，是特殊的、特级的意思；"O"是Old的缩写，是陈年、陈酿的意思；"P"是Pale的缩写，有清澈的意思；"X"是Extra的缩写，是格外的意思。白兰地酒用星印来表示贮存时间：一星表示3年陈，二星表示4年陈，三星表示5年陈。主要的品牌有：柯罗维锡（Courvdisies）、轩尼诗（Hennessy）、T.F.马爹利（T.F.Martell）、人头马（Remy Martin）、开麦士（Camus）。

◎ **2. 酿造酒**

酿造酒又称发酵酒、原汁酒，是借着酵母作用，把富含淀粉质和糖质原料的谷类、果类物质进行发酵，产生酒精成分而形成酒。其生产过程包括糖化、发酵、过滤、杀菌等。酿造酒包括葡萄酒、啤酒、黄酒、清酒等。

（1）葡萄酒。按其含糖量的多少，葡萄酒可分为干型、半干型、半甜型和甜型四种口味。按照国际上的分类方法，葡萄酒可以分成佐餐葡萄酒（无气葡萄酒）、含气葡萄酒、强化葡萄酒和加味葡萄酒四类。

1）佐餐葡萄酒。包括红葡萄酒、白葡萄酒和玫瑰红葡萄酒，由天然葡萄发酵而成，酒度在15度以下。在温度20℃的条件下，瓶内气压低于一个大气压的都是无气葡萄酒。

①红葡萄酒。该酒是用紫皮葡萄连皮和籽一起压榨取汁，经自然发酵酿制而成。由于葡萄皮中的色素溶进酒液中，使酒液呈红色。红葡萄酒一般贮存时间达4～10年的，其味道正好。通常都在室温下饮用，18℃为最佳饮用温度。

②白葡萄酒。该酒是用白葡萄去掉皮和籽后，压榨取汁发酵制成。贮存时间较短，一般2～5年即可饮用。具有怡爽清香，健胃去腥的特点。饮用前需降温处理，一般在10～12℃饮用最合适。

③玫瑰红葡萄酒。该酒在酿造过程中采用了一些特殊的方法，如用紫葡萄和白葡萄混合榨汁，有的在白葡萄酒中浸入紫葡萄皮，使酒液呈现出玫瑰红色。贮存期较短，一般2～3年即可饮用。饮用温度为12～14℃，即稍微冷却一下饮用。

佐餐葡萄酒的生产国很多，法国是红、白葡萄酒的著名产地，生产出上百种品牌葡萄酒。除此之外，意大利、德国、西班牙、美国等，都是葡萄酒的主要生产国。

2）含气葡萄酒。包括香槟酒和各种含气的葡萄酒。香槟酒是法国香槟地区生产的葡萄汽酒，其制作工艺讲究，酒味独特。法国政府以法律形式规定，只有在香槟地区生产的汽酒才可称为香槟酒，其他地区生产的只能称为葡萄汽酒。

香槟酒是用去皮和籽的紫葡萄和白葡萄酿制而成的，由于葡萄汁在发酵过程中产生大量的气体，酒液中的二氧化碳气体是天然形成的，所以独具一格。酒度在11度左右。饮用温度以4～8℃为宜。酿造香槟酒一般需要3年时间，以6～8年的陈酿最受人欢迎。香槟酒一般以生产者命名，主要的品牌有莫埃武当（Most Chandon）、宝林歇（Bollinger）、佩里埃·汝爱（Perrier Jouet）、查理·海德西克（Charles Heldsieck）。

3）强化葡萄酒。此类酒在酿造过程中加入白兰地，使酒度达到17～21度。包括波特酒、雪利酒等。

①波特酒（Port）。此酒以葡萄牙生产的最有名。波特酒大多为红葡萄酒，也有少量干白波特酒。波特酒根据生产工艺的不同，有陈酿波特、酒垢波特、宝石红波特和茶色波特。干白波特酒适宜作开胃酒品，而茶色波特酒则宜在食用奶酪时饮用。主要的品牌有：克罗夫特（Croft）、圣地门（San‐deman）、泰勒（Taylor's）。

②雪利酒（Sherry）。产于西班牙的加的斯，以当地所产葡萄酒勾兑白兰地酒制成，陈酿时间长达 15 年左右。该酒分为两大类，一类呈淡黄色而明亮，给人以清新之感；另一类呈金黄棕红色，透明度极好，香气浓郁扑鼻，具有典型的核桃仁香味，越陈越香。主要的品牌有天杯雪利酒（Tio – pepe）、潘马丁雪利酒（Pemartin）、圣地门雪利酒（Sandeman）。

4）加味葡萄酒。这类酒一般是在葡萄酒中添加香草、果实、蜂蜜等，有的则添加烈酒。比较有代表性的加味葡萄酒是味美思酒，这类酒严格说来也不是纯粹的葡萄酒。

味美思酒是以白葡萄酒为主要成分，加上近 30 种各种各样的香料配制而成。生产味美思的配方从来都是保密的。味美思酒分四类，即干味美思、白味美思、红味美思和都灵味美思。味美思酒在西餐中是作为餐前开胃酒来饮用的。味美思的著名产地是意大利和法国。主要的品牌有意大利马蒂尼味美思（Martini Vermouth）、意大利仙山露味美思（Cinzano）、意大利干霞味美思（Goncia）、法国诺丽·普拉味美思（Noilly Part）。

（2）啤酒。这是人类最古老的酒精饮料，是排在水和茶之后世界上消耗量排名第三的饮料。啤酒以大麦芽、酒花、水为主要原料，经酵母发酵作用酿制而成的饱含二氧化碳的低酒精度酒。

啤酒的最早历史可追溯到公元前 1 万年前的新石器时代的美索不达比亚。出土于伊朗西部的扎格洛斯山脉的戈丁山丘一带的历史文献显示，公元前3100 ～公元前 3500 年的苏美尔人的作品就有提及啤酒。其中，1974 年出土于叙利亚埃伯拉地区的文物，记载着"给女神林卡西的圣歌"这篇给美索不达米亚平原的啤酒女神的史诗。史诗里记载了公元前 2500 年该城市（埃伯拉）生产过很多种类的啤酒，包括其中被命名为"埃伯拉"的。

公元前 3000 年，日耳曼人及凯尔特人部落将啤酒传播到整个欧洲，当时主要是家庭作坊酿造。早期的欧洲啤酒中可能加入了包括水果、蜂蜜、各种植物、香料及其他的物质，如有麻醉成分的草等物质，但这些添加剂中并不包含酒花。酒花作为添加剂第一次被提及是在公元 822 年前后一个卡洛林王朝的男修道院长的著作；公元 1067 年，现在的德国宾根市的一个女修道院长再次提及。

现在国际上的啤酒大部分均添加辅助原料。有的国家规定辅助原料的用量总计不超过麦芽用量的 50%。在德国，除出口啤酒外，德国国内销售啤酒一概不使用辅助原料。2009 年，亚洲的啤酒产量约 5867 万升，首次超越欧洲，成为全球最大的啤酒生产地。

中外饮食文化

（3）日本清酒。这是以米、米曲和水发酵而成的一种的传统酒类，在日本又称为日本酒或是直称为酒。酒精浓度平均在 15％ 左右。"清酒"就是米酒的意思，在中国称之为"醪糟"，这种酿造法是在晋代由中国传入日本的。

日本清酒对其原料——大米和水的要求非常高，两者直接决定清酒的品质，一般而言，最理想的酿酒米必须符合米粒大、蛋白质脂肪少、米心大、吸水率好等条件。而水质则是以天然矿泉水为佳。

日本清酒的制作工艺十分考究。精选的大米要经过磨皮，使大米精白，浸渍时吸收水分快，而且容易蒸熟；发酵时又分成前、后发酵两个阶段；杀菌处理在装瓶前、后各进行一次，以确保酒的保质期；勾兑酒液时注重规格和标准。如"松竹梅"清酒的质量标准是：酒精含量 18％，含糖量 35 克/升，含酸量 0.3 克/升以下。

清酒虽然借鉴了中国黄酒的酿造法，但却有别于中国的黄酒。该酒色泽呈淡黄色或无色，清亮透明，芳香宜人，口味纯正，绵柔爽口，其酸、甜、苦、涩、辣诸味谐调，酒精含量在 15％ 以上，含多种氨基酸、维生素，是营养丰富的饮料酒。

日本清酒的品牌很多，仅日本《铭酒事典》中介绍的就有 400 余种，命名方法各异。有的用一年四季的花木和鸟兽及自然风光等命名，如白藤、鹤仙等；有的以地名或名胜定名，如富士、秋田锦等；也有以清酒的原料、酿造方法或酒的口味取名的，如本格辣口、大吟酿、纯米酒之类；还有以各类誉词作酒名的，如福禄寿、国之誉、长者盛等。最常见的品牌有月桂冠、樱正宗、大关、白鹰、贺茂鹤、白牡丹、千福、日本盛、松竹梅及秀兰等。

◎ **3. 配制酒**

配制酒也称混配酒，用蒸馏酒或酿造酒作为主酒加上其他材料制成。前面介绍的强化葡萄酒和加味葡萄酒，也可以算作是配制酒。配制酒可以分成三类，即开胃酒、甜食酒和利口酒。

（1）开胃酒。能够作为开胃酒的酒品很多，如香槟酒、威士忌、金酒、伏特加以及某些品种的葡萄酒和果酒。这里主要介绍以食用酒精为主酒的开胃酒。

1）茴香酒。这是用茴香油与食用酒精或蒸馏酒配制的酒。茴香油中含有大量的苦艾素，浓度 45％ 的酒精可以溶解茴香油。茴香酒有无色和有色之分，酒液光泽较好，茴香味浓郁，口感不同寻常，味重而有刺激，酒度在 25 度左右。茴香酒以法国酿造的较为有名，主要的品牌有里卡尔（Ricard）染色、培诺（Perhod）茴香色、白羊倍（Berger Blanc）。

2）比特酒。此酒从古药酒演变而来，有滋补作用。其品种很多，有清香型、浓香型，颜色有深有浅，还有不含酒精的比特酒。比特酒类的共同特点是有苦味和药味。配制比特酒的主酒是葡萄酒和食用酒精，用于调味的原料是带苦味的花卉和植物的茎、根、皮等。酒度在 16～40 度。著名的比特酒产于法国、意大利等国，主要的品牌有意大利康巴利（Campari）、法国杜宝奶（Dubonnet）、意大利西娜尔（Cynar）、法国苦·波功（Amer Picon）、法国安格斯特拉（Angostura）。

（2）甜食酒。一般是西餐在用甜食时饮用的酒品。其主要特点是口味甜。甜食酒与利口酒的区别是，甜食酒大多以葡萄酒为主酒，利口酒则是以蒸馏酒为主酒。著名的甜食酒大多产于欧洲南部，主要的品牌有波特酒、雪利酒。此外，还有产于大西洋中马德拉岛的马德拉酒。

马德拉酒是用当地产的葡萄酒和蒸馏酒为基酒勾兑而成。酒色从淡琥珀色到暗红褐红，味型从干型到甜型。它既是世界上优质的甜食酒，又是上好的开胃酒。

（3）利口酒（餐后甜酒）。这是一种以食用酒精和其他蒸馏酒为主酒、配以各种调香材料、并经过甜化处理的含酒精饮料，多在西餐餐后饮用，能起到帮助消化的作用。利口酒按照配制时所用的调香材料，可以分为果实利口酒、药草利口酒和种子利口酒 3 种，酒度在 30～40 度。著名的酒品产于法国和意大利。主要的品牌有意大利杏红利口酒（Amaretto）、法国茴香利口酒（Anisette）、法国修道院酒（Chartreuse）、法国本尼狄克丁酒（Benedictine）、君度酒（Cointreau）、金标利口酒（Drambuie）、荷兰蛋黄酒（Advocaat）。

三、各国酒俗琐谈

在英国，有许多很有趣的饮酒习俗，如禁酒令的实行是分区管制的，牛津街有一段的酒吧，是在 22 时 30 分停止营业，但在另一段则在 23 时才禁止喝酒。因此，在英国的酒客们知道以泰晤士河畔为界线划分，故常有在某个地方喝，如果时间到了，再到别的地方继续喝的雅兴。

在澳大地亚，只有在 18 时后才准喝酒。如果在冬天，则要向后延迟 1 小时，至于新年及节日，饮酒的时间要到 23 时才能开始。

在加拿大，因地方的不同而有不同的规定，如魁北克进餐时饮酒是被允许的，但在多伦多，则除在鸡尾酒会之外，其他场合一律禁止进餐时饮酒。

在美国的俄克拉荷马州与密西西比州，只准人们喝无甜味的酒。

在瑞典，男子每月只准喝 3 公斤酒。

保加利亚、匈牙利与罗马尼亚于选举时间会有个短暂的酒禁，之所以有如此措施，乃为防止选民因酒醉而滋事。

在法国，饮酒通常不受限制，所以在周末或深夜，你可以见到醉鬼歪七倒八地躺在路边。有些人的饮酒时间每天长达 19 小时。

阿拉伯国家在 3000 年前就已获得酿酒之道，但是他们现在如要喝酒，除了到地下酒吧之外，别无他法可以过过酒瘾。

在印度，喝酒只能在酒市始准一尝"杯中物"。

在德国，有许多地方只许居民喝啤酒，其他烈酒均在禁止之列。

第三节　饮酒与养生

古人对饮酒与养生保健的关系早就有所认识。《诗经·豳风》中便载有"为此春酒，以介眉寿"、"称彼兕觥，万寿无疆"的诗句。上句的意思是说用酒帮助长寿，下句的意思是说举觥敬酒祝长寿，都把酒和长寿联系到了一起。

古人饮酒养生的经验，可以概括为以下几点：

一、常饮质量好、度数低的酒

古人对酒的品质十分讲究。早在周代，酒便有了《五齐》、《三酒》之分。《周礼·天官冢宰》记载："辨五齐之名：一曰泛齐，二曰醴齐，三曰盎齐，四曰醍齐，五曰沈齐。""辨三酒之物：一曰事酒，二曰昔酒，三曰清酒。"五齐是按酒的清浊及味的厚薄分为五等，三酒是依据酒的酿造时间和长短而划分的。《吕氏春秋》说："圣人察阴阳之宜，辨万物之利以便生，故精神安乎形，而年寿得长焉。长也者，非短而续之也，毕其数也。毕数之务，在乎去害。何谓去害？大甘、大酸、大苦、大辛、大咸，五者充形则生害矣……凡养生，莫若知本……凡食，无（勿）强厚味，无（勿）以烈味重酒。"认为不应该饮用那些度数高而质量低的烈性酒，而应该适量饮用一点味淡、质量好的酒，此观点深为后世注重养生的人所重视。

那么究竟什么样的酒算是好酒呢？清代顾仲在《养心录》中有过一段精辟的论述：

"酒以陈者为上，愈陈愈妙。暴酒（指仓促酿成的酒）切不可饮，饮必伤人。此为第一。酒戒酸，戒独，戒生，戒狠暴，戒冷；务清，务洁，务中和之气。或谓余论酒太严矣。然则当以何者为至？曰：不苦，不甜，不咸，不酸，不辣，是为真正的好酒。又问何以不言戒淡也？曰：淡则非酒，不在戒例。又问何以不言戒甜也？曰：昔人有云，清烈为上，苦次之，酸次之，臭又次之，甜斯下矣。夫酸臭岂可饮哉？而甜又在下，不必列戒例。又曰：必取五味无一可名者（即苦、酸、辣、甜、咸五味中任何一种味道都不突出一饮），是酒之难也……盖苦、甜、咸、酸、辣者必不能陈也。如能陈即变而为好酒矣。是故陈之一字，可以作酒之姓矣。"

由于条件所限，古人虽然无法准确地测定出酒中所含的各种成分，但他们在长期的生活实践中所得出的经验却是非常具有科学性的。根据现代科学测定，酒液中酒精含量越高，有害成分也就越高。如蒸馏酒和发酵酒比较，有害成分主要存在于蒸馏酒中，而发酵酒中相对较少。高度的蒸馏酒中除含有较高的乙醇外，还含有杂醇油（包括异戊醇、戊醇、异丁醇、丙醇等）、醛类（包括甲醛、乙醛、糖醛等）、甲醇、氢氧酸、铅、黄曲霉毒素等多种有害成分。人长期或过量饮用这种有害成分含量高的低质酒，就会中毒。轻者会出现头晕、头痛、胃病、咳嗽、胸痛、恶心、呕吐、视力模糊等症状，严重的则会出现呼吸困难、昏迷甚至死亡。而低度的发酵酒、配制酒，如黄酒、果露酒、药酒、奶酒等，有害成分极少，却富含糖、有机酸、氨基酸、甘酒、糊精、维生素等多种营养成分。

古人认为质量较高，有利于延年益寿的酒主要有黄酒、葡萄酒、桂花酒、菊花酒、椒酒等，后来发展到白酒及以白酒为原料的各种药酒。

发酵而成的黄酒是中国最古老的酒之一。黄酒含有丰富的氨基酸、多种糖类、有机酸、维生素等，发热量较高，自古至今一直被视为养生健身的"仙酒"、"珍浆"，深受人们喜爱。这也是绍兴黄酒从春秋战国至今一直盛行不衰，甚至成为宫廷和国宴用酒的重要原因。

葡萄酒含有比较多的糖分和矿物质以及多种氨基酸、柠檬酸、维生素等营养成分，也是古人喜爱的一种养生酒。三国时的魏文帝曹丕曾经盛赞它"甘于曲蘖，善醉而易醒。道之固以流涎咽唾，况亲食之耶！"唐太宗李世民不仅十分喜爱饮用，而且还亲自督造。大臣魏征擅长酿制葡萄酒，他曾亲自写诗称赞他酿制的葡萄酒"千日醉不醒，十年味不败"。《新修本草》已将葡萄酒列为补酒，认为它有"暖腰肾、驻颜色、耐寒"的功效。元朝忽思慧在《饮膳正要》中称它有"益气调中，耐饥强志"的作用。李时珍也说葡萄酒有"驻

颜色、耐寒"的作用。明代高濂在《遵生八笺》中也将它列为"养生酒"。

桂花酒早在春秋战国时就已为古人所饮用。屈原在《九歌》中说："蕙肴蒸兮兰藉，奠桂酒兮椒浆。"这种祭祀仪式上所用的桂酒，就是用桂花酿制的桂花酒，古代也叫桂醑、桂花醋、桂浆等。古人认为桂为百药之长，所以用桂花酿制的酒能"饮之嘉千岁"。《四民月令》载，汉代桂花酒是人们敬神祭祖的佳品，祭祀完毕，晚辈向长辈敬此酒，长辈们饮此酒后便会长寿。除此而外，桂花酒还是人们宴宾待客的上品。《汉书·礼乐志》说："尊桂酒，宾八乡。"不少封建帝王还将桂花酒作为礼品赏赐给大臣。历代文人士大夫对桂花酒也赞不绝口，白居易曾用"线惠不香饶桂酒，红樱无色浪花细"的诗句来赞美桂花酒。宋代苏轼更作有《桂酒颂》，可见古人对桂花酒的珍爱。

早在春秋战国时期，古人已了解了菊花的药用和食用价值。魏文帝曹丕认为菊花"辅体延年，莫斯之贵"。苏轼也认为菊花的花、叶、根"皆长生药也"。汉代，人们已用菊花酿酒。东晋葛洪的《西京杂记》载："菊花舒时，并采茎叶，杂黍米酿之，至来年九月九日始熟，就饮焉，故谓之菊花酒。"古人认为菊花是经霜不凋之花，所以菊花酒可以抗衰老。《本草纲目》等医书说菊花有去风、明目、平肝、清热等功效，对老年人的听觉、视觉尤其有益。所以古代菊花酒备受青睐，是重阳节的必备佳品。

此外，椒柏酒、菖蒲酒、枸杞子酒、莲花酒、人参酒、茯苓酒等滋补酒，也均是养生益寿的好酒。节制饮酒，一向是古人极为重视的养生之道。他们认为饮酒的目的在于"借物以为养"，而不能"身为物所役"，饮酒必须量力而行，适可而止。酒再好，如果不加以节制，也会损害身体的健康。鉴于独饮滥饮的害处，古人一直致力于用法律的手段来禁酒，用道德训诫来劝人们自觉节饮和戒酒。《易经》、《诗经》等儒家的经典里都有劝告人戒酒或节饮的箴规。战国时期的名医扁鹊说："久饮酒者溃髓蒸筋，伤神损寿。"唐代以嗜酒知名、自称"醉翁"的白居易，也说"佳肴与旨酒，信是腐肠膏"。苏轼也十分强调节饮的重要性。元代忽思慧《饮膳正要》云："饮酒过多，丧身之源。"贾铭在《饮食须知》中详细阐述了饮酒与养生的关系，他认为，人如果想要长寿，首先必须节制饮酒。他说："酒类甚多，其味有甘苦酸淡辛涩不一，其性皆热，有毒。多次助火生痰，昏神软体，损筋骨，伤脾胃，耗肺气，夭人寿。"清代梁同书在《说酒二百四十字》一书中罗列了纵酒的诸多害处，警示人们要节制饮酒。

现代科学已证实了古人的这些认识和说法是正确的。饮酒过量，不仅会使人的知觉、思维、情感、智能、行为等方面失去控制，飘飘然忘乎所以，还摧

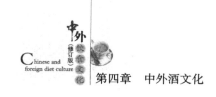

残人的肌体，导致营养障碍、精神失常、胃肠不适、肝脏损伤甚至引起心脏、癌症等多种病变和中毒身亡的严重后果。长期过量饮酒者的患病率极高，死亡率也大。如果一个人长期过量饮酒，他寿命便会缩短 10～12 年。

二、饮法得当

也许有人认为，饮酒是一件非常简单的事情。其实不然，饮酒实际上是一种境界颇高的艺术享受，有着许多学问。特别是在古代，人们不仅注重酒的质量和强调节制饮酒，而且还十分讲究饮酒的环境和方法，如什么时候能饮、什么时候不宜饮、在什么地方饮酒、饮什么酒、如何饮酒等，都有许多规矩和讲究。如关于饮酒的理想环境，吴彬就曾做过如下概括：

饮人：高雅、衰侠、直率、忘机、知己、故交、玉人、可儿。

饮地：花下、竹林、高间、画舫、幽馆、曲石间、平嘻、荷亭。另，春饮宜庭，夏饮宜郊，秋饮宜舟，冬饮宜室，夜饮宜月。

饮候：春效、花时、情秋、瓣绿、寸雾、积雪、新月、晚凉。

饮趣：清淡、妙今、联吟、焚香、传花、度曲、返棹、围炉。

饮禁：华诞、座宵、苦劝、争执、避酒、恶谑、唷秽、佯醉。

饮阑：散步、歌枕、踞石、分匏、垂钓、岸岸、煮泉、投壶（《檀几丛书全集》卷下吴彬《酒政三则》）。

具体而言，古人饮酒的经验和方法主要表现在：

◎ **1. 饮时心境要好**

古人认为，酒不能乱饮，只有在身体和情绪正常的情况下才能饮用。如果身体不适、过分忧愁或盛怒之时，就不能饮酒，否则会损害身体健康。清代徐珂在《情裨类钞》中谈到饮食卫生时说："于饮食而讲卫生，宜研究食时之方法，凡遇愤怒或夏郁时，皆不宜食，食之不能消化，易于成病，此人人所当切戒者也。"饮酒更应如此，按中医的理论说，人在发怒时，肝气上逆，面红耳赤，头痛头晕，如再饮酒，加上乙醇的作用，势如火上浇油，更易失控，以致造成不堪设想的后果。

古人为使饮酒时的情绪达到最佳状态，也摸索出了至今看来仍可仿效的办法：

（1）选择合适的时间：如凉月好风，袂雨时雪；花开满庭，新酿初熟；旧地故友，久别重逢时饮酒，可达到宾主相欢的愿望；而在日灸风燥，渡阴恶雨；近暮思归，心情烦躁，不速客至，而有他期之时，则不宜饮酒。

（2）选择合适的场合：无论在花前月下、泛舟中流的露天场合，还是在宅舍酒楼，只要使人感到幽雅、舒畅，便是饮酒的最佳场合。

古人有"山饮"、"水饮"、"郊饮"、"野炊"之习，颇喜在游览观光中饮酒。因此，他们饮酒的处所，往往不在大雅之堂，不在闹市之肆，而在山峦之巅、溪水之畔，或在郊野之中，翠微之内。周穆王畅饮于昆仑瑶池，无为子独酌于莲花峰上，何点致醉于钟山之阿，桓温置酒于龙山之顶、客于舟中，李白"长歌吟松风"，杜牧"与客把酒上翠微"，等等。置身于这秀丽的山光水色之中，呼吸着新鲜空气，会使人赏心悦目，心旷神怡，饮兴自然倍增。襄阳的"好风日"、石鱼湖的"大浪"，使得唐代诗人王维和元结浮想联翩，发出了"留醉与山翁"、"持长瓢坐巴丘，酌饮四座以散愁"的欢声；江上的清风、山间的明月，更使宋代文人苏轼赤壁江中畅饮竟夕，写下了千古流芳的《赤壁赋》；李白也用"路上齐桡乐，湖心泛月归。白鸥闲不去，争拂酒筵飞"的诗句描述了在湖光山色、白鸥拂筵翻飞的令人陶醉的意境中饮酒的欢乐。其情趣确实是在高堂明烛下所难以领略的。

（3）聚饮：明末清初人张潮在为其友所作的《酒社刍言》中，就提到了友人聚饮的好处："盖知己会聚，形骸礼法，一切都忘。惟有纵横往复，大可畅叙情怀。"徐珂也认为："食时宜与家人或相契之友，同案而食，笑语温和，随意谈话。言者发舒其意旨，听者舒畅其胸襟，心中喜悦，消化力自能增加，最合卫生之旨。试思人当谈论快适暗，饮食增加，有出于不自觉者。当愤怒或愁苦时，有撰当前，孑食自鲍。其中之理，可以深长思焉。"聚食、聚饮对一般人尚且有如此好处，对老年人来说就更为重要了。老人最忌寂寞。现代的文化生活比较丰富，老人们可以参加各种文体活动以达到娱乐、养生的目的。古代就不同，古人除了儿孙绕膝之外，大多喜欢与友人相聚饮酒以为乐。其实他们聚饮的目的并不在于吃喝，而主要在于活动筋骨、舒畅身心。据史籍记载，西汉宣帝时前，太傅疏广、少傅疏受告老离职后，便不惜金银，经常"卖金买酒与故旧欢"。唐代诗人白居易自号"香山居士"，极喜以酒会友，在他 70 岁那年，他还邀约了胡杲、吉玫、郑据、刘贞、李元爽、张浑、禅僧如满、卢贞（原河南尹）8 位老人，宴集于洛阳，聚会欢饮，一时成为美谈，后人称其为"九老会"。南宋的史浩，八十大寿时，也曾"置酒高会"，与他 84 岁的姐姐和六七十岁的弟弟们欢聚一堂，极盛一时。这种老龄聚饮之风一直延续到清代。康熙三十三年（公元 1694 年）三月三日，12 位老人：钱陆灿、孙旸、盛符升、徐乾学、徐秉义、尤侗、何棒、黄与坚、王日藻、许赞曾、周金德、秦松龄又聚饮于遂园。12 人的年龄总共是 840 岁。为记此盛事，著名的宫廷画

家禹之鼎还特意绘制了一幅《逐园耆年楔饮图》。

◎ **2. 温酒而喝**

古人饮酒多温热了喝。商周时期出现的温酒器皿，便是有力的证明。酒为什么要温了喝呢？元人贾铭认为"凡饮酒宜温，不宜热"，但喝冷酒也不好，认为"饮冷酒成手战（即颤抖）。"明人陆容在《菽园杂记》中记载了自己的亲身感受和经历："尝闻一医者云：'酒不宜冷饮'颇忽之，谓其未知丹溪之论而云然耳。数年后，秋间病痢，致此医治之，云：'公莫非多饮凉酒乎？'予宣告以遵信丹溪之言，暑中常冷饮醇酒。医云：'丹溪知热酒之为害，而不知冷酒之害尤甚也！'予因其吉而恩之，热酒固能伤肺，然行气和血之功居多；冷酒于肺无伤，而胃性恶寒，多饮之，必致郎滞其气。而为亭饮，盖不冷不热，适其中和，斯无患害。"

这两种说法都是有道理的。因为酒中除乙醇外，还含有甲醇、杂醇油、糠醛、丁醛、戊醛、乙醛、铅等有害物质。甲醇对视力有害，10毫升甲醇就会导致眼睛失明，摄入量如果再多就会危及生命。但甲醇的沸点是64.7℃，比乙醇的沸点78.3℃低，用沸水或酒精火加热，它就会变成气体蒸发掉。乙醛是酒的辛辣气味的主要构成因素，过量吸入会出现头晕等醉酒现象，而它的沸点只有21℃，用稍热一点的水即可使之挥发。同时，在酒加热的过程中，酒精也会随之挥发一些。这样，酒中的有害成分也就减少许多，对人体的损害也就少些。当然，酒的温度也不能太高，酒过热饮用，一是伤身体，二是乙醇挥发太多，再好的酒也美味尽失了。

◎ **3. 饮必小咽**

现代许多人饮酒常讲究干杯，似乎一杯杯喝干饮尽方觉痛快，才显得豪爽。其实这样饮酒是极不科学的。正确的饮法应该是轻酌慢饮。《吕氏春秋》说："凡养生……饮必小咽，端直无戾。"《饮食绅言》中说：喝酒不宜太多太急，否则会损伤肠胃和肺。肺是心、肝、脾、肾、肺五脏中最重要的部分，好比帝王车子的车盖，特别不能损伤。清代朱彝尊在《食宪鸿秘》中也说："饮酒不宜气粗及速，粗速伤肺。肺为五脏华盖，尤不可伤。且粗速无品。"徐珂也认为："急盥非所宜"，吃饭、饮酒都应慢慢地来，这样才能品出味道，也有助于消化，不至于给脾胃造成过量的负担。《调鼎集》中更明确地说：酒"忌速饮流饮"。

◎ **4. 勿混饮**

元人贾铭在《饮食须知》中说："饮食藉以养生，而不知物性有相反相忌，丛然杂进，轻则五内不和，重则立兴祸患，是养生者亦未常不害生也。"

酒也是如此，各种不同的酒中除都含有乙醇外，还含有其他一些互不相同的成分，其中有些成分不宜混杂。多种酒混杂饮用会产生一些新的有害成分，使人感觉胃不舒服、头痛等。《清升录》曾劝诫人们："酒不可杂饮。饮之，虽善酒者亦醉，乃饮家所深。"并举一例说："宛叶书生胡适，冬至日延客，以诸家群遗之酒为具。席半，客恐，私相告诫，适疑而问之，一人曰：'某怩君家百氏浆。'"

另外，药酒也不宜用作饮宴用酒。药酒中一般含有多种中草药成分，如作饮宴用酒，某些药物成分可能和食物中的一些成分发生反应，令人不适。

◎ **5. 空腹勿饮**

中国有句古语叫"空腹盛怒，切勿饮酒"，古人认为饮酒必佐佳肴。孙思邈《千金食治》中也提醒人们一定不可空腹饮酒。因为酒进入人体后，乙醇是靠肝脏分解的。肝脏在分解过程中又需要各种维生素来维持辅助，如果此时胃肠中空无食物，乙醇最易被迅速吸收，造成肌理失调、肝脏受损。因此，饮酒时应佐以营养价值比较高的菜肴、水果，这也是饮酒养生的一个窍门。当然，饮食后也不宜饮酒。

◎ **6. 勿强饮**

饮酒时不能强逼硬劝别人，自己也不能赌气争胜，不能喝硬要往自己的肚里灌。张潮在黄周星的《酒社刍言》小引中说："饮酒之人，有三种，其善饮者不待劝，其绝饮者不能劝。惟有一种能饮而故不饮者宜用劝，然能饮而故不饮，彼先已自欺矣，吾亦何为劝之哉。故愚谓不问作主作客，惟当率喜称量而饮，人我皆不须劝。"清代阮葵生所著《茶余客话》引陈畿亭的话说："饮宴苦劝人醉，苟非不仁，即是客气，不然，亦蠹俗也。君子饮酒，率真量情；文士儒雅，概有斯致。夫唯市井仆役，以逼为恭敬，以虐为慷慨，以大醉为欢乐。"人们酒量各异，对酒的承受力不一，作为主人在款待客人时，既要热情，又要诚恳；既要热闹，又要理智。切勿强人所难，执意劝饮。

◎ **7. 酒后少饮茶**

自古以来，不少饮酒之人常常喜欢酒后喝茶，他们一般认为喝茶可以解酒。其实不然，酒后喝茶对身体极为有害。李时珍说："酒后饮茶，伤肾脏，腰脚重坠，膀胱冷痛，兼患痰饮水肿、消渴挛痛之疾。"朱彝尊也说："酒后渴，不可饮水及多啜茶。茶性寒，随酒引入肾脏，为停毒之水。今腰脚重坠、膀胱冷痛，为水肿、消渴、挛。"现代科学已证实了他们所说的酒后饮茶对肾脏的损害。据古人的养生之道，酒后宜以水果解酒或以甘蔗与白萝卜熬汤解酒。

思考题

1. 试述黄酒的起源和发展。

2. 试述中国古代的酒器。

3. 试述中国古代的酒德和酒礼，并结合实际生活谈谈应如何弘扬其中的优良传统。

4. 饮酒和养生有什么关系？

第五章 | 中外茶文化

第一节　中国茶文化

茶文化是以茶为载体，并通过这个载体来传播各种文化，是茶与文化的有机融合，这包含和体现一定时期的物质文明和精神文明。茶文化是茶艺与精神的结合，并通过茶艺表现精神。其兴于中国唐代，盛于宋、明代，衰于清代。中国茶道的主要内容讲究五境之美，即茶叶、茶水、火候、茶具、环境。

一、茶的起源及传播

◎ 1. 茶的起源

根据找到的大量实物证据和文史资料显示，世界上其他地方饮茶的习惯都是从中国传过去的。所以人们普遍认同饮茶就是中国人首创的，世界上其他地方的饮茶习惯、种植茶叶的习惯都是直接或间接地从中国传过去的。根据考古发现，中国是饮茶的真正发源地。中国有野生大茶树，而且年代更为久远。在浙江余姚田螺山遗址就出土了6000年前的古茶树，现在中国的野生大茶树集中在云南等地，其中也包含了甘肃、湖南的个别地区。茶树是一种很古老的双子叶植物，与人们的生活密切相关。关于茶树的起源，有这样几种说法：

西南说："我国西南部是茶树的原产地和茶叶发源地。"这一说法所指的范围很大，正确性较高。

四川说：顾炎武《日知录》："自秦人取蜀以后，始有茗饮之事。"言下之意，秦人入蜀前，今四川一带已知饮茶。其实四川就在西南，四川说成立，那么西南说就成立了。四川说比西南说精确一些，但是正确的风险性会大些。

云南说：认为云南的西双版纳一代是茶树的发源地，这一带是植物的王

国，有原生的茶树种类存在完全是可能的，但是这一说法具有“人文”方面的风险，因为茶树是可以原生的，而茶则是活化劳动的成果。

川东鄂西说：唐代陆羽的《茶经》写道：“其巴山峡川，有两人合抱者。”巴山峡川即今川东鄂西。该地有如此出众的茶树，是否就有人将其利用成为了茶叶，没有见到证据。

江浙说：有人提出茶始于以河姆渡文化为代表的古越族文化，江浙一带目前是我国茶叶行业最为发达的地区。

◎ 2. 饮茶的发源时间

中国饮茶起源众说纷纭，追溯中国人饮茶的起源，有的认为起源于上古神农氏，有的认为起于周，起于秦汉、三国的说法也都有。造成众说纷纭的主要原因是因唐代以前“茶”字的正体字为“荼”，唐代《茶经》的作者陆羽，在文中将“荼”字减一画而写成“茶”，因此有人说茶起源于唐代。但实际上这只是文字的简化，而且在汉代就已经有人用茶字了。陆羽只是把先人饮茶的历史和文化进行总结，茶的历史要早于唐代很多年。

（1）神农说。唐代陆羽的《茶经》中提到“茶之为饮，发乎神农氏”。在中国的文化发展史上，往往是把一切与农业、与植物相关的事物起源最终都归结于神农氏。而中国饮茶起源于神农的说法也因民间传说而衍生出不同的观点。有人认为茶是神农在野外以釜锅煮水时，刚好有几片叶子飘进锅中，煮好的水，其色微黄，喝入口中生津止渴、提神醒脑，以神农尝百草的经验，判断它是一种药而发现的，这是有关中国饮茶起源最普遍的说法。另有说法则是从语音上加以附会，说是神农有个水晶肚子，由外观可得见食物在胃肠中蠕动的情形，当他尝茶时，发现茶在肚内到处流动，查来查去，把肠胃洗涤得干干净净，因此神农称这种植物为“查”，再转成“茶”字，而成为茶的起源。

（2）西周说。晋代常璩《华阳国志·巴志》：“周武王伐纣，实得巴蜀之师……茶蜜……皆纳贡之。”这一记载表明在周朝的武王伐纣时，巴国就已经以茶与其他珍贵产品纳贡与周武王了。《华阳国志》中还记载，那时就有了人工栽培的茶园了。

（3）秦汉说。现存最早较可靠的茶学资料是在汉代，以王褒撰的《僮约》为主要依据。此文撰于汉宣帝神爵三年（公元前 59 年）正月十五日，是在《茶经》之前茶学史上最重要的文献，其文内笔墨间说明了当时茶文化的发展状况，内容如下：“舍中有客，提壶行酤，汲水作哺，涤杯整案，园中拔蒜，斫苏切脯，筑肉臛芋，脍鱼炰鳖，烹茶尽具……转出旁蹉，牵牛贩鹅，武阳买茶……”

由文中可知，茶已成为当时社会饮食的一环，且为待客以礼的珍稀之物，由此可知茶在当时社会地位的重要。1972 年，长沙马王堆西汉古墓中，发现陪葬清册中有"槚一笥"的竹简文，经查证"槚一笥"即"茶一箱"之意，箱中实物经切片分析亦证明是茶。由于可以断言湖南饮茶习俗可上述到公元前168 年。

◎ **3. 茶的传播**

茶传入朝鲜半岛。朝鲜半岛的新罗人因仰慕而到唐学习佛法，返回国内时将茶带回。唐太宗后期，新罗使节大廉由唐朝带回茶籽，种在智异山下的华严寺周围。

茶传入日本。茶由中国传入日本最早可能开始于隋文帝开皇年间（公元581～600 年），因为当时有日本僧人正在南方寺院中学法，而这时饮茶在中国已经成为习俗，所以很有可能是在这一时期传入日本的。最早见于史料记载的是在唐德宗贞元到唐顺宗永贞年间（公元785～805 年），空海和最澄两位高僧携带茶和茶籽去日本推广引种。对于将茶与茶事传入日本做出重要贡献的，则属宋朝来华的禅师荣西。荣西在中国学茶，亲身体验了宋代的茶艺和饮茶的效用，回国的时候，他一路点播茶籽，后来又将茶籽送给明惠上人，渐渐地使茶更广泛地种植，荣西因此被尊为"日本的茶祖"。

茶叶向东南亚其他国家地区的传播，一方面是由华侨引入的，另一方面，"海上丝绸之路"也是一条重要的途径。宋元时期，茶叶由泉州向东南亚传播。15 世纪，郑和下西洋也带去了陶瓷、中药材和茶叶。

茶叶向欧洲的传播是通过"丝绸之路"以及其他一些途径。马可·波罗（公元1254～1324 年）在他的游记中曾记载一个中国财政大臣因为滥收茶税而被罢官的故事。1557 年，葡萄牙在中国澳门建立西方第一个殖民地。关于中国茶的详细记载开始在西方出现。西方最早记述茶叶的书籍是 1559 年威尼斯人拉莫修写的《航海记》。在这本书中，拉莫修引用阿拉伯人哈兹·穆罕默德有关中国茶叶的记述。16 世纪进入中国的西方传教士根据自身经历将中国饮茶习俗做了比较详细的介绍。

但是葡萄牙人没有大批进口贩卖中国茶叶。17 世纪初，荷兰首先将中国茶叶输入欧洲。1607 年，荷兰从澳门运茶至印度尼西亚万丹，1610 年开始经万丹转口中国茶到荷兰。

俄罗斯沙皇米哈伊尔一世于 1638 年收到其使者从蒙古阿勒坦汗朝廷带回的礼物，其中就有茶叶。也有一种推测，13 世纪蒙古西征欧洲，曾把茶砖带进俄罗斯地区。

美国与茶也有不解之缘。美国还是英国殖民地的时候，英国人为了从茶叶贸易中获取暴利，在美国大肆推广饮茶，直到波士顿毁茶事件爆发。美国独立战争胜利以后，1784年2月，美国人开始从中国广州运茶回国贩卖。

二、茶文化特性及茶的分类

◎ 1. 茶文化的特性

（1）历史悠久，一脉相承。中国饮茶文化起源于上古时期，经过几千年的发展，形成了自己独特的文化。我国是茶树的原产地，茶树最早出现于我国西南部的云贵高原、西双版纳地区，饮茶、种茶、制茶都起源于中国。《神农本草经》是我国第一部药学专著。这部书以传说的形式，收集自远古以来劳动人民长期积累的药物知识。其中有这样的记载："神农尝百草，日遇七十二毒，得茶而解之。"据考证：这里的茶是指古代的茶，这虽然是传说，带有明显的夸张成分，但也可从中得知，人类利用茶叶可能是从药用开始的。

茶以文化的面貌出现，是在汉魏两晋南北朝时期。最早可以追溯到汉代王褒的《僮约》一书中的文献记载。汉朝文人倡导饮茶的举动，为茶进入文化领域首开先河。如司马相如曾作《凡将篇》，杨雄曾做《方言》，一位从药用，一位从文学角度都谈到茶。而到南北朝时期，文化、思想领域都与茶有着密切的关系。在政治家看来，茶是提倡廉洁、对抗奢侈之风的工具；在文人眼中，茶是引发诗兴，保持恬静淡泊心态的手段；而佛家则认为，茶是禅定入静的必备之物。及至唐朝，泱泱大国，四方来拜，长安成为当时的政治、文化中心，茶文化正式形成。陆羽的《茶经》奠定了中国茶文化的理论基础。宋代以降，茶文化不但在僧人、道士、文人之间形成为主，而且出现了宫廷茶文化、市井茶文化，民间斗茶之风兴起。宋代的著名文人同时也是著名的茶人，这也就加快了茶与相关艺术的融合。元代时，茶艺简约化，并且与自然相融合，人们以茶来表现自己的气节。茶文化在形成和发展中，融化了儒家思想、道家和释家的哲学色泽，并演变为各民族的礼俗，成为优秀传统文化的组成部分和独具特色的一种文化模式。

（2）历久弥新，内涵延伸。茶文化从古至今，内涵不断丰富、扩大和延伸，其并没有因为时代的发展和进步而变得陈腐不堪。到了今天，随着物质文明和精神文明建设的发展，茶文化更有了新的内涵和活力，在这一新时期，茶文化内涵及表现形式正在不断扩大、延伸、创新和发展。伴随着现代科学技术的发展，现代媒体传播的进步和市场经济的不断拓展，新时期文化价值功能更

加显著，对现代化社会的作用也进一步增强。新时期茶文化传播方式呈大型化、现代化、社会化和国际化趋势。其内涵迅速膨胀，影响扩大，为世人瞩目。

茶文化之所以能够与现代生活很好地结合在一起，科学技术的发展与进步、市场经济的拓展固然是其原因之一，但是依然有其根本原因和社会背景。

1）茶是上层精英文化与基层民间文化沟通的纽带和桥梁。无论是凡夫俗子还是天之骄子，茶都可以成为其生活中不可或缺的一种饮品，不存在茶是粗鄙之物或者是阳春白雪之说。

2）茶是调节紧张生活的润滑剂，是改善人际关系的调节阀。现代社会，人们生活节奏加快，人与人之间的关系变得疏远和淡漠。而忙里偷闲，泡一杯清茶，让自己的大脑得以休息。同样以茶待友，客来敬茶，无疑具有亲和力和感染力。

3）茶是通向诗意生活的重要媒介。现代社会，科技越来越发达，人们和诗意的自然也就越来越隔膜。而无论哪种茶，都可以增加几抹自然色，平添几分诗意，给人以美好的想象。

（3）民族性强，各有特色。各民族酷爱饮茶，茶与民族文化生活相结合，形成各自民族特色的茶礼、茶艺、饮茶习俗及喜庆婚礼，以民族茶饮方式为基础，经艺术加工和锤炼而形成的各民族茶艺，更富有生活性和文化性，表现出饮茶的多样性和丰富多彩的生活情趣。藏族、土家族、佤族、拉祜族、纳西族、哈萨克族、锡伯族、保安族、阿昌族、布朗族、德昂族、基诺族、撒拉族、白族、肯米族和裕固族等茶与喜庆婚礼，也充分展示茶文化的民族性。

（4）地域差异，丰富多彩。名茶、名山、名水、名人、名胜孕育出各具特色的地域茶文化。我国地域广阔，茶类花色繁多，饮茶习俗各异，加之各地历史、文化、生活及经济差异，形成各具地方特色的茶文化。在经济、文化中心的大城市，以其独特的自身优势和丰富的内涵，也形成独具特色的都市茶文化。上海自1994年起，已连续举办21届国际茶文化节，显示出都市茶文化的特点与魅力。

（5）放眼国际，根在中国。古老的中国传统茶文化同各国的历史、文化、经济及人文相结合，演变成英国茶文化、日本茶文化、韩国茶文化、俄罗斯茶文化及摩洛哥茶文化等。中国茶文化是各国茶文化的摇篮。在英国，饮茶成为生活的一部分，是英国人表现绅士风格的一种礼仪，也是英国女王生活中必不可少的程序和重大社会活动中必需的议程。日本茶道源于中国，具有浓郁的日本民族风情，并形成独特的茶道体系、流派和礼仪。韩国人认为茶文化是韩国

第五章　中外茶文化

民族文化的根，每年 5 月 24 日为全国茶日。综上可知，茶人不分国界、种族和信仰，茶文化可以把全世界茶人联合起来，切磋茶艺，学术交流和经贸洽谈。

◎ **2. 茶的分类**

茶叶分类的基本原则是以品质特征作为主要依据，色、香、味、形相同或者相似的茶叶归为一类。同时必须注意，在影响茶叶品质形成的众多因素中，加工工艺当然是最直接也是最主要的，任何茶叶产品，只有是以同一种工艺加工，就应当具备相同或者相似的基本品质特征。按照上述思路，可以将茶叶分为两大类。凡是采用了常规的加工工艺，茶叶产品的色、香、味、形符合传统质量规范，称为基本茶类，如普通的绿茶、红茶、乌龙茶等。以基本茶类为原料做进一步的加工处理，导致茶叶的基本性状质量发生改变的，称为再加工茶类，如药茶、花茶、紧压茶、液体茶、速溶茶等，这些茶叶或者是品质性状发生了根本改变，或者是茶叶产品的形态、功用、饮用方法发生了改变。

（1）基本茶类。

1）绿茶。这是我国产量最多的一类茶叶，全国 18 个产茶省（区）都生产绿茶。其花色品种之多居世界首位，是我国最主要的出口茶类，每年出口数万吨，占世界茶叶市场绿茶贸易量的 80% 左右。绿茶具有香高、味醇、形美、耐冲泡等特点。其制作工艺都经过杀青—揉捻—干燥的过程。由于加工时干燥的方法不同，绿茶又可分为炒青、烘青、蒸青和晒青。炒青绿茶在干燥的过程中，由于受力作用的不同，形成了长条形、圆珠形、针形、螺旋形等不同的性状，所以又可以称为眉茶、珠茶等。烘青绿茶外形挺拔秀丽，色泽绿润，冲泡后汤色青绿、香味新鲜醇厚。蒸青绿茶具有三绿特征，也就是干茶深绿色、茶汤黄绿色、叶底青绿色。大部分蒸青绿茶外形呈针状。晒青绿茶色泽呈现出墨绿色或者是深褐色，茶汤橙黄，有程度不同的日晒味道。我国传统绿茶——眉茶和珠茶，以香高、味醇、形美、耐冲泡，而深受国内外消费者的欢迎。绿茶是不经过发酵的茶，即将鲜叶经过摊晾后直接下到一二百度的热锅里炒制，以保持其绿色的特点。名贵品种有：龙井茶、碧螺春茶、黄山毛峰茶、庐山云雾、六安瓜片、蒙顶茶、太平猴魁茶、顾渚紫笋茶、信阳毛尖茶、平水珠茶、西山茶、雁荡毛峰茶、华顶云雾茶、涌溪火青茶、敬亭绿雪茶、峨眉峨蕊茶、都匀毛尖茶、恩施玉露茶、婺源茗眉茶、雨花茶、莫干黄芽茶、五山盖米茶、普陀佛茶、日照清茶、霄坑毛峰。

2）红茶。此名字得自其汤色红，最基本的特点是红汤、红叶，干茶色泽偏深，红中带有乌黑色。红茶与绿茶恰恰相反，是一种全发酵茶（发酵程度

167

大于80%）。与绿茶的区别在于加工方法不同。红茶加工时不经杀青，而且萎凋，使鲜叶失去一部分水分，再揉捻（揉搓、成条或切成颗粒），然后发酵，使所含的茶多酚氧化，变成红色的化合物。这种化合物一部分溶于水，一部分不溶于水，而积累在叶片中，从而形成红汤、红叶。红茶主要有小种红茶、功夫红茶和红碎茶三大类。19世纪80年代，我国生产的工夫红茶在国际市场上曾经占有统治地位。红碎茶是国际市场上销售量最大的茶类，占国际茶叶贸易总量的90%左右。我国在20世纪60年代以后开始试制红碎茶，其中云南、广东、广西和海南用大叶型品种生产的红碎茶品质较好。

3）青茶。又称乌龙茶，属半发酵茶，即制作时适当发酵，使叶片稍有红变，是介于绿茶与红茶之间的一种茶类。干茶色泽青褐，汤色黄红，有天然花香，滋味浓厚。乌龙茶在六大类茶中工艺最复杂、费时，泡法也最讲究，所以喝乌龙茶也被人称为喝功夫茶。它既有绿茶的鲜浓，又有红茶的甜醇。因其叶片中间为绿色，叶缘呈红色，故有"绿叶红镶边"之称。名贵品种有：武夷岩茶、铁观音、凤凰单枞、台湾乌龙茶等。

4）黄茶。此茶品质特征是色黄、汤黄、叶底黄，香味醇和。黄茶的制法有点像绿茶，不过中间需要焖黄三天；在制茶过程中，经过焖堆渥黄，因而形成黄叶、黄汤。分"黄芽茶"（包括湖南洞庭湖君山银芽、四川雅安、名山县的蒙顶黄芽、安徽霍山的霍内芽）、"黄小茶"（包括湖南岳阳的北港毛尖、湖南宁乡的沩山毛尖、浙江平阳的平阳黄汤、湖北远安的鹿苑）、"黄大茶"（包括广东的大叶青、安徽的霍山黄大茶）三类。著名的君山银针茶就属于黄茶，作为茶中珍品，君山银针产于湖南洞庭湖的一个岛上，茶的头部肥硕，白毫布满全身，色泽金黄，银光闪闪，被誉为"金镶玉"。

5）黑茶。此茶原料粗老，加工时堆积发酵时间比较长，使叶色呈暗褐色。黑茶可以直接饮用，也可以经过精制后制成砖茶，少数压成篓装茶。黑茶原来主要销往边区，是藏、蒙、维吾尔等民族不可缺少的日常必需品，名贵品种有湖南黑茶，湖北老青茶，广西六堡茶，四川的西路边茶、南路边茶，云南的紧茶、扁茶、方茶和圆茶等。著名的云南普洱茶就属于黑茶，古今中外享有盛名，被誉为"益寿茶"、"美容茶"。

6）白茶。此茶靠日晒制成，是我国的特产。白茶和黄茶的外形、香气和滋味都非常好。它加工时不炒不揉，只将细嫩、叶背满茸毛的茶叶晒干或用文火烘干，而使白色茸毛完整地保留下来。白茶毫香重，毫味显，汤色清淡，十分素雅。白茶主要产于福建的福鼎、政和、松溪和建阳等县，有"银针"、"白牡丹"、"贡眉"、"寿眉"几种。名贵品种有：白豪银针茶、白牡丹茶。

（2）再加工茶类。

1）药茶。将药物与茶叶配伍，制成药茶，以发挥和加强药物的功效，利于药物的溶解，增加香气，调和药味。药茶种类很多，功效也不尽相同，如益寿茶、八仙茶等有益于老年人保健；减肥茶帮助排除脂肪；富硒茶具有防癌的效用；天麻茶则具有清脑益寿的效用。

2）花茶。这是一种比较稀有的茶叶花色品种。它是用花香增加茶香的一种产品，在我国很受欢迎。它根据茶叶容易吸收异味的特点，用香花以窨料加工而成的。所用的花品种有茉莉花、桂花等，以茉莉花最多。一般是用绿茶做茶坯，少数也有用红茶或乌龙茶做茶坯的。生产花茶的主要省份有福建、广西、江苏、湖南、浙江、四川、广东以及我国的台湾省。花茶主要销往华北、东北等地区，以山东、北京、天津、成都销量最多。

三、中国名茶

中国茶叶历史悠久，各种各样的茶类品种犹如一朵朵奇葩争相斗艳。中国名茶就是在浩如烟海诸多花色品种茶叶中的珍品。同时，中国名茶在国际上享有很高的声誉。名茶的发展，对于茶文化的发展和提升起到了很好的推动作用。名茶有传统名茶和历史名茶之分。我国名茶种类繁多，这里仅介绍几种具有代表性的。

◎ 1. 杭州西湖龙井

龙井茶居中国名茶之冠，产于浙江省杭州市西湖周围的群山之中。多少年来，杭州不仅以美丽的西湖闻名于世界，也以西湖龙井茶誉满全球。相传乾隆皇帝巡视杭州时，曾在龙井茶区的天竺作诗一首，诗名为《观采茶作歌》。西湖龙井茶向以"狮（峰）、龙（井）、云（栖）、虎（跑）、梅（家坞）"排列品第，以西湖龙井茶为最。龙井茶外形挺直削尖、扁平俊秀、光滑匀齐、色泽绿中显黄。冲泡后，香气清高持久，香馥若兰；汤色杏绿，清澈明亮，叶底嫩绿，匀齐成朵，芽芽直立，栩栩如生，具有"色绿、像郁、味甘、形美"的四绝特征。品饮茶汤，沁人心脾，齿间流芳，回味无穷。

◎ 2. 洞庭碧螺春

碧螺春是中国著名绿茶之一，产于江苏省苏州太湖洞庭山。当地人称"吓煞人香"。碧螺春茶条索纤细，卷曲成螺，满披茸毛，色泽碧绿。冲泡后，味鲜生津，清香芬芳，汤绿水澈，叶底细匀嫩。尤其是高级碧螺春，可以先冲水后放茶，茶叶依然徐徐下沉，展叶放香，这是茶叶芽头壮实的表现，也是其他

茶所不能比拟的。因此，民间有这样的说法：碧螺春是"铜丝条，螺旋形，浑身毛，一嫩（指芽叶）三鲜（指色、香、味）自古少"。目前大多仍采用手工方法炒制，其工艺过程是：杀青—炒揉—搓团焙干。三个工序在同一锅内一气呵成。炒制特点是炒揉并举，关键在提毫，即搓团焙干工序。

◎ 3. 太平黄山毛峰

黄山毛峰茶产于安徽省太平县以南、歙县以北的黄山。黄山毛峰茶园就分布在云谷寺、松谷庵、吊桥庵、慈光阁以及海拔1200米的半山寺周围，茶树天天沉浸在云蒸霞蔚之中，因此茶芽格外肥壮，柔软细嫩，叶片肥厚，经久耐泡，香气馥郁，滋味醇甜，成为茶中的上品。黄山茶的采制相当精细，从清明到立夏为采摘期，采回来的芽头和鲜叶还要进行选剔，剔去其中较老的叶、茎，使芽匀齐一致。在制作方面，要根据芽叶质量，控制杀青温度，不致产生红梗、红叶和杀青不匀不透的现象；火温要先高后低，逐渐下降，叶片着温均匀，理化变化一致。每当制茶季节，临近茶厂就闻到阵阵清香。黄山毛峰的品质特征是：外形细扁稍卷曲，状如雀舌披银毫，汤色清澈带杏黄，香气持久似白兰。

◎ 4. 安溪铁观音

铁观音属青茶类，是我国著名乌龙茶之一。安溪铁观音茶产于福建省安溪县。安溪铁观音茶历史悠久，素有茶王之称。据载，安溪铁观音茶起源于清雍正年间（1725～1735年）。安溪县境内多山，气候温暖，雨量充足，茶树生长茂盛，茶树品种繁多，姹紫嫣红，冠绝全国。安溪铁观音茶，一年可采四期茶，分春茶、夏茶、暑茶、秋茶。制茶品质以春茶为最佳。铁观音的制作工序与一般乌龙茶的制法基本相同，但摇青转数较多，凉青时间较短。一般在傍晚前晒青，通宵摇青、凉青，次日晨完成发酵，再经炒揉烘焙，历时一昼夜。其制作工序分为晒青、摇青、凉青、杀青、切揉、初烘、包揉、复烘、烘干9道工序。品质优异的安溪铁观音茶条索肥壮紧结，质重如铁，芙蓉沙绿明显，青蒂绿，红点明，甜花香高，甜醇厚鲜爽，具有独特的品位，回味香甜浓郁，冲泡7次仍有余香；汤色金黄，叶底肥厚柔软，艳亮均匀，叶缘红点，青心红镶边。

◎ 5. 岳阳君山银针

君山银针是我国著名黄茶之一。君山茶，始于唐代，清代纳入贡茶。君山为湖南岳阳县洞庭湖中岛屿。清代，君山茶分为"尖茶"、"茸茶"两种。"尖茶"如茶剑，白毛茸然，纳为贡茶，素称"贡尖"。君山银针茶香气清高，味醇甘爽，汤黄澄高，芽壮多毫，条真匀齐，着淡黄色茸毫。冲泡后，芽竖悬汤中冲升水面，徐徐下沉，再升再沉，三起三落，蔚成趣观。君山银针茶于清明前三四天开采，以春茶首轮嫩芽制作，且须选肥壮、多毫、长25～30毫米的

嫩芽，经拣选后，以大小匀齐的壮芽制作银针。制作工序分杀青、摊凉、初烘、复摊凉、初包、复烘、再包、焙干八道工序。

◎ 6. 普洱茶

普洱茶是在云南大叶茶基础上培育出的一个新茶种。普洱茶亦称滇青茶，原运销集散地在普洱县，故此而得名，距今已有 1700 多年的历史。它是用攸乐、萍登、倚帮等 11 个县的茶叶，在普洱县加工成而得名。茶树分为乔木或乔木形态的高大茶树，芽叶极其肥壮而茸毫茂密，具有良好的持嫩性，芽叶品质优异。其制作方法为亚发酵青茶制法，经杀青、初揉、初堆发酵、复揉、再堆发酵、初干、再揉、烘干八道工序。在古代，普洱茶是作为药用的。其品质特点是：香气高锐持久，带有云南大叶茶种特性的独特香型，滋味浓强富于刺激性；耐泡，经五六次冲泡仍持有香味，汤橙黄浓厚，芽壮叶厚，叶色黄绿间有红斑红茎叶，条形粗壮结实，白毫密布。普洱茶有散茶与型茶两种。

◎ 7. 庐山云雾

庐山云雾也是中国著名绿茶之一。据载，庐山种茶始于晋代，到宋代时，庐山茶被列为"贡茶"。庐山云雾茶色泽翠绿，香如幽兰，味浓醇鲜爽，芽叶肥嫩显白亮。庐山云雾茶不仅具有理想的生长环境以及优良的茶树品种，还具有精湛的采制技术。采回茶片后，薄摊于阴凉通风处，保持鲜叶纯净。然后，经过杀青、抖散、揉捻等九道工序才制成成品。

◎ 8. 信阳毛尖

此茶产于河南信阳车云山、集云山、天云山、云雾山、震雷山、黑龙潭和白龙潭等群山峰顶上，以车云山天雾塔峰为最。人云："浉河中心水，车云顶上茶。"其外形条索紧细、圆、光、直，银绿隐翠，内质香气新鲜，叶底嫩绿匀整，青黑色，一般一芽一叶或一芽二叶，假的为卷曲形，叶片发黄。

◎ 9. 安徽祁红

在红遍全球的红茶中，祁红独树一帜，百年不衰，以其高香形秀著称。祁红，是安徽祁门红茶的简称，为工夫红茶中的珍品。祁红生产条件极为优越，真是天时、地利、人勤、种良，得天独厚，所以祁门一带大都以茶为业，上下千年，始终不败。祁红具有独特的清鲜持久的香味，一直保持着很高的声誉，被国内外茶师称为砂糖香或苹果香，并蕴藏有兰花香，清高而长，独树一帜，国际市场上称之为"祁门香"。

◎ 10. 六安瓜片

六安瓜片是著名绿茶，也是名茶中唯一以单片嫩叶炒制而成的产品，堪称一绝。产于安徽西部大别山茶区，其中以六安、金寨、霍山三县所产最佳，成茶

呈瓜子形，因而得名"六安瓜片"，色翠绿，香清高，味甘鲜，耐冲泡。它最先源于金寨县的齐云山，而且也以齐云山所产瓜片茶品质最佳，故又名"齐云瓜片"。其沏茶时雾气蒸腾，清香四溢，所以也有"齐山云雾瓜片"之称。

在齐云瓜片中，又以齐云山蝙蝠洞所产瓜片为名品中的最佳，因蝙蝠洞的周围，整年有成千上万的蝙蝠云集在这里，排撒的粪便富含磷质，利于茶树生长，所以这里的瓜片最为清甜可口。但由于产量的制约，很多茶客都是"只闻其名，未见其容"。六安瓜片的成品叶缘向背面翻卷，呈瓜子形，与其他绿茶大不相同，冲泡后，汤色翠绿明亮，香气清高，味甘鲜醇，又有清心明目、提神乏，通窍散风之功效。如此优良的品质，源于得天独厚的自然条件，同时也离不开精细考究的采制加工过程。瓜片的采摘时间一般在谷雨至立夏之间，较其他高级茶迟半月左右，攀片时要将断梢上的第一叶到第三四叶和茶芽用手一一攀下，第一叶制"提片"，二叶制"瓜片"，三叶或四叶制"梅片"，芽制"银针"，随攀随炒。炒片起锅后再烘片，每次仅烘片 2～3 两，先"拉小火"，再"拉老火"，直到叶片白霜显露，色泽翠绿均匀，然后趁热密封储存。果如宋代梅尧臣《茗赋》所言："当此时也，女废蚕织，男废农耕，夜不得息，昼不得停。"六安瓜片色香味俱佳，是瓜片茶中的珍品。

四、各地茶文化及茶俗

◎ 1. 湖北茶文化

湖北省是中国茶叶主产区，也是"茶圣"陆羽的故乡，茶叶生产和茶文化历史源远流长。

陆羽，出生于湖北天门，生活在唐朝时期，他撰写的《茶经》，对有关茶树的产地、形态、生长环境以及采茶、制茶、饮茶的工具和方法等进行了全面的总结，是世界上第一部茶叶专著。《茶经》成书后，对我国茶文化的发展影响极大，陆羽被后世尊称为"茶神"、"茶圣"、"茶博士"。湖北天门至今还有不少与陆羽有关的遗迹，如"古雁桥"，传说是当年大雁庇护陆羽的地方，"三眼井"曾是陆羽煮茶取水处。

改革开放以来，湖北省茶叶产业发展迅速，目前已形成鄂东大别山优质绿茶区、鄂南幕阜山名优早茶及边销茶区、鄂西武陵山和宜昌三峡富硒绿茶及宜红茶区、鄂西北秦巴山高香绿茶区四大优势产区。

湖北省具有代表性的名优绿茶有采花毛尖、萧氏毛尖王、邓村绿茶、恩施玉露、鹤峰茶、荆山景茶、曾侯银剑茶等。

◎ **2. 福建茶文化**

福建种茶、制茶、饮茶、贩茶历史悠久，福建茶叶在中国茶叶发展及至世界茶叶发展史上具有重要的历史地位和价值。建茶、斗茶在宋元二代蔚然成风，明清时期，茶叶创新增多，开创乌龙制茶工艺，茶叶贸易渐盛，武夷山的茶山、茶水更加点缀了福建茶的文化底蕴。现代福建茶文化在继承前人基础进一步发扬光大，种茶、制茶、售茶、品茶、赛茶等几乎占据了茶乡人的生活内容。制茶讲科学，品茶有文化，构成独特的福建区域人文特征。

福建省是我国产茶的重要地区，而且盛产名茶，各具特色，蜚声中外。红茶、绿茶、白茶、乌龙茶争奇斗艳。单在乌龙茶中，就有铁观音、大红袍、本山、梅占、佛手、黄金桂、白芽奇兰等，品种繁多。

◎ **3. 北京茶文化**

北京人爱饮茶，常见的种类有茉莉香茶、武夷红茶、花茶、普洱茶等。老北京人饮茶求其有色、味苦，泡茶的水要大沸之水，茶具倒不太讲究，不过也有以喝茶为目标喜用小茶具、细瓷器的。老北京人泡茶，无论用茶壶或盖碗，都是先放茶叶后注水，皆用沏的方式，通称为沏茶。一些专爱喝酽茶的人先将沏成的茶喝过几遍，然后倒入砂壶中上火熬煮，则茶的苦味黄色尽出，谓之"熬茶"。和熬茶差不多的有所谓靠茶，靠茶即将茶壶放在炉火或炭火旁边，使其常温，时间稍长也靠出茶色来。熬茶可以用文火，靠茶不但要用文火甚至可以不必见火，只借火热便可。

◎ **4. 西藏茶文化**

西藏游牧地区喜欢喝砖茶。首先要把砖茶砸开，放到水壶中，加清水用火煮，煮沸几分钟后，加入食盐及牛奶、羊奶或酥油，制成奶茶或酥油茶；有些地区也放核桃碎。奶茶可以帮助消化，因此牧民有一日三餐茶、一顿饭的习惯，每日清晨，家庭主妇都要准备好奶茶。

◎ **5. 蒙古茶文化**

蒙古地区同西藏地区一样，喜欢喝砖茶，方法也同西藏人。上桌时，要搭配奶皮、奶豆腐以及各种茶点，奶茶是寒冷牧区保暖的重要手段。

◎ **6. 回族盖碗茶**

回族喜欢用传统的盖碗喝"盖碗茶"，将茶和枣、冰糖以及宁夏特产枸杞一起沏泡。盖碗的主体是一只茶碗（茶杯），上加一个碗盖（杯盖），下附一个衬碟。由于其茶具是由盛茶的茶碗、盖茶碗的碗盖和托放茶碗的衬碟3种器皿所组成，所以古时称"回族三炮台盖碗茶"，现多简称为"回族盖碗茶"。回族人啜饮盖碗茶是边刮边喝的，他们认为"一刮甜，二刮香，三刮茶露变清汤"，在

喝盖碗茶时，还多配以糕点、糖果、瓜子之类作为点心。回族人啜饮盖碗茶很讲究"轻、稳、静、洁"的一整套礼节。"轻"，指的是冲泡、刮漂浮物、啜饮要轻，不得发出声响；"稳"，指的是沏茶要稳妥，落点要准确；"静"，指的是环境要幽雅安静，窗明几净，心安理得、心平气和地品尝；"洁"，指的是碗盖、盖碗、衬碟、茶叶、佐料和用水都要清洁干净，一尘不染。

◎ 7. 白族三道茶

白族用"三道茶"招待客人。制作三道茶时，每道茶的制作方法和所用原料都不同。第一道茶称为"清苦之茶"。制作时，先将水烧开，再由司茶者（一般是家中或族中最有威望的长辈）将一只小砂罐置于文火上烘烤。等到罐烤热后，随即将适量茶叶放入罐内，并不停地转动砂罐，待罐内茶叶"啪啪"作响，叶色转黄，发出焦糖香时，立即倒入已经烧沸的开水。稍等片刻，主人将沸腾的茶水倒入茶盅，再用双手举盅献给客人。由于这种茶经烘烤、煮沸而成，因此，看上去色如琥珀，闻起来焦香扑鼻，喝下去滋味苦涩，故而谓之苦茶，通常只有半杯，一饮而尽。第二道茶称之为"甜茶"。当客人喝完第一道茶后，主人重新用小砂罐置茶、烤茶、煮茶，与此同时，还得在茶盅内放入少许红糖、乳扇、桂皮等，待煮好的茶汤倾入八分满为止。第三道茶称为"回味茶"。其煮茶方法与第二道茶相同，只是茶盅中放的原料已换成适量蜂蜜，少许炒米花，若干粒花椒，一撮核桃仁，茶容量通常为六七分满。饮第三道茶时，一般是一边晃动茶盅，使茶汤和佐料均匀混合；一边口中"呼呼"作响，趁热饮下。这杯茶喝起来甜、酸、苦、辣，各味俱全，回味无穷。

◎ 8. 香港茶文化

在英国殖民统治香港期间，香港人将英国人的奶茶大加改良，以滤网冲泡出很浓的红茶，再拌以淡奶，由于染了茶色后的滤网看似丝袜，因此被称为丝袜奶茶。这类茶一般要混合多种茶叶泡制，这是因为餐厅难以倚赖一种茶叶，在短时间内冲出色、香、味俱备的茶水。香港人除了改良奶茶，还很爱直接把柠檬片放入茶中变成柠檬茶，这种制法与西方主流把柠檬汁混进茶中的做法略有不同。这些饮料一般在街头巷尾的茶餐厅出售，是香港人的日常饮料。

五、中国茶道与儒释道

中国人视道为体系完整的思想学说，是宇宙、人生的法则、规律，所以，中国人不轻易言道，不像日本茶有茶道，花有花道，香有香道，剑有剑道，连摔跤搏击也有柔道、跆拳道。在中国饮食、玩乐诸活动中能升华为"道"的

只有茶道。

◎ **1. 什么是茶道**

茶道属于东方文化。东方文化与西方文化的不同，在于东方文化往往没有一个科学、准确的定义，而要靠个人凭借自己的悟性去贴近它、理解它。早在我国唐代就有了"茶道"这个词，如《封氏闻见记》中："又因鸿渐之论，广润色之，于是茶道大行。"唐代刘贞亮在饮茶十德中也明确提出："以茶可行道，以茶可雅志。"尽管"茶道"这个词从唐代至今已使用了1000多年，但在当前的《新华辞典》、《辞海》、《词源》等工具书中均无此词条。那么，什么是茶道呢？面对博大精深的茶道文化，我国学者对茶道的解释受老子"道可道，非常道。名可名，非常名"的思想影响，"茶道"一词从使用以来，历代茶人都没有给它下过一个准确的定义。直到近年对茶道见仁见智的解释才热闹起来。

吴觉农认为：茶道是"把茶视为珍贵、高尚的饮料，因茶是一种精神上的享受，是一种艺术，或是一种修身养性的手段。"庄晚芳认为：茶道是一种通过饮茶的方式，对人民进行礼法教育、道德修养的一种仪式。庄晚芳还归纳出中国茶道的基本精神为："廉、美、和、敬"。他解释说："廉俭育德、美真廉乐、和诚处世、敬爱为人。"

其实，给茶道下定义是件费力不讨好的事。茶道文化的本身特点正是老子所说的："道可道，非常道。名可名，非常名。"同时，佛教也认为："道由心悟。"如果一定要给茶道下一个定义，把茶道作为一个固定的、僵化的概念，反倒失去了茶道的神秘感，同时也限制了茶人的想象力，淡化了通过用心灵去悟道时产生的玄妙感觉。用心灵去悟茶道的玄妙感受，好比是"月印千江水，千江月不同"：有的"浮光耀金"；有的"静影沉璧"；有的"江清月近人"；有的"水浅鱼读月"；有的"月穿江底水无痕"；有的"江云有影月含羞"；有的"冷月无声蛙自语"；有的"清江明水露禅心"；有的"疏枝横斜水清浅，暗香浮动月黄昏"；有的则"雨暗苍江晚来清，白云明月露全真"。月之一轮，映像各异。"茶道"如月，人心如江，在各个茶人的心中对茶道自有不同的美妙感受。

◎ **2. 中国茶道"四谛"**

中国人的民族特性是崇尚自然，朴实谦和，不重形式，饮茶也是这样。"武夷山茶痴"林治认为，"和、静、怡、真"应作为中国茶道的四谛。因为，"和"是中国这茶道哲学思想的核心，是茶道的灵魂；"静"是中国茶道修习的不二法门；"怡"是中国茶道修习实践中的心灵感受；"真"是中国茶道终

极追求。

（1）"和"——中国茶道哲学思想的核心。"和"是儒、佛、道三教共通的哲学理念。茶道追求的"和"源于《周易》中的"保全大和"，意思指实践万物皆有阴阳两要素构成，阴阳协调，保全大和之元气以普利万物才是人间真道。陆羽在《茶经》中对此论述得很明白。惜墨如金的陆羽不惜用 250 个字来描述他设计的风炉，指出风炉用铁铸从"金"；放置在地上从"土"；炉中烧的木炭从"木"；木炭燃烧从"火"；风炉上煮的茶汤从"水"。煮茶的过程就是金木水火土悟心相生相克并达到和谐平衡的过程。可见五行调和等理念是茶道的哲学基础。儒家从"大和"的哲学理念中推出"中庸之道"的中和思想。在儒家眼里和是中，和是度，和是宜，和是当，和是一切恰到好处，无过亦无不及。儒家对和的诠释，在茶事活动中表现得淋漓尽致。在泡茶时，表现为"酸甜苦涩调太和，掌握迟速量适中"的中庸之美；在待客时表现为"奉茶为礼尊长者，备茶浓意表浓情"的明礼之伦；在饮茶过程中表现为"饮罢佳茗方知深，赞叹此乃草中英"的谦和之礼；在品茗的环境与心境方面表现为"普事故雅去虚华，宁静致远隐沉毅"的俭德之行。

（2）"静"——中国茶道修习的必由之径。中国茶道是修身养性、追寻自我之道。静是中国茶道修习的必由途径。如何从小小的茶壶中去体悟宇宙的奥秘？如何从淡淡的茶汤中去品味人生？如何在茶事活动中明心见性？如何通过茶道的修习来陶冶精神，锻炼人格，超越自我？答案只有一个——静。老子说："至虚极，守静笃，万物并作，吾以观其复。夫物芸芸，各复归其根。归根曰静，静曰复命。"庄子说："水静则明烛须眉，平中准，大匠取法焉。水静伏明，而况精神。圣人之心，静，天地之鉴也，万物之镜。"老子和庄子所启示的"虚静观复法"是人们明心见性，洞察自然，反观自我，体悟道德的无上妙法。道家的"虚静观复法"在中国的茶道中演化为"茶须静品"的理论实践。

中国茶道正是通过茶事创造一种宁静的氛围和一个空灵虚静的心境，当茶的清香静静地浸润心田和肺腑的时候，心灵便在虚静中显得空明，精神便在虚静中升华净化，人将在虚静中与大自然融涵玄会，达到"天人合一"的"天乐"境界。得一静字，便可洞察万物、道同天地、思如风云、心中常乐，且可成为男儿中之豪情。道家主静，儒家主静，佛教更主静。我们常说："禅茶一味。"在茶道中以静为本、以静为美。静与美常相得益彰。古往今来，无论是羽士还是高僧或儒生，都殊途同归地把"静"作为茶道修习的必经大道。因为静则明，静则虚，静可虚怀若谷，静课内敛含藏，静可洞察明激，体道入

微。可以说"欲达茶道通玄境，除却静字无妙法"。

（3）"怡"——中国茶道中茶人的身心享受。"怡"者和悦、愉快之意。中国茶道是雅俗共赏之道，它体现于日常生活中，它不讲形式，不拘一格，突出体现了道家"自恣以适己"的随意性。同时，不同地位、不同信仰、不同文化层次的人对茶道有不同的追求。历史上王公贵族讲茶道，他们中在"茶之珍"意在炫耀权势，夸示富贵，附庸风雅。文人学士讲茶道重在"茶之韵"，托物寄怀，激扬文思，交朋结友。佛家讲茶道重在"茶之德"，意在去困提神，参禅悟道，间性成佛。道家讲茶道，重在"茶之功"，意在品茗养生，保生尽年，羽化成仙。普通老百姓讲茶道，重在"茶之味"，意在去腥除腻，涤烦解渴，享受人生。无论什么人都可以在茶事活动中取得生理上的快感和精神上的畅适。

参与中国茶道，可抚琴歌舞，可吟诗作画，可观月赏花，可论经对弈，可独对山水，亦可以翠娥捧瓯，可潜心读《易》，亦可置酒助兴。儒生可"怡情悦性"，羽士可"怡情养生"，僧人可"怡然自得"。中国茶道的这种怡悦性，使得它有极广泛的群众基础，这种怡悦性也正是中国茶道区别于强调"清寂"的日本茶道的根本标志之一。

（4）"真"——中国茶道的终极追求。中国人不轻易言"道"，而一旦论道，则必执着于"道"，追求于"真"。"真"是中国茶道的起点，也是中国茶道的终极追求。

中国茶道在从事茶事时所讲究的"真"，不仅包括茶应是真茶、真香、真味；环境最好是真山真水；挂的字画最好是名家名人的真迹；用的器具最好是真竹、真木、真陶、真瓷，还包含了对人要真心，敬客要真情，说话要真诚，心静要真闲。茶事活动的每一个环节都要认真，每一个环节都要求真。

中国茶道追求的"真"有三重含义：一是追求道之真，即通过茶事活动追求对"道"的真切体悟，达到修身养性、品味人生之目的；二是追求情之真，即通过品茗述怀，使茶友之间的真情得以发展，达到茶人之间互见真心的境界；三是追求性之真，即在品茗过程中，真正放松自己，在无我的境界中去放飞心灵，放牧天性，达到"全性葆真"。

◎ **3. 中国茶道与儒、释、道**

中国茶道体现的精神，与儒、释、道三教思想体系有着广泛而深刻的联系，中国茶道思想是融和儒、释、道诸家精华而成。

（1）儒家思想与中国茶道。以孔孟为代表的儒家思想，在大力宣扬"仁"（即爱人的忠恕之道）的同时强调"仁"的实行要以"礼"为规范，提倡德治

177

和教化，反对苛政和任意刑杀。而中国茶道，也多方体现儒家之温、良、恭、俭、让的精神，并寓修身、齐家、治国、平天下的伟大哲理于品茗饮茶的日常生活之中。然而我国茶道中清新、自然、达观、热情、包容的精神，是儒家思想最鲜明、充分客观而实际的表达，茶道中所传达和体现的中庸和谐，养廉、励志与积极人生也是儒家思想的表现。

（2）佛家思想与中国茶道。禅，梵语作"禅那"，意为坐禅、静虑。禅宗主张坐禅修行的方法"直指人心，见性成佛，不立文字"。即心里清净，没有烦恼，此心即佛。所谓"茶禅一味"，也是说茶道精神与禅学相通、相近，也并非说茶理即禅理。禅宗主张"自心是佛"，无一物而能建立。佛教认为，茶有三德：一为提神，夜不能寐，有益静思；二是帮助消化，整日打坐，容易积食，打坐可以助消化；三是使人不思淫欲。

（3）道家思想与中国茶道。中国的传统文化一向强调人与自然的谐调、统一、和谐一致。自古以来，中国茶人就把老庄的"天人合一"、"物质与精神"引入茶道理念之中。道家修炼，主张内省，崇尚自然，清心寡欲。无为而又无所不为的理念，自身与天地宇宙合为一气的目标，道家传人们相信在饮茶中可以得到充分感受。

六、茶与文学艺术

◎ 1. 咏茶诗词

我国不仅是茶的祖国，也是世界茶诗的源头。翻开各种史籍，大量咏茶、赞茶诗、词、歌、赋跃然纸上。这类关于茶的诗词，可分为狭义和广义的两种，狭义的指"咏茶"诗词，即诗词的主题是茶，这种茶叶诗词数量略少；广义的指不仅包括咏茶诗词，而且也包括"有茶"诗词，即诗词的主题不是茶，但是诗词里提到了茶，这种茶叶诗词数量就很多了。现在一般讲的，都是指广义的茶叶诗词，而从研究祖国茶叶诗词着眼，则咏茶诗词和有茶诗词同样是有价值的。我国的广义茶叶诗词，据估计：唐代约有500首，宋代1000首，再加上金、元、明、清以及近代，总数当在2000首以上。

中国最早的茶诗，是西晋文学家左思的《娇女诗》。全诗280言，56句，陆羽《茶经》选摘了其中12句。

> 吾家有娇女，姣姣颇白皙。
> 小字为纨素，口齿自清历。
> 其姊字惠芳，眉目粲如画。

> 驰骛翔园林，果下皆生摘。
>
> 贪华风雨中，倏忽数百适。
>
> 心为茶歌剧，吹嘘对鼎沥。

这首诗生动地描绘了一双娇女调皮可爱的神态。在园林中游玩，果子尚未熟就被摘了下来。虽有风雨，也流连花下，一会工夫就跑了几百圈。口渴难熬，她们只好跑回来，模仿大人，急忙对嘴吹炉火，盼望早点煮好茶水解渴。诗人词句简洁、清新，不落俗套，为茶诗开了一个好头。

最早的咏名茶诗，是李白的《答族侄僧中孚赠玉泉仙人掌茶》。

> 常闻玉泉山，山洞多乳窟。
>
> 仙鼠如白鸦，倒悬清溪月。
>
> 茗生此中石，玉泉流不歇。
>
> 根柯洒芳津，采服润肌骨。
>
> 丛老卷绿叶，枝枝相接连。
>
> 曝成仙人掌，似拍洪崖肩。
>
> 举世未见之，其名定谁传。
>
> 宗英乃禅伯，投赠有佳篇。
>
> 清镜烛无盐，顾惭西子妍。
>
> 朝坐有馀兴，长吟播诸天。

以茶而言，此诗详细地介绍了仙人掌茶的产地、环境、外形、品质和功效。他写仙人掌茶的外形、品质和功效等，绝无茶叶生产专用术语，而是诗人形象化的描述，并以浪漫主义的手法、夸张的笔触，描绘了此茶的环境等，如"仙鼠如白鸦，倒悬清溪月"，"曝成仙人掌，似拍洪崖肩。"

在众多诗人当中，据统计宋代诗人陆游咏茶诗写得最多，有300余首。而写得最长的，要数大诗人苏东坡的五言《寄周安孺茶》，120句600字。这首诗开头说在浩瀚的宇宙中，茶是草木中出类拔萃者；结尾说人的一生有茶这样值得终生相伴的清品，何必再像刘伶那样经常弄得醺醺大醉呢？此诗赞茶云：

> 灵品独标奇，迥超凡草木。
>
> 香浓夺兰露，色软欺秋菊。
>
> 清风击两腋，去欲凌鸿鹄。
>
> 乳瓯十分满，人世真局促。
>
> 意爽飘欲仙，头轻快如沐。
>
> ……

在众多咏茶诗中，形式奇特者要数唐代诗人元稹的《一言至七言诗》，双

称"宝塔诗":

茶。

香叶，嫩芽。

慕诗客，爱僧家。

碾雕白玉，罗织红纱。

铫煎黄蕊色，碗转曲尘花。

夜后邀陪明月，晨前命对朝霞。

洗尽古今人不倦，将至醉后岂堪夸。

此诗奇巧，虽然在格局上受到"宝塔"的限制，但是，诗人仍然写出了茶与诗客、僧家以及被他们爱慕的明月夜、早晨饮茶的情趣。

在众多咏茶诗中，影响最大的要数卢仝的《走笔谢孟谏议寄新茶》诗。全诗分三大部分。第一部分写孟谏议派人送茶，因为茶好，天子首先要尝新，接着便是王公大臣到山人家觅茶。这里写天子王公，一方面是赞扬茶，另一方面也是埋下伏笔。第二部分是诗的主体，先写闭门自煎，"碧云清风吹不断，白花浮光凝碗面"的煮茶过程，碧云清风，何等享受。煮出来的茶，白花浮光，何等赏心悦目！接着便连写喝下7碗茶的不同体会，产生不同的境界。正由于卢仝道出了这7种绝妙境界，此诗亦被称作《七碗茶诗》。卢仝说喝第三碗便浮想联翩，才思文涌，7碗吃下去，真是飘飘欲仙了。第三部分，许多文章往往省略不引，其实，诗人胸襟正在于此，诗人喝茶，也临仙境，但是，诗人毕竟扎根民间，心系黎民，笔触一转，想到茶农，"百万亿苍生命，堕在巅崖受辛苦"。天子尝新，王公要抢先，世人嗜饮茶，但千万不能忘记茶农，不能忘记他们所受的巅崖之苦。正由于诗人的仁爱之心，对苍生的关怀之意，卢仝博得茶之"亚圣"的称号。

走笔谢孟谏议寄新茶

日高丈五睡正浓，军将打门惊周公。

口云谏议送书信，白绢斜封三道印。

开缄宛见谏议面，手阅月团三百片。

闻道新年入山里，蛰虫惊动春风起。

天子未尝阳羡茶，百草不敢先开花。

仁风暗结珠琲瓃，先春抽出黄金芽。

摘鲜焙芳旋封裹，至精至好且不奢。

至尊之馀合王公，何事便到山人家。

柴门反送无俗客，纱帽笼头自煎吃。

碧云引风吹不断，白花浮光凝碗面。

一碗喉吻润，两碗破孤闷。

三碗搜枯肠，惟有文字五千卷。

四碗发轻汗，平生不平事，尽向毛孔散。

五碗肌骨清，六碗通仙灵。

七碗吃不得也，惟觉两腋习习清风生。

蓬莱山，在何处？

玉川子，乘此清风欲归去。

山上群仙司下土，地位清高隔风雨。

安得知百万亿苍生命，堕在巅崖受辛苦。

便为谏议问苍生，到头还是苏息否？

我国的茶叶生产，在清代后期，逐渐衰落，20 世纪 50 年代以来，茶叶生产有了较快的发展，因此，茶叶诗词创作也出现了新的局面，特别是 80 年代以来，随着茶文化活动的兴起，茶叶诗词创作更呈现一派繁荣兴旺的景象，尤其老一辈革命家、文学家、诗人及茶界名人等为人们留下了许多诗韵盎然的新作。如朱德的《看西湖茶区》、《庐山云雾茶》，董必武的《游龟山》，陈毅的《梅家坞即景》，郭沫若的《初饮高桥银峰》等，此外赵朴初、吴觉农、庄晚芳、王泽农、陈椽等都写过茶诗，并以深刻的寓意，清新的笔触，把我国传统茶诗词推到了一个新的阶段。

◎ **2. 颂茶歌舞、戏曲**

茶歌的再一个来源，即完全是茶农和茶工自己创作的民歌或山歌。如清代流传在江西的茶山歌，其歌词称：

清明过了谷雨边，背起包袱走福建。

想起福建无走头，三更半夜爬上楼。

三捆稻草搭张铺，半碗腌菜半碗盐。

茶叶下山出江西，吃碗青茶赛过鸡。

采茶可怜真可怜，三夜没有两夜眠。

茶树底下冷饭吃，灯火旁边算工钱。

武夷山上九条龙，十个包头九个穷。

年轻穷了靠双手，老来穷了背竹筒。

此外，在西南山区孕育产生出了专门的"采茶调"，使采茶调和山歌、盘歌、五更调、川江号子并列，发展成为我国传统民歌的一种形式。当然，采茶调变成民歌的一种格调后，其歌唱的内容，就不一定限于茶事的范围了。

采茶调是汉族的民歌，在我国西南的一些少数民族中，也演化产生了不少诸如"打茶调"、"敬茶调"、"献茶调"等曲调。便如居住在滇西北的藏胞，随处都会高唱民歌。如挤奶时，喝"格奶调"；结婚时，喝"结婚调"；宴会时，唱"敬酒调"；青年男女相会时，唱"打茶调"、"爱情调"。又如居住金沙江岩的彝族，旧时结婚第三天祭过门神开始正式宴请宾客时，吹唢呐的人按照待客顺序，依次吹"迎宾调"、"敬酒调"、"敬烟调"、"上菜调"等。

当代，茶农随着经济上的日渐富足，文化上的不断提高，正如民谣所说："手采茶叶口唱歌，一筐茶叶一筐歌"，歌声更是不绝于茶园，回荡在山间。与此同时，广大文艺工作者深入生活，到茶乡采风，使茶叶民歌由山乡登上舞台，走进银幕，响彻大江南北，传遍长城内外。如周大风词曲的《采茶舞曲》，展现了一幅清新的江南茶山风光画卷。其歌词云：

溪水清清溪水长，溪水两岸好呀么好风光。哥哥呀你上畈下畈勤插秧，妹妹们东山西山采茶忙。插秧插得喜洋洋，采茶采得心花放；插得秧来匀又快，采得茶来满山香，你追我赶不怕累，敢与老天争春光，争呀么争春光。

茶舞中最著名的要数《采茶扑蝶》，歌词清新，动作优美，我国茶戏源于江西、湖北、湖南、安徽、福建、广东和广西等省区。以江西最为著名，亦流传最广，分支繁多。江西采茶戏有赣南采茶戏、抚州采茶戏、南昌采茶戏、武宁采茶戏、赣东采茶戏、吉安采茶戏、景德镇采茶戏和宁都采茶戏等分支剧种。

采茶戏，是由采茶歌和采茶舞脱胎发展起来的。如采茶戏变戏曲，其最早的曲牌名就是"采茶歌"。再如采茶戏的人物表演又与民间的"采茶灯"极其相近。茶灯舞一般为一男一女或二男二女，亦叫二小旦、一小生或一旦一生一丑参加演出。另外，有些地方的采茶戏，如蕲春采茶戏，在演唱开工上，也多少保持了过去民间采茶歌、采茶舞的一些传统。其特点是一唱从和，即由一名演员演唱，其他演员和乐师在演唱到每句句末时，和喝"啊嗬"、"咿哟"之类的帮腔，演唱、帮腔、锣鼓伴奏，使曲调更婉转，节奏更鲜明，因此，可以这样说，如果没有采茶和其他茶事，也就不会有采茶的歌和舞；如果没有采茶歌、采茶舞，也就不会有广泛流行于我国南方许多省区的采茶戏。

采茶戏的形成，不只脱颖于采茶歌和采茶舞，还和花灯戏、花鼓戏的风格十分相近，与之交互影响。茶灯戏是流行于云南、广西、贵州、四川、湖北、江西等省区的花灯戏类别的统称；以云南花灯戏的剧种最多。其产生的时间较采茶戏和花鼓戏稍迟，大多形成于清代末叶。花鼓戏以湖北、湖南二省的剧种最多，其形成时间和采茶戏相差不多。这两种戏曲也是起源于民歌小调和民间

舞蹈。因为采茶戏、花灯戏、花鼓戏的来源、形成和发展时间、风格等都比较接近，所以在这三者之间自然也存在相互吸收、相互营养的密切关系。

20世纪50年代以来，随着我国戏剧事业的发展，戏剧舞台上也出现了一批以茶事、茶馆为背景的话剧与电影，著名的有老舍先生的《茶馆》、《嘉鹊茶歌》等。

《茶馆》是我国著名作家老舍的力作，全剧以旧时北京裕泰茶馆为场地，通过茶馆在不同三个时代的兴衰及剧中人物的遭遇，揭露了旧中国的腐败和黑暗。此话剧在国内久演不衰，在巴黎献演以后，还轰动了法国和整个西欧。

同时，茶在世界各国的戏剧中也早已有反映。如1692年英国剧作家索逊在《妻的宽恕》一剧中，就特地插进了茶会的场面。英国剧作《双重买卖人》和《七副面具下的爱》也都有不少饮茶及有关茶事的情节。再如荷兰1701年就上演的《茶迷贵妇人》至今在欧洲有些国家仍作为古典戏出现在舞台上。至于东邻日本，在他们的影视中，饮茶、茶道的情节则随处可见，还创作了《吟公主》这样以茶道为主要线索的电影。《吟公主》讲的日本茶道示师千利休反对权贵丰臣秀吉黩武扩张，最后以身殉道的故事。它主要宣传的也即是要人们热爱平和、尊长敬友和清心寡欲的所谓"和、敬、清、寂"的茶道精神。

◎ 3. 茶与美术

美术是一种"造型艺术"，通过构图、造型、涂色等手段，来创造可视形象的一种艺术。所以，它的范围或内容除一般认为的绘画、雕塑以外，甚至还包括建筑在内。茶文化中的雕塑技艺，主要集中在茶具和团茶、饼茶的造型及饰面上。如宋代北苑的龙、凤贡茶，其饰面的花纹特别讲究，经常更新。宫内更有在贡茶上加上其他装饰物的活动，其时称为"绣茶"。另再就是工艺雕塑中的茶事内容，这类例子也很多，如清乾隆时，著名雕刻家杜士元在一件《东坡赤壁》的雕刻中，即刻有一船，船上7人风姿各异，船头有一童子在持扇烹茶，茶盘中有3只茶杯清晰可见。至于与茶有关的建筑，主要有茶馆、茶寮、茶室和茶亭等。下面着重就美术绘画作一介绍。

绘画是对自然景物、社会生活的一种描摹或再现。绘画起源甚早，早在旧石器时代人类居住的山洞中，洞壁就留有早期人类的画作。但是，关于饮茶和茶的有关画卷迟至唐朝才见提及。据称，在现存的史册中，能够查到的与茶有关的最早绘画是唐朝的《调琴啜茗图卷》。开元年间，不只是茶和诗的蓬勃发展年代，也是我国国画的兴盛时期。著名画家就有李思训、李昭道父子（俗称大李和小李将军）以及卢鸿、吴道子、卢楞伽、张萱、梁令瓒、郑虔、曹霸、韩干、王洽、韦大沵、陈闳、翟琰、杨庭光、范琼、陈皓、彭坚、杨宁、

王维、杨升、张噪、周方、杜庭睦、毕宏等数十人。而这时，如《封氏闻见记》所载：寺庙饮茶已"遂成风俗"；在地方及京城还开设店铺以"煎茶卖之"。上述这么多绘画名家，特别是他们在为寺庙作壁画中，（如杰出画家吴道子，曾为长安、洛阳两地道观寺院绘制壁画300余间）不可能不把当时社会生活和宗教生活中新兴的饮茶风俗吸收到画作中去。

五代时，西蜀和南唐都专门设立了画院，邀集著名画家入院创作。宋代也继承了这种制度，设有翰林图画院。在国子监也开设了以画学课。所以在宋代以后，特别是距今较近的明清，以茶为画，不仅有关记载而且存画也逐渐多了起来。宋代现存最完整的茶事美术作品，首推北宋的"妇女烹茶画像砖"。画像砖是汉以前就流行的一种雕画结合的形式，但唐代以后渐趋稀少，北宋这件妇女烹茶画像砖，画面为一高髻宽领长裙妇女，在一炉灶前烹茶，灶台上放有茶碗、茶壶，妇女手中还一边在擦拭着茶具。整个造型显得古朴典雅，用笔细腻。

此外，据记载，南宋著名画家刘松年还曾画过一幅《斗茶图卷》。刘松年是南宋钱塘（今杭州）著名的杰出画家，淳熙年间学画于画院，绍熙时，任职画院待诏。他擅长山水兼工人物，施色妍丽，和李唐、马远、夏圭并称"南宋四家"，可惜的是这幅《斗茶图卷》没有传存下来。不过，刘松年的《斗茶图卷》虽然不见，但元代著名书画家赵孟頫所作的同名画——《斗茶图》则流传了下来。赵孟頫（1254～1322年）字子昂，号松雪道人和水精宫道人，浙江吴兴人，宋宗室，入元官至翰林学士丞旨，封魏国公。其画一脱南宋"院体"，自成风格，对当时和后世的画风影响很大。《斗茶图》中共画4个人物，旁边放有几副盛放茶具的茶担，左前一人手持茶杯，一手提一茶桶，袒胸露臂，显得满脸得意的样子。身后一人手持一杯，一手提壶，作将壶中茶水倾入杯中之态，另两人站一旁，又目注视前者。由衣着和形态来看，斗茶者似把自己研制的茶叶拿来评比，斗志激昂，姿态认真。斗茶始见于唐，盛行于宋，元代贡茶虽然沿袭宋制进奉团茶、饼茶，但民间一般多改饮叶茶、末茶，所以赵孟頫的《斗茶图》也可以说是我国斗茶行将消失前的最后留画。

同样，18世纪时，随饮茶在欧美的盛起，以茶为题材的画作，也陆续见之于西方各国。据美国威廉·乌克斯《茶叶全书》等介绍，1771年，爱尔兰画家N.霍恩就曾创作过一幅《饮茶图》，以其女儿的形象，画一身着艳服的少女，右手持一盛有茶杯的碟子，左手用银勺在调和杯中的茶汤。另如1792年，英格兰画家E.爱德华兹，曾画过一幅牛津街潘芙安茶馆包厢中饮茶的场面。绘一贵夫人正从一男子手中接取一杯茶，前方桌上放有几件茶具，旁边绘

一女子正同贵夫人耳语。再如苏格兰画家 K. 威尔基也创作了一幅名为《茶桌的愉快》的茶事画，画面绘二男二女围坐在一张摊有白布的圆桌上饮茶，壁中火通红，一只猫一动不动地蜷伏在炉前，绘出了 19 世纪初英国家庭饮茶时那种特有的安逸舒适的气氛。此外，如现在收藏在美国纽约大都会美术博物院中的凯撒的《一杯茶》、派登的《茶叶》，收藏在比利时皇家博物院的《春日》、《俄斯坦德之午后茶》、《人物与茶事》，以及悬存在苏联列宁格勒美术院的《茶室》等，也都是深受人们喜爱的茶事名画。

◎ 4. 茶谚

茶谚是我国茶叶文化发展过程中派生的又一文化现象。所谓"谚语"，用许慎《说文解字》的话说，"谚：传言也"，也即指群众交口相传的一种易讲、易记而又富含哲理的俗话。茶叶谚语，就其内容或性质来分，大致属于茶叶饮用和茶叶生产两类。关于茶叶饮用和生产经验的概括或表述，通过谚语的形式，采取口传心记的办法来保存和流传。所以茶谚不只是我国茶学或茶文化的一宗宝贵遗产，它又是我国民间文学中一枝娟秀的小花。

茶谚是茶叶生产、饮用发展到一定阶段而产生的一种文化现象。我国饮茶和种茶的历史十分久远，但是，关于茶谚的记述，直至唐代末年苏广《十六汤品》的"减价汤"中记称："谚曰，茶瓶用瓦，如乘折脚骏马登高。"这里所说的"瓦"，是指粗陶，意思是说用粗陶瓶存放茶叶，容易受潮，变质，犹如爬山骑跛脚马，很不理想。另一条是"法律汤"中讲到的"茶家法律"："水忌停，薪忌薰。"这条虽未如上条那样称"谚曰"，但很明显实际采自谚语。

在我国整个古代茶书和其他有关文献中，基本上都未提到植茶的谚语，就是制茶和茶叶收藏方面的谚语也直到明清期间才有"茶是草，箬是宝"，以及《月令广义》引录的"谚曰：善蒸不若善炒，善晒不如善焙"这样两条记载。前一条谚语是说，传统的焙茶和包装运输茶叶必须要用箬竹，可以长期保持茶叶的特殊气味。古代茶叶离开箬竹，就像草一样没有价值。后一条谚语，所谓"善蒸不若善炒"，就是说蒸青不如炒青；"善晒不如善焙"，是指晒青不如烘青，其实这条谚语仅仅反映一些地区或一部分人对各种绿茶的推崇和喜好而已。

我国关于茶的生产技术方面的谚语，特别是浙江、湖南、江西还是较多的。这里以浙江的茶谚为例来做一说明。

如提倡和劝种茶树方面的谚语，有"千茶万桑，万事兴旺"。浙西开化一带，有"千杉万松，一生不空；千茶万桐，一世不穷"等，这些茶谚都较古

中外饮食文化

朴，虽然收集于 20 世纪中期，但是，与种橘植果的一些谚语对照，就其风格来说，很像明清间或更古的茶谚。浙江全省采摘茶叶的谚语面广量大，单以杭州一地这方面的谚语为例，最具代表性的谚语如"清明时节近，采茶忙又勤"；"谷雨茶，满把抓"；"早采三天是个宝，迟采三天变成草"；"立夏茶，夜夜老，小满过后茶变草"以及"头茶不采，二茶不发"；"春茶留一丫，夏茶发一把"；"春茶苦，夏茶涩，要好喝，秋露白"等，就都体现了这一采摘指导思想。必须指出，在唐代以前，从史籍记载来看，似乎是不采制秋茶的，唐代特别是唐代中期以后，随着我国茶业的蓬勃发展，秋茶的采制才逐渐盛行起来。所以，"春茶苦，夏茶涩，要好喝，秋露白"的谚语是一条流传较早的古谚，其主要的含义是提倡和鼓励人们采摘秋茶，并不真正说秋茶的质量就比春茶好。

◎ **5. 茶的故事与传说**

在我国各种史籍、典故和方志中，有关茶的故事、传说、名人逸闻趣事可谓举不胜举、美不胜收，是中国茶文化宝库的重要组成部分，以下举例介绍。

（1）陆羽闭门写《茶经》。陆羽（公元 733 ~ 804 年），字鸿渐，一名疾，字季疵，号东岗子、桑苎翁，唐复州竟陵（今湖北天门）人，一生嗜茶，精于茶道，以著世界第一部茶叶专著——《茶经》闻名于世，对中国茶业和世界茶业发展做出了卓越贡献，被誉为"茶仙"，奉为"茶圣"。他写《茶经》有一段鲜为人知的故事。唐天宝五年（公元 746 年），竟陵太守李齐物在一次众人聚饮中，看到陆羽出众，聪明好学，十分欣赏他的才华和抱负，当即赠以诗书，并修书推荐他到隐居于火门山的邹夫子那里学习。天宝十一年（公元 752 年），礼部郎中崔国辅贬为竟陵司马。当年，陆羽揖别邹夫子下山，与崔相识，两人常一起出游，品茶鉴水，谈诗论文。天宝十三年（公元 754 年），陆羽为考察茶事，出洲巴山峡川。行前，崔国辅以白驴、乌犁及文槐书函相赠。一路上，他逢山驻马采茶，遇泉下鞍品水，目不暇接，品不暇访，笔不暇录，锦囊满获。唐肃宗乾元三年（公元 760 年），陆羽从南京栖霞山麓来到浙江湖州苕溪，隐居山间，闭门著述《茶经》。其间常身披纱巾短褐，脚着藤鞋，独行野中，深入农家，采茶觅泉，评茶品水或诵经吟诗，杖击林木，手弄流水，迟疑徘徊，每每至日黑尽兴，大哭而归，当时不知其性格者误称他"楚狂接舆"。陆羽在唐代宗时曾被封为"太子文学"等多种官职，但均未到职。他一生鄙夷权术，酷爱自然，坚持正义，本书前面提到的《六羡茶歌》正体现他的个人品质。

（2）陆纳以茶果迎宾。晋人陆纳，曾任吴兴太守，累迁尚书令。时人赞

186

其"恪勤贞固，始终勿渝"，是一个以俭德著称的人物。晋《中兴书》载有这样一件事：卫将军谢安要去拜访陆纳。陆纳的侄子陆俶见叔父未做准备，但又不敢去问他，于是私下准备了一桌丰盛佳肴。谢安来了，陆纳仅以茶和果品招待客人。陆俶就摆出了预先准备好的丰盛筵席，山珍海味俱全。客人走后，陆纳打了陆俶40棍，教训说："汝既不能光益叔父，奈何秽吾素业。"

（3）王安石辨水考苏轼。王安石老年患有痰火之症，虽服药，难以除根。太医嘱咐饮阳羡茶，并须用长江瞿塘峡中水煎烹。因苏东坡是四川人，王安石曾相托于他："倘尊眷往来之便，将瞿塘峡中水携一瓮寄与老夫，则老夫衰老之年，皆子瞻所延也。"

（4）李清照夫妻饮茶考记忆。宋代著名词人李清照在《金石录后序》，记有她与丈夫赵明诚回青州故居闲居时的一件生活趣事："……每获一书，即同共校勘，整集签题，得书画彝鼎，亦摩玩舒卷，指摘疵病，夜尽一烛为率。故能纸札精致，字画完整。诸收书家。余性偶强记，每饭罢，坐归来堂，烹茶，指堆积书史，言某事在某书某卷第几页第几行，以中否分胜负，为饮茶先后。中即举杯大笑，至茶倾覆怀中，反不得饮而起。"李清照、赵明诚夫妇在饮后间隙，一边饮茶，一边考记忆，给后人留下"饮茶助学"的佳话，亦为茶事添了风韵。

（5）送贡茶父子升官。宋徽宗赵佶嗜茶，宫廷斗茶之风盛行，为满足皇室奢靡之需，贡茶品目数量愈多，制作愈精。宋徽宗大量提拔与贡茶有功官吏。据《茹溪淹隐丛话》等载，宣和二年（公元1120年），漕臣郑可简创"银丝水芽"，制成"方寸新夸"。这种团茶色白如雪，故名"龙团胜雪"。郑可简因此而受宠幸，官升至福建路转运使。以后郑可简又命他侄子千里到各地山谷去搜集名茶，得到一种叫"朱草"的名茶，郑可简令儿子进京贡献。果然也因贡茶有功而得官。当时有人讥讽说："父贵因茶白，儿荣为草朱。"其子得官荣归故里时，大办宴席，亲朋云集，热闹庆贺。郑可简得意地说："一门侥幸。"他侄子因朱草被夺，愤愤不平，即对一句："千里埋怨。"

（6）司马光、苏东坡斗茶斗智。唐宋时期文风大盛，而文人雅士又以尚茶为荣，不仅嗜好品饮，而且参与采茶、制茶，于是斗茶之风兴起。范仲淹的《斗茶歌》曰："北苑将期献天子，林下雄豪先斗美。"而这种"茗战"之乐，也确实吸引了许多文人墨客。人们聚集一堂斗茶品茗，讲究的还自备茶具、茶水，以利更好地发挥名茶的优异品质。相传有一天，司马光约了10余人，同聚一堂斗茶取乐。大家带上收藏的最好茶叶、最珍贵的茶具等赴会，先看茶样，再闻茶香，后尝茶味。按照当时社会的风尚，认为茶类中白茶品质最佳，

司马光、苏东坡的茶都是白茶，评比结果名列前茅，但苏东坡带来泡茶的是雪水，水质好，茶味纯，因此苏东坡的白茶占了上风。苏东坡心中高兴，不免流露出得意之状。司马光心中不服，便想出个难题压压苏东坡的气焰，于是笑问东坡："茶欲白，墨欲墨；茶欲重，墨欲轻；茶欲新，墨欲陈。君何以同爱两物？"众人听了拍手叫绝，认为这题出得好，这下可把苏东坡难住了。谁知苏东坡微笑着，在室内踱了几步，稍加思索后，从容不迫地欣然反问："奇茶妙墨俱香，公以为然否？"众皆信服。妙哉奇才！茶墨有缘，兼而爱之，茶益人思，墨兴茶风，相得益彰，一语道破，真是妙人妙言。自此，茶墨结缘，传为美谈。

（7）吓煞人香碧螺春。江苏太湖洞庭山上的名茶碧螺春有好多生动的传说。其一是姑娘碧螺与阿祥的爱情故事。一年初春，太湖中有恶龙作怪，危害百姓。阿祥与之斗了 7 天 7 夜，最终打败了恶龙，自己也精疲力竭，病倒在床。碧螺姑娘亲自照料，并采摘山上茶叶，疗好了阿祥的重伤，自己却劳累而逝。阿祥把碧螺姑娘葬于茶树之侧，并精心培育。人们为了纪念碧螺，而称此茶为碧螺春。另一则故事流传也很广泛，说东洞庭黄厘峰上有奇香，被误认为妖精作祟，而被一位胆大勇敢的姑娘发现并采摘，收于杯中。她走到哪儿，香到哪儿。连姑娘也惊奇得大叫起来："吓煞人香。"当时，人们问她是什么茶？她随口而答："吓煞人香"。后来，康熙皇帝下江南，到此一游，饮到此茶十分高兴，欣然命名为"碧萝春"，后又根据其外形似螺而更名为碧螺春。

（8）林凤池赶考得香茗。冻顶山是我国台湾省凤凰山的一个支脉，海拔700 多米，月平均气温在 20 摄氏度左右，所以冻顶乌龙实不是因为严寒冰冻气候所致，那么为什么叫"冻顶"呢？因为这山脉迷雾多雨，山陡路险崎岖难走，上山去的人都要绷紧足趾，台湾俗语称为"冻脚尖"，所以此山称为冻顶山。相传在 100 多年前，台湾省南投县鹿谷乡住着一位勤奋好学的青年，名林凤池，他学识广博，体健志壮，一年前他听说福建省要举行科举考试，就很想应试，可是家境贫寒，不能成行。乡亲们喜欢林凤池为人正直，有学识，有志气，得知他想去福建赴考，就慷慨解囊，给林凤池凑足了路费。第二天他拜别乡亲上路了，不久果然金榜题名，考上了举人并在崇安县衙就职。林凤池决定回台湾探亲，在回台湾前邀同僚一起到武夷山一游。上得山来，只见山上岩间长着很多茶树，又听说树上的嫩叶做成的乌龙茶香高味醇，久服有明目、提神、利尿、去腻、健胃、强身的作用。于是向当地茶农购得茶苗 36 棵，精心带土包好，带回台湾南投县。乡亲们喜出望外，又见他带来福建的乌龙茶苗，格外兴奋，他们推选几位有经验的老农，把 36 棵茶苗种植在附近最高的冻顶

山上精心管理。台湾气候温和，茶苗棵棵成活，不断吐着绿油油的嫩芽。接着，人们按照林凤池介绍的方法，采摘芽叶，加工成乌龙茶。这茶山上采制，山下就闻到清香，而且喝起来清香可口，醇和回甘，气味奇异，成为乌龙茶中风韵独特的佼佼者，这就是现今台湾省"冻顶乌龙"的由来。

第二节 外国茶文化

一、日本茶文化

在日本，茶道是一种通过品茶艺术来接待宾客、交谊、恳亲的特殊礼节。茶道不仅要求有幽雅自然的环境，而且规定有一整套煮茶、泡茶、品茶的程序。日本人把茶道视为一种修身养性、提高文化素养和进行社交的手段。日本茶道茶文化在公元9世时跟随佛教从中国传入日本，并在日本得以传承及发展。日本文化亦对泡茶非常讲究，喝茶之道成为日本传统中的重要礼仪。日本制茶方式来源于中国唐代，和现在中国的制茶方式不同，将采摘的茶叶蒸气杀青，然后干制碾碎，制成绿茶末饮用。由于茶末表面积大，具有较大的表面张力，容易在水面漂浮，因此泡制时必须用竹子制的茶帚搅拌，使其沉入水中，然后用竹舀将茶液舀出饮用。由于泡制茶叶的手续比较复杂，逐渐演化出一整套仪式，形成日本茶道的各个流派。日本人喝的茶，除了绿茶为主的煎茶，还有混入炒香了的玄米与绿茶配搭而成的玄米茶，以及混合了小麦的麦茶。

茶道有烦琐的规程，茶叶要碾得精细，茶具要擦得干净，主持人的动作要规范，既要有舞蹈般的节奏感和飘逸感，又要准确到位。茶道品茶很讲究场所，一般均在茶室中进行。接待宾客时，待客人入座后，由主持仪式的茶师按规定动作点炭火、煮开水、冲茶或抹茶，然后依次献给宾客。客人按规定须恭敬地双手接茶，先致谢，而后三转茶碗，轻品、慢饮、奉还。点茶、煮茶、冲茶、献茶，是茶道仪式的主要部分，需要专门的技术和训练。饮茶完毕，按照习惯，客人要对各种茶具进行鉴赏，赞美一番。最后，客人向主人跪拜告别，主人热情相送。

◎ 1. 日本茶道精神

日本的茶道源于中国，却具有其独特的民族味。它有自己的形成、发展过

程和特有的内蕴。日本茶道是在"日常茶饭事"的基础上发展起来的，它将日常生活行为与宗教、哲学、伦理和美学熔为一炉，成为一门综合性的文化艺术活动。它不仅仅是物质享受，而且通过茶会，学习茶礼，陶冶性情，培养人的审美观和道德观念。正如桑田中亲说的："茶道已从单纯的趣味、娱乐，前进成为表现日本人日常生活文化的规范和理想。"16 世纪末，千利休继承、汲取了历代茶道精神，创立了日本正宗茶道。他是茶道的集大成者。剖析利休茶道精神，可以了解日本茶道之一斑。

村田珠光曾提出过"谨敬清寂"为茶道精神，千利休只改动了一个字，以"和敬清寂"四字为宗旨，简洁而内涵丰富。"清寂"也写作"静寂"。它是指审美观。这种美的意识具体表现在"佗"字上。"佗"日语音为"wabi"，原有"寂寞"、"贫穷"、"寒碜"、"苦闷"的意思。平安时期"佗人"一词，是指失意、落魄、郁闷、孤独的人。到平安末期，"佗"的含义逐渐演变为"静寂"、"悠闲"的意思，成为很受当时一些人欣赏的美的意识。这种美意识的产生，有社会历史原因和思想根源：平安末期至镰仓时代，是日本社会动荡、改组时期，原来占统治地位的贵族失势，新兴的武士阶层走上了政治舞台。失去权势的贵族感到世事无常而悲观厌世，因此佛教净土宗应运而生。失意的僧人把当时社会看成秽土，号召人们"厌离秽土，欣求净土"。在这种思想影响下，很多贵族文人离家出走，或隐居山林，或流浪荒野，在深山野外建造草庵，过着隐逸的生活，创作所谓"草庵文学"，以抒发他们思古之幽情，排遣胸中积愤。这种文学色调阴郁，文风"幽玄"。

室町时代，随着商业经济的发展，竞争激烈，商务活动繁忙，城市奢华喧嚣。不少人厌弃这种生活，追求"佗"的审美意识，在郊外或城市中找块僻静的处所，过起隐居的生活，享受一点古朴的田园生活乐趣，寻求心神上的安逸，以冷峻、恬淡、闲寂为美。茶人村田珠光等把这种美意识引进"茶汤"中来，使"清寂"之美得到广泛的传播。

茶道之茶称为"佗茶"，"佗"有"幽寂"、"闲寂"的含义。邀来几个朋友，坐在幽寂的茶室里，边品茶边闲谈，不问世事，无牵无挂，无忧无虑，修身养性，心灵净化，别有一番美的意境。千利休的"茶禅一味"、"茶即禅"观点，可以视为茶道的真谛所在。

而"和敬"这一伦理观念，是唐物占有热时期中衍生的道德观念。自镰仓以来，大量唐物宋品运销日本。特别是茶具、艺术品，为日本茶会增辉。但也因此出现了豪奢之风，一味崇尚唐物，轻视倭物茶会。热心于茶道艺术的村田珠光、武野绍鸥等人，反对奢侈华丽之风，提倡清贫简朴，认为本国产的黑

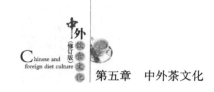

色陶器，幽暗的色彩，自有它朴素、清寂之美。用这种质朴的茶具，真心实意地待客，既有审美情趣，也利于道德情操的修养。

日本茶道，以"和敬清寂"四字，成为融宗教、哲学、伦理、美学为一体的文化艺术活动。

◎ 2. 日本茶道的宗师

首先创立茶道概念的是 15 世纪奈良称名寺的和尚村田珠光（1423～1502年）。1442 年，19 岁的村田珠光来到京都修禅。当时奈良地区盛行由一般百姓主办参加的"汗淋茶会"（一种以夏天洗澡为主题的茶会），这种茶会首创地采用了具有古朴的乡村建筑风格的茶室——草庵。这种古朴的风格对后来的茶道产生了深远的影响，成为日本茶道的一大特色。村田珠光在参禅中将禅法的领悟融入饮茶之中，他在小小的茶室中品茶，从佛偈中领悟出"佛法存于茶汤"的道理，那首佛偈就是大家都熟悉的"菩提本非树，明镜亦非台；本来无一物，何处染尘埃。"村田珠光以此开创了独特的尊崇自然、尊崇朴素的草庵茶风。由于将军义政的推崇，"草庵茶"迅速在京都附近普及开来。珠光主张茶人要摆脱欲望的纠缠，通过修行来领悟茶道的内在精神，开辟了茶禅一味的道路。据日本茶道圣典《南方录》记载，标准规格的四张半榻榻米茶室就是珠光确定的，而且专门用于茶道活动的壁龛和地炉也是他引进茶室的。此外，村田珠光还对点茶的台子、茶勺、花瓶等也做了改革。自此，艺术与宗教哲学被引入喝茶这一日常活动的内容之中并得到不断发展。

继村田珠光之后的另一位杰出的大茶人就是武野绍鸥（1502～1555年）。他对村田珠光的茶道进行了很大的补充和完善，并且把和歌理论输入了茶道，将日本文化中独特的素淡、典雅的风格再现于茶道，使日本茶道进一步的民族化了。

在日本历史上真正把茶道和喝茶提高到艺术水平的则是日本战国时代的千利休（1522～1592 年），他早年名为千宗易，后来在丰臣秀吉的聚乐第举办茶会之后获得秀吉的赐名才改为千利休。他和薮内流派的始祖薮内俭仲均为武野绍鸥的弟子。千利休将标准茶室的四张半榻榻米缩小为三张甚至两张，并将室内的装饰简化到最小的程度，使茶道的精神世界最大限度地摆脱了物质因素的束缚，使得茶道更易于为一般大众所接受，从此结束了日本中世茶道界百家争鸣的局面。同时，千利休还将茶道从禅茶一体的宗教文化还原为淡泊寻常的本来面目。他不拘于世间公认的名茶具，将生活用品随手拈来作为茶道用具，强调体味和"本心"；并主张大大简化茶道的规定动作，抛开外界的形式操纵，以专心体会茶道的趣味。茶道的"四规七则"就是由他确定下来并沿用至今的。所谓"四规"，即和、敬、清、寂。和就是和睦，表现为主客之间的和

睦；敬就是尊敬，表现为上下关系分明，有礼仪；清就是纯洁、清静，表现在茶室茶具的清洁、人心的清净；寂就是凝神、摒弃欲望，表现为茶室中的气氛恬静，茶人们表情庄重，凝神静气。所谓"七则"就是茶要浓、淡适宜；添炭煮茶要注意火候；茶水的温度要与季节相适应；插花要新鲜；时间要早些，如客人通常提前 15～30 分钟到达；不下雨也要准备雨具；要照顾好所有的顾客，包括客人的客人。从这些规则中可以看出，日本的茶道中蕴含着很多来自艺术、哲学和道德伦理的因素。茶道将精神修养融于生活情趣之中，通过茶会的形式，宾主配合，在幽雅恬静的环境中，以用餐、点茶、鉴赏茶具、谈心等形式陶冶情操，培养朴实无华、自然大方、洁身自好的完美意识和品格；此外，它也使人们在审慎的茶道礼法中养成循规蹈矩和认真的、无条件的履行社会职责，服从社会公德的习惯。因此，日本人一直把茶道视为修身养性、提高文化素养的一种重要手段。这也就不难理解为什么茶道在日本会有着如此广泛的社会影响和社会基础，且至今仍盛行不衰了。

二、英国茶文化

英国人从 17 世纪 60 年代开始进口茶叶，当时葡萄牙公主凯瑟琳·布拉甘萨（Catherine of Braganza）嫁给英国国王查理二世，她把喝茶的爱好带进了英国宫廷。一开始英国人从荷兰进口茶叶，到 1689 年（康熙二十八年）英国东印度公司首次直接从中国厦门进口茶叶运回伦敦。等到 18 世纪 50 年代，茶叶已经变成英国人的全民饮料。由于英国从中国大量进口茶叶，而中国从英国进口货物很少，两国出现巨额贸易逆差。英国一方面从中国引进茶树到印度和其他殖民地种植，另一方面在印度殖民地种植罂粟，制造鸦片出口中国，最终引起鸦片战争。

在英国和爱尔兰，"茶"（Tea）不仅指这种饮料的名称，而且有下午便餐的意思，即下午茶（英国以外称为 High Tea，在英国则是指晚便餐），名称来自使用的"高"脚桌。英国人多喝红茶，茶种包括英国早餐茶（English Breakfast Tea）和格雷伯爵茶（Earl Grey）。由中国传入的茉莉茶以及日本传入的绿茶，也成了英国茶的标准部分。英国人喝茶颇成痴好，也十分隆重。早上 6 点一醒来，空着肚子就要喝"床茶"，11 点再喝一次"晨茶"，午饭后又喝一次"下午茶"，晚饭后还要喝一次"晚茶"。就是说，正规的一天 4 顿。英国人泡茶是泡茶叶末，连袋一起放在热水杯里，不是以水冲茶，而是以茶袋浸入热水里，一小袋茶只泡一杯水，喝完就丢弃。家庭饮用时，由于茶叶很碎，

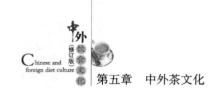

通常茶壶里还有个过滤杯，用开水冲下去，过滤而出，再加入糖及牛奶或柠檬而喝。

三、美国茶文化

美国的独立可以说是由茶叶引起的。1773 年，英国公布一项法令，规定只有英国东印度公司可以在北美殖民地垄断经营进口茶叶。波士顿从事走私茶叶的商人们于当年 12 月 16 日，将英国东印度公司货船上的茶叶倾倒在海水中用来抵制垄断。这个事件引起英国对北美殖民地的高压制裁，最终导致美国独立革命的发生。

美国人饮茶讲求效率、方便，不愿为冲泡茶叶、倾倒茶渣而浪费时间和动作，他们似乎也不愿茶杯里出现任何茶叶的痕迹，因此，喜欢喝速溶茶，这与喝咖啡的原理几乎一样。所以，美国至今仍有不少人对茶叶只知其味，不知其物。在美国，茶消耗量占第二位，仅次于咖啡，不过不是中国式的，而是欧洲风味的。欧洲饮茶也有很长的历史，一些人移民到美国后，饮茶的习惯也带了过来。美国市场上的中国乌龙茶、绿茶等有上百种，但多是罐装的冷饮茶（柠檬红茶）。美国人与中国人饮茶不同，大多数人喜欢饮冰茶，而不是热茶。饮用时，先在冷饮茶中放冰块，或事先将冷饮茶放入冰箱冰好，闻之冷香沁鼻，啜饮凉齿爽口，顿觉胸中清凉，如沐春风。另外除了预装茶外，美国很多餐厅也以茶作为主要饮料，而美国人有在任何茶（包括中国茶）加糖的习惯。

四、印度茶文化

印度拥有金大吉岭、大吉岭、阿萨姆、杜阿滋、尼日吉里等产茶区，其所产的大吉岭红茶和阿萨姆红茶闻名于世，被列入世界四大红茶之列。大吉岭红茶还因其高香被誉为"红茶中的香槟"。

印度的特色茶饮是拉茶，将马萨拉调料、蜂蜜、牛奶、红茶等混合，用开水冲泡，然后用两个杯子不停地来回拉，直到拉出许多泡沫，浓香四溢才让客人品茶。拉茶富含各种维生素和矿物质及抑制癌细胞生长的抗癌物质，是印度人最爱的茶品。

中外饮食文化

五、马来西亚茶文化

英国红茶的另一旁支是马来半岛印度裔人的拉茶，当地的印度裔人把红茶和奶混合后，不断抛来抛去，就像拉出来一般，因此称作拉茶。而拉茶也是马来半岛一种表演方式。融合后的茶汤滋味特别好，茶香奶味浓郁，口感润滑。

六、俄罗斯茶文化

在西方，最早从中国传入茶叶的是俄罗斯，从中国经过内蒙古草原到俄罗斯，曾有一条"茶叶之路"。俄罗斯人发明了煮茶的"茶炊"，类似一个小锅炉，一般用铜制，中间生炭火，上面有一个煮茶的茶壶，下面有一个龙头，煮好的浓茶用龙头中的水冲稀，加糖和柠檬汁饮用，即柠檬茶。随时可以提供热茶水，是寒冷的俄罗斯气候下家庭必备的设施。现在一般用电加热，也有用不锈钢制造的。由于非常普及，所以可以设计制造成各种装饰花样，是俄罗斯家庭比较显眼的家具。

七、德国茶文化

1657 年茶叶出现在德国的药店，但是除了东弗里西亚（今下萨克森）一带地区外，没有赢得德国人太多的兴趣。现在德国人却喜欢饮茶，如德国也产花茶，但不是用茉莉花、玉兰花或米兰花等窨制过的茶叶，而是用各种花瓣加上苹果、山楂等果干制成的，里面一片茶叶也没有，真正是"有花无茶"。中国花茶讲究花味之香远；德国花茶追求花瓣之真实。德国花茶饮时需放糖，不然因花香太盛有股酸涩味。德国人也买中国茶叶，但居家饮茶是用沸水将放在细密的金属筛子上的茶叶不断地冲，冲下的茶水通过安装于筛子下的漏斗流到茶壶内，之后再将茶叶倒掉。有中国人到德国人家作客，发觉其茶味淡颜色浅，一问，才知德国人独具特色的"冲茶"习惯。

八、土耳其茶文化

土耳其人喝茶很普遍，土耳其茶（土耳其语：çay）属于红茶的一种。土耳其人最早喝咖啡，但是 20 世纪初土耳其奥斯曼帝国垮台之后，原来隶属土

194

耳其的可以种植咖啡的阿拉伯地区脱离土耳其，土耳其不得不进口咖啡。而在土耳其本土的黑海东南岸地区可以种植茶树，于是土耳其人逐渐开始喝本国出产的红茶。

土耳其人好客热情，请喝茶更是他们的一种传统习俗。主人往往热情地提供一杯土耳其茶、土耳其咖啡或是苹果茶。土耳其茶喝起来较苦，虽然茶味浓浓，却不是那么讨喜；土耳其咖啡香郁扑鼻，然而浓得化不开的感觉并不是每个初试者都可以接受的。只有土耳其盛产的苹果茶可以说是老少咸宜，男女皆爱。酸酸甜甜的苹果茶，浓浓的苹果味加上茶香，喝来格外地舒爽，尤其是在透着清寒的秋日。在土耳其街上最多的不是咖啡厅，而是茶馆，土耳其人十分喜欢到茶馆喝茶并和朋友一起谈天说地。

九、阿根廷茶文化

马黛茶是一种常绿灌木叶子，生长在南美洲的一些地方，阿根廷温润潮湿的气候和充足的阳光很适于马黛茶的生长，加之当地人有爱喝这种茶的传统，使阿根廷成为最大的马黛茶生产国。

阿根廷及其他拉丁美洲人爱喝马黛茶，马黛茶是当地人民生活中不可缺少的饮料。当地人传统的喝茶方式很特别，一家人或是朋友们围坐在一起，把泡有马黛茶叶的茶壶里插上一根吸管，在座的人一个挨一个地传着吸茶，边吸边聊。壶里的水快吸干的时候，再续上热开水接着吸，一直吸到聚会散了为止。

十、非洲茶文化

北非的摩洛哥、突尼斯、毛里塔尼亚等居民都喜欢喝绿茶，但饮用时总要在茶叶里加入少量的红糖或冰块，有的则喜欢加入薄荷叶或薄荷汁，称为"薄荷茶"。这种茶清香甜凉，喝起来有凉心润肺之感。由于北非人多信奉伊斯兰教，不许饮酒，却可饮茶。因此，饮茶成了待客佳品，客人来访时，见面三杯茶，按礼节，客人应当一饮而尽，否则视为失礼。

埃及人喜欢甜茶。他们招待客人，常在茶里放许多白糖，同时送来一杯供稀释茶水用的生冷水。这种浓甜茶只要喝上二三杯，嘴里就会感到黏黏糊糊的。

中外饮食文化

知识链接 ☞【国外饮茶大观】

　　全世界有100多个国家和地区的居民都喜爱品茗。有的地方把饮茶品茗作为一种艺术享受来推广。各国的饮茶方法相同，各有千秋。

　　斯里兰卡：斯里兰卡的居民酷爱喝浓茶，茶叶又苦又涩，他们却觉得津津有味。该国红茶畅销世界各地，在首都科伦坡有经销茶叶的大商行，设有试茶部，由专家凭舌试味，再核等级和价格。

　　英国：英国各阶层人士都喜爱茶，几乎可称为英国的民族饮料。他们喜爱现煮的浓茶，并放一两块糖，加少许冷牛奶。

　　泰国：泰国人喜爱在茶水里加冰，一下子就冷却了甚至冰冻了，这就是冰茶。在泰国，当地茶客不饮热茶，要饮热的通常是外来的客人。

　　蒙古：蒙古人喜爱吃砖茶。他们把砖茶放在木臼中捣成粉末，加水放在锅中煮开，然后加上一些盐巴、牛奶或羊奶。

　　新西兰：新西兰人把喝茶作为人生最大的享受之一，许多机关、学校、厂矿等还特别订出饮茶时间，各乡镇茶叶店和茶馆比比皆是。

　　马里：马里人喜爱饭后喝茶。他们把茶叶和水放入茶壶里，然后在泥炉上煮开。茶煮沸后加上糖，每人斟一杯。他们的煮茶方法不同一般：每天起床，就以锡罐烧水，投入茶叶；任其煎煮，直到腌肉烧熟，再同时吃肉喝茶。

　　加拿大：加拿大人泡茶方法较特别，先将陶壶烫热，放一茶匙茶叶，然后以沸水注于其上，浸七八分钟，再将茶叶倾入另一热壶供饮，通常加入奶酪与糖。

　　俄罗斯：俄罗斯人泡茶，每杯常加一片柠檬，也有用果浆代柠檬的。在冬季则有时加入甜酒预防感冒。

　　埃及：埃及人待客，常端上一杯热茶，里面放许多白糖，只喝二三杯这种甜茶，嘴里就会感到黏糊糊的，连饭也不想吃了。

　　北非：北非人喝茶，喜欢在绿茶里放几片新鲜薄荷叶和一些冰糖，饮时清凉可口。有客来访，客人得将主人向他敬的三杯茶喝完，才算有礼貌。

　　南美：在南美许多国家，人们用当地的马黛树的叶子制成茶，既提神又助消化。他们使用吸管从茶杯中慢慢品味。

196

第三节　外国咖啡文化

一、咖啡的起源

　　咖啡与茶叶、可可并称为世界三大饮料。"咖啡"（Coffee）一词源自埃塞俄比亚的一个名叫咖发（Kaffa）的小镇，而在希腊语中，"Kaweh"意思是"力量与热情"。所有的历史学家似乎都同意咖啡的诞生地为埃塞俄比亚的咖发。后来咖啡流传到世界各地，就采用其来源地"Kaffa"命名，直到18世纪才正式以"Coffee"命名。

　　咖啡的生产地带介于北纬25度到南纬30度，涵盖了中、西非，中东，印度，南亚，太平洋，拉丁美洲，加勒比海的许多国家。咖啡的种植之所以集中在此一带状区域，主要是受到气温的限制。因为咖啡树很容易受到霜害，纬度偏北或偏南皆不适合，以热带地区为宜，此地区的热度和湿度最为理想。咖啡树是属茜草科常绿小乔木，原产自埃塞俄比亚，其高度可达10米，而人工栽种者由于经过修剪，故仅有2~4米高。咖啡大概会在3~4年结子，而20~25年后产量会减少，但也有部分咖啡树超过百年寿命却仍然结出果实。咖啡树的树枝对立生长，呈水平或下垂分枝生长，其树叶则对生于短径分枝上。最主要的两个种类是阿拉比卡（Coffee Arabica）和罗巴斯达（Coffee Robusta）。

　　日常饮用的咖啡是用咖啡豆配合各种不同的烹煮器具制作出来的，而咖啡豆就是指咖啡树果实内的果仁，再用适当的烘焙方法烘焙而成。

　　古时候的阿拉伯人最早将咖啡豆晒干熬煮后，把汁液当作胃药来喝，认为可以助消化。后来发现咖啡还有提神醒脑的作用，又加上伊斯兰教严禁教徒饮酒，因而就用咖啡取代酒精饮料，作为提神的饮料而时常饮用。15世纪后，到圣地麦加朝圣的教徒陆续将咖啡带回居住地，使咖啡渐渐流传到埃及、叙利亚、伊朗和土耳其等国。咖啡进入欧洲大陆当归因于土耳其当时的奥斯曼帝国，由于嗜饮咖啡的奥斯曼大军西征欧洲大陆且在当地驻扎数年之久，在大军最后撤离时留下了包括咖啡豆在内的大批补给品，维也纳和巴黎的人们得以凭着这些咖啡豆和由土耳其人那里得到的烹制经验，而发展出欧洲的咖啡文化。战争原是攻占和毁灭，却意外地带来了文化的交流乃至融合，这可是统治者们

所始料未及的。

西方人熟知咖啡有300年的历史，然而在东方，咖啡在更久远前的年代已作为一种饮料在社会各阶层普及。咖啡出现的最早且最确切的时间是公元前8世纪，但是早在荷马的作品和许多古老的阿拉伯传奇里，就已记述了一种神奇的、色黑、味苦涩且具有强烈刺激力量的饮料。公元10世纪前后，阿维森纳（Avicenna，980~1037年，古代伊斯兰世界最杰出的集大成者之一，是哲学家、医生和理论家）就在用咖啡当作药物治疗疾病。

虽然咖啡是在中东被发现，但是咖啡树最早源于非洲一个现属埃塞俄比亚的地区，从这里咖啡传向也门、阿拉伯半岛和埃及，正是在埃及，咖啡的发展异常迅猛，并很快流行进入人们的日常生活。

到16世纪时，早期的商人已在欧洲贩卖咖啡，由此将咖啡作为一种新型饮料引进西方的风俗和生活。绝大部分出口到欧洲市场的咖啡来自亚历山大港和士麦那，但是随着市场需求的日益增长，进出港口强加的高额关税以及人们对咖啡树种植领域知识的增强，使得经销商和科学家开始试验把咖啡移植到其他国家。荷兰人、法国人以及后来的英国人都开始在殖民地种植咖啡树。

虽然咖啡诞生于非洲，但是种植和家庭消费却相对来说是近代才引进的。实际上，正是欧洲人让咖啡重返故地，将其引进他们的殖民地，在那里，由于有利的土地和气候条件，咖啡才得以兴旺繁荣。

知识链接　☞【咖啡起源的三大传说】

1. 牧羊人的故事

关于咖啡的起源有种种不同的传说。其中，最普遍且为大众所乐道的是牧羊人的故事。16世纪埃塞俄比亚的一个牧羊人有一天发现自己饲养的羊忽然不停地蹦蹦跳跳手舞足蹈，他觉得非常不可思议，仔细加以观察，才明白原来羊吃了一种红色的果实。于是他便拿着该种果实分给修道院的僧侣们吃，所有的人吃完后都觉得精神振奋、神清气爽；后来，这个牧羊人把这件事报告给了一位修道士（在中东和西方古时修道士是掌握知识的上层阶级），这位修道士将一些浆果煮熟，然后提炼出一种味苦、劲足的、能驱赶困倦和睡意的饮料，此后这种果实就被用来做提神药，而且颇受好评。

2. 阿拉伯僧侣

1258年，因犯罪而被族人驱逐出境的酋长雪克·欧玛尔，流浪到离故乡摩卡很远的瓦萨巴（位于阿拉伯）时，疲倦到再也走不动了，当时他坐在树边上休息时，突然发现有一只鸟飞来落在枝头上，以一种他从未听过极为悦耳的声音啼叫着。

他仔细一看，发现那只鸟是在啄食枝头上的果实后，才扯开喉咙发出美妙的啼声的，所以他便将那一带的果实全采下放入锅中加水熬煮。之后竟开始散发出浓郁的香味，喝了一下不但觉得好喝而且还觉得疲惫的身心也为之一振。

于是他便采下许多这种神奇果实，遇有病人便拿给他们熬成汤来喝，最后由于他四处行善，故乡的人因此原谅了他的罪行，让他回到摩卡，并推崇他为"圣者"。

3. 浪漫色彩的故事

咖啡最富有浪漫色彩的故事之一是关于马提及克岛（Matinique）任职的一个法国海军军官加布里埃尔·马蒂厄·德·克利的。当他即将离开巴黎时，设法弄到了一些咖啡树，并决定把它们带回马提尼克岛。

那是大约1720年或1723年，他可能往返了两次，因为第一次带的树苗都没成活。但可以确信的是，最终德·克利是带着一棵最好的树苗并且一直都精心护理从南特的（Nantes）起航的。树苗保存在甲板上的一个玻璃箱里，玻璃箱能防止海水冲溅并有保温作用。

德·克利的日记记述了他的船如何受到突尼斯（Tunis）海盗的威胁，以及如何从一场暴风雨中幸免。日记还提到在船上有个人妒忌他，企图破坏这棵小树，在一次争斗中甚至折断一根枝条。后来船搁浅了，饮用水不能自足，德·克利就用自己喝的水来浇灌这棵树苗。

二、咖啡的品种

（1）蓝山——蓝山咖啡是较受一般大众欢迎的咖啡，产于中美洲牙买加、西印度群岛，拥有香醇、苦中略带甘甜、柔润顺口的特性，而且稍微带有酸味，能让味觉感官更为灵敏，品尝出其独特的滋味，是为咖啡之极品。

（2）曼特宁——曼特宁咖啡盛产于印度尼西亚的苏门答腊，当地的特殊地质与气候培养出独有的特性，具有相当浓郁厚实的香醇风味，并且带有较为

明显的苦味与碳烧味，风韵独具。

（3）摩卡——摩卡咖啡产于埃塞俄比亚，此品种的豆子较小而香气甚浓，拥有独特的酸味和柑橘的清香气息，更为芳香迷人，而且甘醇中带有令人陶醉的丰润余味。

（4）巴西——此咖啡是从盛产咖啡豆的巴西精选的极品，口感中带有较浓的酸味，配合咖啡的甘苦味，入口极为滑顺，而且又带有淡淡的青草芳香，在清香中略带苦味，甘滑顺口，余味令人舒活畅快。

（5）山多士——山多士咖啡是巴西咖啡中的极品，以巴西圣保罗州多士港口命名的咖啡，其咖啡豆粒大，香味高，有适度的苦味，亦有高品质的酸度，总体口感柔和、淡美，若仔细品尝回味无穷。

（6）阴干——阴干咖啡与一般咖啡不同的是，阴干在水洗后采用自然烘干法，在自然的状态下烘干 6 个月，之后再经过一些手续。与一般咖啡豆的处理方式不同，阴干属于中焙程度的豆子，所含有的咖啡因较少。

（7）曼巴——曼巴咖啡结合曼特宁及巴西咖啡特有的风味，味道丰厚浓郁，而且还有淡淡的清香。曼特宁与巴西两者互相柔和在一起，是个不错的组合。

（8）拿铁——拿铁咖啡将意大利浓缩咖啡加入高浓度的热牛奶与泡沫鲜奶，保留淡淡的咖啡香气与甘味，散发浓郁迷人的鲜奶香，入口滑润而顺畅，是许多女士的最爱。

（9）意式卡布其诺——此咖啡是将浓醇的意大利浓缩咖啡混合细致香鲜的泡沫鲜奶与香滑可口的巧克力粉，充分调和的柔顺口感与迷人的香气，加上优雅的卡布奇诺咖啡装饰，突显个人品位。

知识链接　　☞【咖啡的饮用小贴士】

1. 怎样拿咖啡杯

在餐后饮用的咖啡，一般都是用袖珍型的杯子盛出。这种杯子的杯耳较小，手指无法穿出去。但即使用较大的杯子，也不要用手指穿过杯耳再端杯子。咖啡杯的正确拿法，应是拇指和食指捏住杯把儿再将杯子端起。

2. 怎样给咖啡加糖

给咖啡加糖时，砂糖可用咖啡匙舀取，直接加入杯内；也可先用糖夹子把方糖夹在咖啡碟的近身一侧，再用咖啡匙把方糖加在杯子里。如

果直接用糖夹子或手把方糖放入杯内，有时可能会使咖啡溅出，从而弄脏衣服或台布。

3. 怎样用咖啡匙

咖啡匙是专门用来搅咖啡的，饮用咖啡时应当把它取出来。不要用咖啡匙舀着咖啡一匙一匙地慢慢喝，也不要用咖啡匙来捣碎杯中的方糖。

4. 咖啡太热怎么办

刚刚煮好的咖啡太热，可以用咖啡匙在杯中轻轻搅拌使之冷却，或者等待其自然冷却，然后再饮用。用嘴试图去把咖啡吹凉，是很不文雅的动作。

5. 杯碟的使用

盛放咖啡的杯碟都是特制的。它们应当放在饮用者的正面或者右侧，杯耳应指向右方。饮咖啡时，可以用右手拿着咖啡的杯耳，左手轻轻托着咖啡碟，慢慢地移向嘴边轻啜。不宜满把握杯、大口吞咽，也不宜俯首去就咖啡杯。喝咖啡时，不要发出声响。添加咖啡时，不要把咖啡杯从咖啡碟中拿起来。

6. 喝咖啡与用点心

有时饮咖啡可以吃一些点心，但不要一手端着咖啡杯，一手拿着点心，吃一口喝一口地交替进行。饮咖啡时应当放下点心，吃点心时则放下咖啡杯。

7. 如何品咖啡

咖啡的味道有浓淡之分，所以，不能像喝茶或可乐一样，连续喝三四杯，而以正式的咖啡杯的分量最好。普通喝咖啡以 80～100 毫升为适量，有时候若想连续喝三四杯，这时就要将咖啡的浓度冲淡，或加入大量的牛奶，不过仍然要考虑到生理需求的程度，来加减咖啡的浓度，也就是不要造成腻或恶心的感觉，而在糖分的调配上也不妨多些变化，使咖啡更具美味。趁热喝是品美味咖啡的必要条件，即使是在夏季的大热天中也是一样的。

依照上述的过程享受一杯好咖啡，不仅能体会咖啡不同层次的口感，而且更有助于提升鉴赏咖啡的能力。

三、世界各地的咖啡文化集锦

◎ **1. 古老的阿拉伯咖啡文化**

当欧洲人第一次接触到咖啡的时候，他们把这种诱人的饮料称为"阿拉伯酒"，当保守的天主教徒诅咒咖啡为"魔鬼撒旦的饮料"的时候，他们绝不会想到从"异教徒"那里承袭来的是一种何等珍贵的东西。作为世界上最早饮用咖啡和生产咖啡的地区，阿拉伯的咖啡文化就像它的咖啡历史一样古老而悠久。在阿拉伯地区，现在人们对于咖啡的饮用无论是从咖啡的品质，还是饮用方式、饮用环境和情调上，都还保留着古老而悠久的传统。在阿拉伯国家，如果一个人被邀请到别人家里去喝咖啡，这表示了主人最为诚挚的敬意，被邀请的客人要表示出发自内心的感激和回应。客人在来到主人家的时候，要做到谦恭有礼，在品尝咖啡的时候，除了要赞美咖啡的香醇之外，还要切记即使喝得满嘴都是咖啡渣，也不能喝水，因为那样是表示对主人的咖啡不满意，会极大地伤害主人的自尊和盛情。

阿拉伯人喝咖啡时很庄重，也很讲究品饮咖啡的礼仪和程式，他们有一套传统的喝咖啡形式，很像中国人和日本人的茶道。在喝咖啡之前要焚香，还要在品饮咖啡的地方撒放香料，然后是宾主一同欣赏咖啡的品质，从颜色到香味，仔细地研究一番，再把精美贵重的咖啡器皿摆出来赏玩，最后才开始烹煮香浓的咖啡。

◎ **2. 欧洲的咖啡文化**

在欧洲，咖啡文化可以说是一种很成熟的文化形式了，从咖啡进入这块大陆到欧洲第一家咖啡馆的出现，咖啡文化以极其迅猛的速度发展着，显示了极为旺盛的生命活力。在奥地利的维也纳，咖啡与音乐、华尔兹舞并称"维也纳三宝"，可见咖啡文化的意义深远。

意大利有一句名言："男人要像好咖啡，既强劲又充满热情！"把男人等同于咖啡，这是何等的非比寻常。意大利人对咖啡情有独钟，咖啡已经成为他们生活中最基本和最重要的因素了。起床后，意大利人要做的第一件事就是马上煮上一杯咖啡。不论男女，从早到晚咖啡杯几乎不离手。

在法国，如果没有咖啡就像没有葡萄酒一样不可思议，简直可以说是世界的末日到了。据说历史上有一个时期，法国由于咖啡供应紧张而导致许多法国人整日无精打采，大大影响了这个国家正常的生活。1991 年"海湾战争"爆发，法国人担心战争会给日常生活带来影响，纷纷跑到超级市场抢购商品，当

电视台的记者把摄像机对准抢购商品的民众时，镜头里显示的却是顾客们手中大量的咖啡和方糖，一时传为笑谈。

法国人喝咖啡讲究的不是咖啡本身的品质和味道，而注重饮用咖啡的环境和情调，表现出来的是优雅的情趣、浪漫的格调和诗情画意般的境界，就像卢浮宫中那些精美动人的艺术作品一般。从咖啡传入法国的那一天开始，法国的文化艺术中就时时可见咖啡的影响和影子。17世纪开始，在法国，尤其是在法国的上流社会中，出现了许多因为品饮咖啡而形成的文化艺术沙龙。在这些沙龙中，文学家、艺术家和哲学家们在咖啡的振奋下，舒展着他们想象的翅膀，创造出无数的文艺精品，为世界留下了一批瑰丽的文化珍宝。

◎ **3. 美国的咖啡文化**

美国是一个年轻而充满活力的国家，这个国家的任何一种文化形式都像它自身一样没有禁锢，不落窠臼，率性而为，美国的咖啡文化也不例外。美国人喝咖啡随意而为，无所顾忌，没有欧洲人的情调，没有阿拉伯人的讲究，喝得自由，喝得舒适，喝出自我和超脱。美国是世界上咖啡消耗量最大的国家，美国人几乎时时处处都在喝咖啡，不论在家里、学校、办公室、公共场合，还是其他任何地方，咖啡的香气随处可闻。据说第一次载人登月的阿波罗十三号宇宙飞船在返航途中曾经发生了故障，在生死关头，地面指挥人员安慰飞船上的宇航员说："别泄气，香喷喷的热咖啡正等着你们呢！"

知识链接 ☞【**美国的咖啡馆和星巴克**】

美国第一家咖啡馆是1691年在波士顿开业的伦敦咖啡馆（London Coffee House）。后来世界上最大的咖啡专卖店也诞生在波士顿，它成立于1808年，不幸的是10年之后毁于一场大火。如今的美国咖啡馆有其独特的形式和氛围，像美国流行的快餐文化一样，美国的咖啡馆大多也体现了一种美国社会快节奏的生活方式。美国人在餐饮业创造了许多连锁经营的奇迹，如众所周知的麦当劳、肯德基、必胜客等著名的连锁经营品牌，但谁也不会想到，在短短20年的时间里，星巴克创造出另一个童话般的辉煌。

如今，当你走到世界上很多现代都市中，都会看到一个绿色的圆形图标，标志上是一个女神的图案，微笑着对你诉说着一个来自美国的奇迹。如果说20年前在中国提起麦当劳还没有什么人知道，你或许不会感

到一点惊异，但当有人告诉你说，如今世界上最著名的美国咖啡连锁店星巴克这个名字在20年前连美国人自己都不知道，你还会不感到惊异吗？

不久前有报道说，美国咖啡连锁巨头星巴克目前在全世界已经拥有了6000多家分店，其中在北美地区就有4700家，而且计划在不久的将来发展到10000家分店。遍看世界，这样规模的连锁经营能有几家？但谁会想到，在1971年星巴克创立之初，它仅有一家不起眼的店铺，而仅仅过了20年，它的分店就达到了2000家，又过了10年，这个数字就又翻了两番，这简直是世界经济的奇迹。而制造这一奇迹的除去星巴克卓越的经营者们外，还有一个不可或缺的角色，那就是咖啡。

星巴克无论如何都是一家真正意义上的咖啡馆，尽管它采用的是连锁经营的形式，但每一家分店，不论是在北美，还是在中国，都显示出美国咖啡馆特有的格调和气氛。北京现在已经开设了近30家星巴克连锁店，上海的星巴克也越来越深入时尚青年们的心中。在全世界，星巴克都是一种时尚文化的象征，最近它被评为世界上最受时尚女性欢迎的十大品牌之一，这不能不说是对美国咖啡馆特色的一种最好的诠释。

◎ 4. 西方公司里的咖啡文化

西方的一些公司里，大多会为员工和客户供应免费的咖啡，讲究的公司里都要摆放几套高档的咖啡用具，比如精美的意大利咖啡壶、细腻的英国骨瓷咖啡杯等，这体现了一种企业文化的内涵。向公司员工提供免费咖啡实际上是企业老板的一种人文关怀，显示出一种亲和力。但"世界上没有免费的午餐"，在西方有个说法，福利待遇越好的公司，管理就越严格，员工的工作量就越大。在紧张的工作压力之下，喝上一杯咖啡，在公司的休息区内舒展一下酸懒的腰身，无疑是一种调剂和享受，这一点深谙调动员工积极性的老板们是早就想到了的。免费咖啡可谓是"花小钱办大事"，最大限度地让员工发挥他们身体和精力的潜能，为公司、为老板创造更多的效益，同时联络了劳资双方的感情，也促进了员工的团队观念，达到了互相协作的目的。咖啡也成了企业文化的标示和西方公司中舒爽的亮点。

思考题

1. 茶是如何由中国传播到世界其他地区的？
2. 茶叶有哪些种类？各自的特点是什么？
3. 试比较中国茶道和日本茶道之间的异同。

第六章 中外饮食器具文化

第一节　中国饮食器具发展史

中国饮食文化源远流长，菜式和烹调方法千变万化，地方菜系各具特色，历代的饮食器具品种繁多，是中国饮食文化的重要组成部分。从 50 多万年前新石器时代出现最初的食器，到后来历代发明的以青铜、铁、陶瓷等制成的各式饮食器具，当中可以窥见不同烹调技法的问世，印证了中国文明的发展进程。

一、饮食器具的起源

火的使用，是人类发明、制作各种饮食器具的根本原因。在人类学会用火熟食的最初阶段，我们的祖先并没有任何成型的餐具、炊具，只是把猎获的野味放到火上直接烧烤，同时借助自然界中已有的树枝、木棍作为使用工具，防止被火灼伤。这些工具就是当今人们使用的各种筷子、餐叉等饮食器具的雏形。人类的饮食器具正是从人们最初使用这些天然工具的实践过程中演化而来。

旧石器时代中后期，人们主要依靠采集和狩猎为生，直接生食。后来人类逐步学会了人工取火熟食，更逐渐掌握了采用石板和石子作为传热炊具的间接烧烤技法，并又发明了用水煮的方法，大大改进了饮食的质量。

使用石头将食物烧熟的做法称为"石烹法"，大致有两种方式：一是将石头烧热以后，把食物直接放在石头上燔熟；二是将烧热的石块放到盛水的容器当中，使水沸腾再将食物煮熟。使用第一种方法对石板的要求很高，必须是石板受热不会炸裂。据相关资料称，中国西部的祁连山有一种青石，是一种烧不

裂的石料，据说至今当地仍然在用这种青石烙制食品。云南的独龙族和纳西族常在火塘上架起石块，在石板上烙饼。

而在盛产竹子的南方，人们将竹子截出一节竹筒，装上食物煨在火堆里，也能做出美味的食物。

二、饮食器具的形成

人类利用自然物学会制作饮食器具，这是一个历史性的飞跃。到新石器时代，人类进入原始农业经济时期，过上以农为业的定居生活，自此开始，人们才发明了制陶技术。新石器时代的进食方式一般是席地而坐，环火而食。这时期亦见证了种植业、养殖业和制陶业的诞生。农业的发展使古人定居下来，从而衍生出对容器和食器的需要。此时，制作陶器、骨器、磨制石器等各种原始技术的发明和运用，为饮食器具的诞生提供了必要的前提和基础。其中，制陶术的发明是锅、碗等餐具和炊具初步形成的前提。

原始先民通过无数次的实践发现，被火烧过的黏土会变得坚硬，而形状却不会发生变化。于是，人们尝试在荆条筐的外面抹上一层厚厚的泥土，等到风干以后，将其放入火堆里炙烤，然后取出，此时的荆条已经烧成了灰烬，剩下的便是筐子形状的坚硬物体，这就是新石器时代出现得最早的陶器。根据考古发现，新石器时代早期的陶器比较原始，陶质疏松，形状简单；而后期的制陶技术有了明显的提高。

陶器的产生以及制陶业的兴起，在中国饮食文化发展史上具有划时代的意义。盛具和饮食器具源于人们用陶器盛装食物；炊具源于人们用陶器加热制熟食物。由于陶器具有远远超过石材的传热和较高的耐火性能，并能够在其中加水煮熟食物，于是便出现了具有完备意义的烹饪。

三、饮食器具的发展

◎ 1. 陶器时代

陶器的发明是人类文明的重要进程——是人类第一次利用天然物按照自己的意志创造出来的一种崭新的工具。从河北省阳原县泥河湾地区发现的旧石器时代晚期的陶片来看，中国陶器的产生距今已有11700多年的悠久历史。陶器的出现大大改善了人类的生活，成为留给人类的一份优秀的历史文化遗产。今天可见的陶器，大多来自新石器时代的大汶口文化、河姆渡文化以及半坡文化

等遗址。

陶器最初的形制极为简单、粗陋，世界各地几乎均为罐形。这种器物既可烹饪、盛食，还可以储藏食物。后来，从陶罐演化出了"釜"，釜与罐的区别在于：罐是平底，安放时平稳；釜为圆底或尖圆底，烹煮时更容易集中火力。圆底的釜重心不稳，在烹饪和放置时，往往需要在底部填上石块作为支架，久而久之，带支架的釜——鼎问世了。后来，人们为了增加受热面积、提高热效率，将鼎的三个实心足改成了空心，鬲相应诞生了。

在我国新石器时代出现的陶质食器，不但有罐、釜、鼎、鬲、甑、甗等多种具有不同形制和用途的锅类炊具，还先后出现了碗、钵、盆、簋、盘等可供盛饭、菜用的多种餐具。按照这些炊具的功能和用途的不同，大致可划分为以下四类：

第一类是以水作为传热介质，用于适合烹煮食物的炊具，如罐、釜、鼎、鬲等，可用来烧水、煮粥、烹羹和炖肉。

第二类是以蒸汽作为传热介质，适合蒸熟食品的炊具，如甑、甗等。甑形似底部有孔的陶盆，它的功能如同现代的"蒸笼"，可将其放在釜、鼎上使蒸汽透过底部的孔，将食物蒸熟。

第三类是通过炊具的自身传热，间接用火烙制食品的炊具。河南荥阳市出土的仰韶文化晚期遗址中的陶鏊，为圆形烤盘，在周围附有三四个扁宽形足，可在底部加热，将上面的食物烙熟。现代烙饼用的炊具即由这种陶鏊发展而来。

第四类是直接用火烧烤食物用的炊具。陶制的烤算分为圆形和长方形两种：圆形的中间有镂孔；长方形的类似近代的炉算，中间由若干算条组成，其功能与现在的烤肉炙子相同，为最初的烤肉器具。

◎ **2. 青铜时代**

及至夏、商、周时期，中国的饮食生活的基调和格局初步奠定，以谷物为主，辅之以果、肉、菜的膳食结构和主副食体系形成，饮食礼仪亦逐步完善。这个时期更出现了中国现存最古老的两份食单，其中就有周代的"八珍"。这一时期是中国青铜文化的鼎盛时期，考古发掘出土了大量的青铜器，其中青铜酒器更是商代最具代表性的食器。鼎及簋为夏、商、周时期最盛行的食器，器型风格厚重。

此时期的青铜饮食器具品种繁多，主要可分为食器、酒器、水器三种。其中食器可分为炊器（鼎、鬲、甗等）、盛食器（簋、簠等）、取食器（匕）等。酒器主要有饮酒器（爵、角、觚等）、盛酒器（尊、卣、盉、方彝）。水器主

中外饮食文化

要有盛水器（盘、盂、壶、罍等）和注水器等。

青铜饮食器具造型别致、珍品无数。每一器种在每个时代都呈现不同的风采，同一时代的同一器种的式样多姿多彩，而不同地区的青铜器也有所差异，犹如百花齐放，五彩缤纷，因而使青铜器具有很高的观赏价值。青铜器最具有历史价值的是镌刻在上面的文字——铭文。这不仅是研究汉字起源和发展的珍贵文献，同时也是研究先秦历史的第一手资料。此外，这些器具上造型各异、千姿百态的纹饰，如云雷纹、凤鸟纹、龙纹等，可能包含许多现今人类还没有发现的珍贵信息。

知识链接 ☞【青铜冰鉴】

中国古代的人们喜欢温酒，温酒不伤脾胃；夏季时也嗜饮冷酒，冷酒可以避酷暑。《楚辞·招魂》中有这样两句话："挫糟冻饮，酎清凉些。"意思是，夏天饮酒，捞净糟沫后进行冰镇，喝起来清凉味甘，煞是凉爽。《楚辞·大招》中也有类似的话，如"清馨冻饮"，清澄醇酽之酒冰镇后适合夏季饮用。楚国地处南方，盛夏时饮冰镇酒，自然是莫大的享受。

青铜饮食器具中，最叹为观止的可能就是冰鉴了。冰鉴是一种夏天制作冷食、冷饮的器具。其中，考古发掘出土的冰鉴，以曾侯乙墓最有名。

曾侯乙墓地处湖北省，当地夏季酷暑难耐，因此，此墓中出土两件大型青铜冰鉴也就不足为怪，而且这也恰好与古代文献记载的周代流行在夏季饮冰镇酒相印证。青铜冰鉴的发现充分证明，我国最晚在战国时代已发明了原始的"冰箱"，而冷饮的出现肯定不会晚于这一时期。冰鉴其实是依靠装在鉴内的缶四周的冰块，使缶中的酒降温的。当然，这套冰鉴除可降温冻饮之外，还可以在鉴腹内加入热水，使缶内美酒迅速增温，成为宜于冬天饮用的温酒。可谓一举两得，其妙无穷！

◎ **3. 漆器时代**

漆器就是用漆涂在各种器物的表面上所制成的日常器具及工艺品和美术品。在中国，从新石器时代起就认识了漆的性能并用以制器。历经商周直至明清，中国的漆器工艺不断发展，达到了相当高的水平。中国的戗金、描金等工艺，对日本等地都有极为深远的影响。

208

　　中国漆器工艺是古老华夏文化宝库中一颗璀璨夺目的明珠。生漆是从漆树割取的天然液汁，主要由漆酚、漆酶、树胶质及水分构成。漆器的主要特点是可以抛光到与瓷器媲美。漆层在潮湿条件下干燥，固化后非常坚硬。漆器是古代人们日常生活中应用十分广泛的物品，而且具有比青铜器、陶器优越得多的实用和审美特点——轻便、耐用、防腐蚀、可以彩绘装饰等。《韩非子·十过》述虞舜做食器"流漆墨其上。禹做祭器，墨漆其外而朱画其内"。

　　我国先秦的漆器以楚墓出土最多。漆器主要有装食物的碗、盘，夹菜的筷子以及酒器等。马王堆汉墓出土的漆筷，保存了 2000 年之久。漆筷色彩鲜艳，图案优美，经过 42 道工艺制造，仅上漆就达 7 次之多。每次上完漆以后，都经过高温蒸煮，所以经得起滚水沸汤。

　　漆器发展到三国以后就逐渐减少了产量。一方面是因为瓷器日臻完善，使用率大大提高；另一方面漆器的成本较高，且工艺复杂，使用时禁忌较多，忌盐等食物，渐渐民间转而使用瓷器。

◎ 4. 瓷器时代

　　瓷器的发明是中华民族对世界文明的伟大贡献，在英文中，瓷器与中国同为一词"China"。瓷器脱胎于陶器，它的发明是中国古代汉族先民在烧制白陶器和印纹硬陶器的经验和实践中逐步探索出来的。大约在公元前 16 世纪的商代中期，中国就出现了早期的瓷器。因其无论在胎体上，还是在釉层的烧制工艺上都较为粗糙，烧制温度也较低，表现出原始性和过渡性，所以一般称其为"原始瓷"。原始瓷作为陶器向瓷器过渡时期的产物，与各种陶器相比，具有胎质致密、经久耐用、便于清洗、外观华美等特点。原始瓷烧造工艺水平和产量的不断提高，为后来瓷器逐渐取代陶器，成为中国人日常生活的主要用器奠定了基础。

　　原始青瓷经过千年的发展，到东汉晚期才摆脱了原始的状态，胎体的瓷化程度接近现代瓷器的水平，逐渐走向成熟。青瓷以南方的越窑最有名。同时期还创制出了白瓷，发展迅速，到唐朝形成了青白"花开并蒂"的局面，白瓷则是北方的邢窑独领风骚。一青一白，南北辉映，陶瓷史上称为"南青北白"。

　　至宋代时，名瓷名窑已遍及大半个中国，是瓷业最为繁荣的时期。而元代的青花瓷器在中国陶瓷史上占有重要的位置。当时的汝窑、官窑、哥窑、钧窑和定窑并称为宋代五大名窑。被称为"瓷都"的江西景德镇在明代出产的青花、彩瓷、颜色釉瓷均称天下无双。青花瓷釉质透明如水，胎体质薄轻巧，洁白的瓷体上敷以蓝色纹饰，素雅清新，充满生机。此外还创制了青花五彩瓷

器，采用釉上彩和釉下青花结合的手法，特点是色彩浓艳，花纹瑰丽。青花瓷一经出现便风靡一时，成为景德镇的传统名瓷之冠。与青花瓷并称四大名瓷的还有青花玲珑瓷、粉彩瓷和颜色釉瓷。另外，还有雕塑瓷、薄胎瓷、五彩胎瓷等，均精美非常，各有千秋。

清代制瓷业臻于鼎盛，达到历史的最高水平。这一时期的瓷器——青花鲜艳纯净、五彩绚丽多姿、铜红釉红艳夺目，均取得了重大成就。此时出现了融合几种颜色釉和不同的彩绘装饰于一身的多彩釉器物，巧夺天工，反映了制瓷和绘瓷技术已达到炉火纯青的境界。乾隆以后，我国制瓷业日渐衰落，至民国更是每况愈下。

但是，瓷器由于物美价廉，在饮食器具中始终处于不可替代的地位。而高级瓷器拥有远高于一般瓷器的制作工艺难度，因此在古代皇室中也不乏精美瓷器的收藏。作为古代中国的特产、奢侈品之一，瓷器通过各种贸易渠道传到世界各个国家，并作为具有收藏价值的古董被大量收藏家所收藏。

第二节　中国饮食器具的文化意蕴

一、等级有别，礼制标志

饮食器具最初只是用来辅助人类饮食的，但是随着社会生产力的发展与进步，社会关系日趋复杂，社会各阶层利益冲突的增加，原始宗教用于祭祀鬼神的习俗仪式开始演变为调整社会关系的行为准则，这种行为准则反映在饮食器具上，就是饮食器具成为专制等级外在标志的礼器，统治阶级将自己的意志强加于饮食器具上，一部分饮食器具于是变得神圣和高贵，具有说明主人身份地位、显示尊卑关系、表达虔诚和敬畏，象征使用者的权力和地位等作用，因而具有了特殊的意义。

鼎在中国饮食器具中有显赫的地位，它成为政治等级和统治权力的象征，最早被赋予神圣而庄严的光环的也是这种器具。《史记·封禅书》中记载有"禹收九牧之金铸造九鼎"，从此九鼎成为王权的象征、传国的宝器、天下共主的象征。每个朝代的嬗迭更递，无不以有无"九鼎"相传证明自己政权的合法性。张衡的《两京赋》里说："击钟鼎食，连骑相过。"王勃的《滕王阁

序》里也讲到："钟鸣鼎食之家。"钟是乐器，贵族进食有人在旁边击钟奏乐。鼎食是列鼎而食，古代贵族饮食，列鼎的数量，盛放的食品，都有严格的等级区别。典籍载有天子九鼎，诸侯七鼎，大夫五鼎，元士三鼎或一鼎的制度。西汉主父偃说："丈夫生不五鼎食，死则五鼎烹耳。"追求的就是能列五鼎而食的卿大夫。

在青铜餐饮器具中居第二位的盛饭食的是簋（guǐ）。按西周以来的定制，是天子用八簋，诸侯用六簋，大夫四簋，士二簋。如 1960 年陕西扶风齐家窖藏出土的两个簋，宝鸡茹家庄出土的四个簋，就和墓主的元士、大夫身份相吻合。

随着周王朝无可挽回地衰落，新兴地主阶级登上历史舞台，"礼乐崩坏"的时代不可避免地到来，曾经神圣无比、不可侵犯的青铜礼器，终于失去了往日神圣的光环，回归到本来的位置，成为世俗生活中普普通通的器物。但是，饮食器具的等级化并没有因此而消失，一些质地上乘、制作精良的餐具从此便成为权势、地位、身份和财富的象征，遂而成为后世或炫耀身份财富，或显示皇恩浩荡，或表示浓情厚谊的对象。

漆器餐具在汉代非常昂贵，一般可以享用的只有贵族、官僚、地主和大商贾，而下层社会的普通百姓根本不敢问津。而唐代的金银平脱漆器餐具，因是一种极为奢侈的贵重工艺品，也只有宫廷和上层贵族可以使用。唐人段成式在《酉阳杂俎》一书提到了唐玄宗赐给安禄山新宅的食品和生活用品，其中就有金银平脱的混沌盘、匙箸等漆器。

金银器等贵金属制作的餐具，从其诞生之初的南北朝时期起，一直到明清时代，更始终作为上层社会的专宠出现在宫廷、显贵的餐桌上。唐玄宗在一次御宴上，为了表彰丞相宋璟的刚正不阿，于是就把一双金筷子赐给他，吓得宋璟愣住了，根本不敢接，直到唐玄宗说明缘由，宋璟才谢恩接物。

瓷器餐具因其本身具有的轻便、耐用、便利等诸多优势，从其诞生之日起，就受到人们的喜爱，并逐渐成为国人使用最多的餐具。但因产品有高下之分，故从宋代起，瓷窑就有官用和民用之分，官用为宫廷等专用，生产的产品做工考究，档次很高。官用的整套餐具被称为"整堂"，而民间百姓的则称为"散用"。素有"黄金有价钧无价"之美誉的钧窑瓷器，包括餐具，自宋徽宗起就被历代帝王钦定为御前珍品，入主宫廷，只准皇家所有，不准民间收藏，被人为地打上了社会等级的印记。后来康熙年间研制出的集书、诗、画和瓷器工艺于一体的珐琅彩瓷器餐具，乾隆时期的景泰蓝餐具，也同样如此，都打上了确凿无误的皇权印记，成为皇族显贵的专用奢侈品。珐琅彩瓷器是以珐琅质

加樟脑油调和而成的彩料烧制出来的，乾隆皇帝曾特别强调，"庶民弗得一窥也。"甚至连王公大臣也不赏赐。

二、分餐之制，古已有之

丰富多彩的饮食器具，还反映了一种被人忽视的食俗：中国古代实行的是分餐制。

现代许多人都从卫生、健康的角度出发，批评、指责中国人的"伙食"，极力倡导西方的"份饭"和分餐制。其实，分餐制恰恰是中国古代的食俗，它存在的时间要远远超过"伙食"的历史。我国早在周、秦、汉、晋时代，就已实行分餐制了。只是到了唐代，才又演变为合餐的会食制。

据《史记·孟尝君列传》记载，孟尝君广招天下宾客，他礼贤下士，对前来投奔他的数千名食客，不论贵贱，一视同仁，而且和自己吃同样的馔食。一天夜晚，孟尝君宴请新来投奔的侠士。宴会中，有一侍从无意中挡住了灯光，这位新来投奔的侠士认为一定是自己吃的膳食与孟尝君的不一样，要不然侍从为什么要挡住灯光呢？这位侠士于是怒气冲冲放下筷子，准备离席而去。孟尝君为说明真相，亲自端起自己的饭菜给侠士看，以示大家用的是同样膳食。真相大白后，侠士羞愧难当，遂拔剑自刎以谢罪。假如大家同桌而食，菜肴同出一盘，就不会发生这样的误会了，这个故事说明，即便是好客的孟尝君，也是和客人分餐而食。

分餐制的食俗一直延续到魏晋南北朝。南朝梁孔休源住在孔登家中，侍中范云到孔登家拜访孔休源。孔登以为是来拜访自己，于是奉上丰盛的饭菜。范云并不动筷子，要等孔休源回来一起用餐。孔休源回来以后，孔登为他准备的只是平常的"赤包米饭、蒸鲍鱼"。范云坚持与孔休源吃同样的饭菜，"不尝主人之馔"，弄得孔登非常尴尬。范云是当朝宰相，孔休源是他器重的朋友，如果能够"伙食"的话，三人共桌而食就行了，孔登用不着为难了。

还有一个故事讲的是南朝时期的事例。据《陈书·徐孝克传》记载，国子祭酒徐孝克在陪侍陈宣帝宴饮时，对摆在自己案前的馔食一筷子也不动，可是当筵席散场时，他面前的馔食却明显减少了。原来，徐孝克将一些馔食悄悄带回家孝敬老母了。这使皇帝非常感动，并下令以后参加御宴，凡是摆在徐孝克案前的馔食，他都可以堂而皇之地带一些回家。这也说明，当时实行的是一人一份的分餐制。

从马王堆出土的一套漆器餐具中也可以验证这一食俗。1972年在长沙的

马王堆汉墓中出土了一件保存完好的漆案，出土时色彩艳丽，光亮如新，案上描绘着云纹，线条刚劲、流畅、挥洒自如。漆案刚出土时上面完好地摆放着五个小漆盘，盘内还盛有腐朽后的牛排竹串等食物，另还放有漆卮、漆耳杯和一双竹筷。这么多的餐具只放了一双筷子，相关专家指出，可以肯定这是供一个人进食之用，进餐时将食物按人数分配，盛放在这些器皿当中。

据王仁湘《饮食与中国文化》记载，我国从唐代由分餐制又演变为合餐的会食制，其重要原因是由于高桌大椅的出现。周、秦、汉、晋时代实行"分餐制"，应用小食案进食是个重要因素。自从公元5世纪至6世纪新的高足坐具和大桌出现后，人们已基本上摒弃了席地而坐的方式，从而也直接影响了进食方式的变化。用高桌大椅合餐进食，在唐代已习以为常。从敦煌一七三窟唐代宴饮的壁画中，已可见到众人围坐在一起合餐"会食"的场景了。当然，我国由分餐制转变为会食制，这中间还有个发展过程。起初，人们虽然围坐在一桌合餐，但馔食仍是一人一份。另外，烹饪技艺的进步，生活水平的提高以及崇尚丰盛奢侈的风气等都是会食制开始的原因。

三、实用美观，合而为一

饮食器具作为人们日常饮食生活中的重要器具，主要是满足生存的基本需求，除此之外也是节日庆典、婚丧嫁娶、宗教祭祀等活动的重要道具。古代饮食器具虽然种类繁多，但是功能分明，各司一职，实用功能之强大是无可匹敌的。非但如此，大多数饮食器具以自然界的某些现象为原型，进行艺术加工，给生活以美的享受和高雅的情趣。因此，追求实用价值与审美价值的统一，成为中国饮食器具的鲜明特征之一。

古代的饮食器具很多，如簋，形状像一个大碗，人们从甗中盛出食物放在簋中再食用。豆，像高脚盘，本用来盛黍稷，供祭祀用，后渐渐用来盛肉酱与肉羹了。皿，盛饭食的用具，两边有耳。案，又称食案，是进食用的托盘，形体不大，有四足或三足，足很矮，古人进食时常"举案齐眉"，以示敬意。匕，是长柄汤匙；俎，是长方形砧板，两端有足支地。古人常以刀匕、刀俎并举，并以"俎上肉"比喻受人欺凌、任人宰割的境遇。壶，是一种长颈、大腹、圆足的盛酒器，不仅装酒，还能装水，故后代用"箪食壶浆"指犒劳军旅。彝、卣、罍、缶，都是形状不一的盛酒器。爵，古代饮酒器的总称，作为专门是用来温酒的，下有三足，可升火温酒。角，口呈两尖角形的饮酒器。觥，是一种盛酒、饮酒兼用的器具，像一只横放的牛角，长方圈足，有盖，多

作兽形，觥常被用作罚酒，欧阳修《醉翁亭记》中有这样的描述："射者中，奕者胜，觥筹交错，起坐而喧哗者，众宾欢也。"

古代每一件饮食器具差不多都是精湛的工艺美术品。饮食器具的造型在美观实用的同时，还按照自然界鸟、鱼、兽、禽等动物的形态来设计器物的立体形状。陕西华县太平庄出土一件仰韶文化时的鹰鼎，形状像鹰，构思巧妙，栩栩如生。爵实际上是雀的造形，像犀尊、龙虎尊、四羊方尊都是动物造型。

古代每一件饮食器几乎都要进行雕镂装饰，尤其是商周时代的器物花纹更加富丽繁缛，有兽面纹类、龙凤纹类、凤鸟纹类等各种动物纹类、几何纹、人面画像等。唐宋以后，上层官僚豪富除使用金、银、铜、玉、象牙等珍贵质料的饮食器具外，瓷器逐渐成为普遍使用的器物。一般百姓大多以陶器和竹木器，饮食器具的艺术审美价值，仍为各阶层人们的不同层次的追求。书法、绘画，自然界的花、鸟、虫、鱼都被装点在瓷质饮食器具上。直到今天，哪怕是最普通、最一般的碗、盘，也都有花纹或者文字。

四、发达科技，不容忽视

一部饮食器具的发展史，其实也是科技发展史的一个缩影和见证，是中国科学技术不断发展和生产力水平不断提高的最为直观的教具。从新石器时代的陶器饮食器具，到夏、商、周时期的青铜器饮食器具，及至后来的漆器饮食器具、瓷器饮食器具，无不反映了科技的进步与发达。

五、信息传递，弥足珍贵

饮食器具文化作为饮食文化的重要组成部分，内容丰富，意蕴深邃，它囊括和涵盖了我国近万年来社会发展中的人文历史、科学技术、风俗礼仪、伦理美学等很多方面的珍贵信息。饮食器具不仅是人类生活中的必需品，而且也是艺术品、档案资料、文物等。这些几千年来的饮食器具不仅给我们以美的启迪和享受，让我们大开眼界，一饱眼福，而且饮食器具本身、饮食器具上的文字、饮食器具的装饰纹样等也为我们提供了很多珍贵的历史资料，传递了很多当时的生活、生产等各方面的信息，为我国的历史学研究提供了有利的条件和珍贵的资料。

如饮食器具上面的装饰纹样，就表达和传递多层意义，有的象征王权至高无上，不可侵犯，有的表达对吉祥兴旺的企盼和渴求。兽面纹是青铜饮食器具

中较为常见的一种纹饰，象征一种传说中凶猛的恶兽，兽面纹是纹饰的主题，不仅具有装饰的意义，而且是有意味的符号，表达着特定的宗法性的内容，目的是对异族恐吓震慑，对本族人民保护庇佑。今天我们在欣赏过去时代的饮食器具时，要关注的饮食器具所传递和表达的信息，从而透过这些表面信息，看到饮食器具所传达的饮食文化的不断演变、融合、更迭的过程，看到不同的历史时期的宗教、文化、艺术等的发展变化。

第三节　筷子文化

一、筷子的起源

筷子诞生最主要的契机应是熟食烫手。上古时代，因无金属器具，再加上兽骨短而脆且加工不易，于是先民就随手采摘细竹和树枝来夹取熟食。当时的人类生活在茂密的森林、草丛、洞穴里，随手可得的材料莫过于树木、竹枝。正因如此，小棍、细竹经过先民烤物时的拨弄，急取烫食时的捞夹，蒸煮谷黍时的搅拌等，筷子的雏形逐渐出现。从现在筷子的形体来看．它还带有原始竹木的特征。

随着饮食烹调方法的改进，饮食器具也随之不断发展。新石器时代的人们进餐大多采用蒸煮法，主食米豆用水煮成粥，副食菜肉加水烧成多汁的羹，食粥用匙从羹中捞取菜肉用餐极不方便，而以箸夹取菜叶食之却得心应手，所以《礼记·曲礼》说："羹之有菜用梜，其无菜者不用梜。"由此可知，新石器时代食羹中之菜用匙极为不便，以手来抓滚烫稀薄的羹，更是不可能，于是箸便成了最理想的餐具。

《韩非子·喻老》载："昔者纣为象箸，而箕子怖。"可见早在商代末期，我国已出现精制的象牙筷了。民间关于筷子的传说也不少，一种说法流传于四川等地，说的是姜子牙受神鸟启示发明丝竹筷；还有一种说法流传于江苏一带，说的是妲己为讨纣王欢心发明用玉簪作筷；另有一种说法流传于东北一带，说的是大禹治水时为节约时间用树枝捞取热食而发明筷子。《礼记》郑注云"以土涂生物，炮而食之"，就是把谷子用树叶包好，糊泥置火中烤。为使其受熟均匀，不断用树枝拨动，我们的祖先也就是在拨动谷粒的过程中得到启发，天长日久，筷箸的雏形也渐渐地在先民手中出现。

中外饮食文化

当然，任何传说总是经过历代人民的取舍、夸张、渲染甚至幻想加工而成的。其实，它是将数千年百姓逐渐摸索制筷的过程，集中到传说中的典型人物身上。筷箸的诞生，应是先民的集体智慧，并非一人之功。不过，极有可能的是筷子起源于禹王时代，经过数百年甚至千年的探索，到商代成了和匙共同使用的餐具。

关于筷子的名称，各个时代叫法不同。先秦时叫"梜"，秦汉时期叫"箸"，直到宋代的时候，才有"筷"的称呼。

为什么后来的人都不用"箸"，而有了"筷子"这个名称呢？说来有趣，明朝的吴中也就是现在的江浙一带一些地方的箸就不叫箸，叫筷子。原因是江浙一带撑船的多，船家撑船有许多讲究，也有很多忌讳，"箸"跟"停住"的"住"字同音，而撑船的人总想着一帆风顺，停住不走当然就不顺意了，于是就把"箸"改成"快"，以求快行船，多盈利。"筷"的称谓于是出现。

知识链接　☞【关于筷子的起源的传说】

姜子牙发明筷子说。这一传说流传于四川等地，说的是姜子牙只会直钩钓鱼，其他什么事也不会干，因此十分潦倒。他老婆不愿意再跟他过苦日子，就想将他害死，"另谋高就"。

一天，姜子牙又两手空空回家，他的老婆突然说道："你饿了吧？我烧好了肉，你快吃吧！"姜子牙确实饿坏了，伸手就去抓肉。突然飞来一只鸟，啄了他一口。他疼得大叫了一声，忙去赶鸟。他又去拿肉时，鸟再次啄他的手背。姜子牙犯疑了，为什么鸟两次都啄了我，难道这肉吃不得？为了证明自己的疑问，他第三次去抓肉，这时鸟依然如故。姜子牙装着赶鸟一直追出门去，直追到一个无人的山坡上。他知道这是一只神鸟，只见神鸟栖在一枝丝竹上，并呢喃鸣唱："姜子牙呀姜子牙，吃肉不可用手抓，夹肉就在我脚下……"姜子牙按照神鸟的指点，忙摘了两根细丝竹回到家中。这时，老婆照旧催他吃肉，姜子牙将两根丝竹伸进碗中，突然看见丝竹冒出一股股青烟。他假装不知放毒之事，夹起肉就向老婆嘴里送。老婆脸都吓白了，急忙跑出门去。

姜子牙明白这丝竹是神鸟所赠的神竹，任何毒物都能验出来，从此每餐都用它进餐。此事越传越远，他老婆不敢再下毒，街坊邻居也纷纷学着用竹枝吃饭。后来效仿的人越来越多，用筷吃饭的习俗也就代代流传。

妲己发明筷子说。这个传说流传于江苏一带。说的是商纣喜怒无常，吃饭时总是挑不是。结果，很多厨师成了他的刀下鬼。妲己也知道他这个毛病，所以每次摆酒设宴，她事先都要尝一尝，免得纣王觉得咸淡不适又要发怒。有一次，妲己尝到有几碗佳肴太烫，可是换也来不及了，纣王已来到餐桌前，妲己急中生智，忙取下头上长长的玉簪将菜夹起，吹了吹，准备等菜凉些再送入纣王口中。纣王认为由妲己夹菜喂饭是件享乐之事，天天要妲己如此。于是，妲己就让工匠特制了两根长玉簪夹菜，这就是玉筷的雏形。后来，这种夹菜的方式传到了民间，便产生了筷子。

大禹与筷子。这个传说流传于东北地区。说的是尧舜时代，洪水泛滥成灾，舜命禹去治理水患。大禹受命后，发誓要为民清除洪水之患，于是有了"三过家门而不入"的传说。他日夜与凶水恶浪搏斗，别说休息，就是吃饭、睡觉也舍不得耽误一分一秒。

有一次，大禹乘船来到一个岛上，饥饿难当，就架锅煮起肉来。水煮沸后，因为肉很烫手无法用手抓食。大禹不愿在此白白浪费时间，他要赶在洪峰到来之前治水，所以就折下两根树枝把肉夹出吃掉。后来，大禹总是以树枝、细竹从锅中捞食节约时间。久而久之，大禹练就了熟练使用细棍夹取食物的本领。手下的人见他这样吃饭，既不烫手，手上又不会沾染油腻，于是纷纷效仿，就这样渐渐形成了筷子的雏形。

二、筷子形制的演变史

筷子智慧，是中国独特的文化，象征着古老而悠久的中国文明，浓缩了中华民族5000年的历史。这两根小棍儿，一旦能熟练操纵，使用起来就会灵巧无比，难怪西方有学者赞扬筷子是古老东方文明的代表，是华夏民族智慧的结晶。

我国古时的筷子大多是用竹子制作的，但也有用木材制成的。后来，随着社会生产力的发展，封建帝王和贵族们，为了炫耀其地位及财富，又采用金、银、玉、象牙等名贵材料制成筷子，作为自己富贵的标志。现今的故宫博物院珍宝馆里还可以见到这些筷子。筷子跟绘画、雕刻联姻，经艺人之手巧妙点化，又可制成高级精美而魅力独具的工艺品。小小筷子，方圆有致，式样精巧，或烙画或镂刻，让人观赏把玩，爱不释手。如北京的象牙筷，浅刻仕女、

花鸟或风景，饰以彩绘，华贵艳丽；桂林的烙画筷，烙印象鼻山、芦笛岩、独秀峰等景，白绿相间，清丽大方。如今，筷子的品种就更多了，上海豫园商场有家筷子商店，经营的品种达 70 多种，而且造型也美，工艺更精巧，如杭州的天竺筷、宁波的水磨竹筷、福建漆筷、广东的乌木筷、四川的雕花竹筷、江西的彩漆烫花筷、山东潍坊的嵌银丝硬木筷、苏州白木筷和云南楠木筷等，皆是中国筷子大家族的名品。现在，北京又制作了以硬木、紫铜、象牙、玉石等为原料，结合景泰蓝、雕刻、镶嵌等工艺的高档筷子。有些竹、木筷子的上端还烤印有各种图案或名家诗句，有的还雕刻上十二生肖形象，甚为精致。明清时代，各种筷箸已由单纯的餐具发展为精美的工艺品。四川江安的竹黄筷驰名中外，1919 年曾在巴拿马国际博览会上夺得优胜奖章。此筷创制于明末清初，以节长壁厚之楠竹为原料，经煮沸、制坯、露晒、打磨等多道工艺再精雕细刻而成，所刻狮头竹筷有单狮、双狮、踏宝狮、子母狮等 80 多个品种。据说，制作一双传统狮头簧筷，单是两个狮头，有时竟要雕上 300 ~ 400 刀才能完成。其做工之细，技艺之精，委实令人叹服！这筷画、筷雕构成了中国工艺美术殿堂中独具民间特色的一员。

◎ **1. 竹木筷箸**

先秦之箸，多为竹木制品，不像青铜器埋入地下数千年依然形器完整，即使锈迹斑斑或略有残缺，也可修复。竹木筷箸身材细小，入土多易腐烂，根本无迹可寻。但是近 50 年来，由于考古工作者的不懈努力，从古墓中还是发掘了一些古箸。

最著名的是湖南长沙马王堆一号墓 1973 年出土的 3000 多件精美文物中，有一双竹箸，长 17 厘米，直径 0.3 厘米，现藏于湖南博物馆，可谓弥足珍贵。

木筷品种较多，红木、楠木、枣木、冬青木，皆可制筷。而紫檀木筷，更是精美的工艺品。宋代赵汝适《诸蕃志》载："檀香出阇婆（爪哇），其树如中国之荔枝……气清劲而易泄，热之能夺众香；色黄者谓之黄檀，紫者谓之紫檀，轻而脆者谓沙檀。"

乌木在很早以前就有作箸之记载，《博物要览》记："乌木出海南、南番、云南，叶似棕榈，性坚，老者纯黑色，且脆。"乌木质坚体重，不弯曲不变形，制筷高雅，色泽黑亮，光润细腻，手感极好。因而，乌木筷在木质筷中身价最高。

酸枝木主产于印度、东南亚诸国，分为红酸枝、黄酸枝和白酸枝。通常以栗褐色近似紫檀，材质坚韧，纹理细密者为佳。酸枝木坚硬而重，可沉于水，经打磨可达到平整如鉴，抚之细滑清凉，木纹美观，不易腐朽，经久耐用。

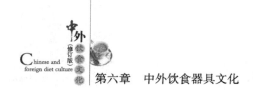

　　花梨木主要从东南亚、南洋群岛进口，呈大红、黄褐色和红褐色，颜色接近边缘越淡，纹理呈青色、灰色及棕红色等。坚硬，纹理精致美丽。

　　生漆是最古老的天然涂料，漆膜坚硬而富有光泽，其性能是其他涂料无法比拟的，具有防锈、防腐、绝缘、不易氧化、耐酸碱和高温等性能。生漆形成坚硬的漆膜，能越磨越亮，时久色泽变浅是因光合作用下色素的溢变，而漆膜不会消失，只是变得更透明而已。

　　现今，竹木筷箸依然是广大老百姓餐桌上的主要食用工具。

◎ 2. 青铜筷箸

　　甘肃酒泉夏河青出土了东汉铜箸一双，四川出土的东汉画像砖《宴饮图》中也出现了箸：三位席地而坐的饮宴者，左边一位手中托碗，碗中插有箸，而在另两位面前的低案上也放箸两双，由此可知，汉代用箸已较为普遍。汉代箸的形状大多为首粗下足略细的圆形。而春秋时期多为上下一般粗细的圆柱体。

　　我国考古发掘的箸已有相当数量，春秋中晚期的箸也见于云南大波那木椁铜棺墓，墓中出土铜箸两支，长 28 厘米，首径 0.4 厘米，首粗足细，整体为圆柱形，形制古朴浑厚。

　　四川大邑凤凰乡东汉墓出土铜箸 8 支，首端为六翎柱，足圆，整体为首粗足细，圆柱形。

◎ 3. 金银筷箸

　　隋代长安李静训墓出土的一双银箸，长 29 厘米，两头细、中间粗，迄今为止是我国考古发现最早的银箸。古名医陈藏器说："铜器上汗有毒，令人发恶疮内疸。"事实证明，铜氧化后容易产生铜腥气，铁氧化则锈迹斑斑，都影响进餐的质量和心情，故渐渐为银箸所替代。

　　在我国历史上，从隋到唐的 300 多年间，中国封建社会政治、经济和文化的发展达到了空前的高峰，人民的生活也有了较大的提高。特别是唐代，中外文化交流频繁，冶炼水平有了进一步发展，因此，金箸、银箸也就不断在餐桌上出现。

　　李白诗云："金樽清酒斗十千，玉盘珍馐直万钱。"唐朝盛世饮宴之风大行其世，美味佳肴日渐丰富，箸匙等餐具也向更高层、高档发展，可谓"食必常饱，然后求美"。

　　我国出土银箸数量最多的一次是 1982 年镇江东郊丁卯桥出土的 950 余件唐代银器，其中银筷达 40 余双。银箸测毒说其实并不可靠，但银箸确实有杀菌作用。

江西安乐溪航桥东陂湾水库的一座南宋银器窖藏中，出土文物 100 余件，其中银箸 44 支，首部为六角形，其下有六道弦纹，作竹节状，再下面又是三道弦纹，足圆，每支箸刻正楷"仁"或"德"字，两只合并为"仁德"二字。

在辽宁法库叶茂台辽墓中出土的文物中，有进食具木胎包银漆箸两支、髹漆柄银匙一件。箸是少见的粗箸，首部较粗，首端镶有银帽顶，其下饰竹节纹，髹漆、足部呈圆柱形，箸面装饰独具一格。

◎ **4. 工艺筷箸**

宋代起，筷箸已朝向工艺品方向发展。

江西鄱阳东湖出土的两双北宋银箸，箸上部有了新突破，改圆柱形为六棱形，下端还是细圆柱形。

四川阆中丝绸厂出土的南宋铜箸数量之多大大出乎意外，竟有 122 双，这批铜箸粗粗细细不一，器形首粗足细，中部有弦纹。

辽宁辽阳三道壕出土的金代铜箸一双，上部为六棱形，箸身有竹节纹饰。到了元代，箸形又有了新的变化，安徽合肥孔庙出土的 110 根银箸，首部呈八角形。

这一时期筷箸最大的特征是器形多变，相较唐代以前甚为单调的箸有了更丰富的外形。

烙画相传起源于西汉，东汉初光武帝刘秀曾命将河南南阳烙画列为贡品。烙画箸以冬青木为原料，先用水浸 3 个月再晾干加工为条，放入植物油中浸泡 3 个月以上，然后剖成条型，使之具有不弯曲，易清洁，轻巧等特点。

竹雕筷驰名中外，多次获国际奖。这种筷子出现于明末清初，是以节长壁厚的楠竹为原料，经煮沸制坯、露晒、打磨等多种工艺制成。精雕狮头竹筷更是久享盛名，有单狮、双狮、踏宝狮、子母狮等 80 多个品种。

◎ **5. 方首圆足——明代箸的流行样式**

所谓"方首"，即箸的上部为方形；"圆足"，即下半部为圆形。数千年来，华夏箸文化一直在不断发展，到了明代，箸的发展变得更加明显：方首圆足。明代箸由前代的首粗足圆柱形箸改为首方足圆体，看起来变化不大，但这一小小的改革却有三大好处：

（1）圆柱体筷箸容易滚动，而四楞箸首方足圆，不易滚动，设宴待客放在桌上显得稳重。

（2）四楞箸比圆形箸操纵更加方便，方头筷握在手中拨菜容易，滑溜的菜吃起来也得心应手。

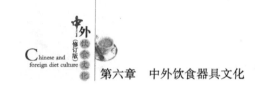

（3）四楞方箸为能工巧匠在箸上题诗刻字雕花提供了良好条件。圆柱体筷箸难以用于绘画刻字，方箸不但可以两筷相应拼组成画幅，也可多筷箸排列组成更大的画面。四川珙县洛表公社的悬棺内，清理出一支明代红漆竹箸，四楞上部刻有草书体 14 字，由此可以说明，有了方箸也有了箸上诗词。

所以说，箸首由圆体发展为方体，为生产更精美的工艺箸筷奠定了基础。

中华筷中还有用象牙和取材于牛、驼、鹿等兽骨制作的筷子，用海龟甲壳制成的玳瑁筷等。有些聪明的工匠用精雕细刻的功夫将牙骨巧妙地镶接，使之成为艺术品。明代有四楞银链象牙箸。长 27.2 厘米，上方下圆四楞体，箸顶镶 1.5 厘米银帽，足 7.5 厘米银套，箸顶有 10.5 厘米长的银链相系。

◎ 6. 竹木镶银筷箸

清代筷箸，多为竹木筷镶银，工艺精巧美观。如上海民间民俗藏筷馆所收藏清代筷箸，就有象牙镶银箸、湘妃竹镶银箸、乌木镶银箸、红木镶银箸等。这些镶银筷，不但顶镶银帽，下镶银套，还在帽顶镶有银链，使两筷相系不离。这不仅具有强烈的装饰性，带给人美感；还具有一定的实用性，两筷配对，易于保管，不会因为遗失一支致使另一支失去作用。

清代筷箸既有上下双镶箸，也有三镶箸。《红楼梦》四十回中写道："凤姐手里拿著西洋布手巾，裹着一把乌木三镶银箸，按席摆下。"三镶即顶镶银帽，足镶银套，中部镶银环。不过到了清代末期，"中环"不再时兴，式样以环镶银链为多。

另一类玉石筷也是筷中珍品，有汉白玉，羊脂玉，有翡翠，故宫珍宝馆就陈列着不少慈禧太后用过的金筷和玉筷、翡翠的、翡翠镶金的等。

☞【清代的筷箸工艺品】

知识链接

清代蒙古族刀箸。刀长 36 厘米，箸长 39 厘米。木质刀柄、木鞘，刀鞘饰有鎏金银件，鎏刻花草及龙纹。刀鞘上配有紫色绶带与火镰，火镰上饰银，镶嵌珊瑚珠，十分精美华丽。

清代金三镶玉箸。清宫中，皇帝、后妃使用的餐具十分豪华。光绪二十八年（1902 年）二月，《御膳房库存金银器皿册》记载了当时宫中所用餐具的一部分，其中包括了筷、匙、叉三项。

清代麻花纹银链仿珊瑚筷。清代将骨筷表面染成红色，俗称"仿珊

瑚筷"。此筷长 24 厘米，银链相系除装饰美之外，还有另外作用，不易遗失其一，经雕刻麻花纹，增添工艺之美。

清代兽骨雕花仕女筷。象骨筷，兽骨中象骨白洁细腻，便于雕刻。筷上仕女含情脉脉，出于无名工匠之手，亦算是一件民间仿古之作。

清末民初的旅游银餐具。银镶黑箸长 30 厘米，直径 0.45～0.25 厘米，整体为圆柱形。

◎ 7. 现代筷子

"化学筷"是近代科学发展的产物，像密胺的、塑料的……20 世纪 30 年代上海就有赛璐珞筷子，近年又出一种乳白色的"象牙筷"，虽说与象牙相似，但仅仅是"像"而已。这是一种塑料蜜胺筷，因价廉物美广受欢迎。

还有许多我们今天不常见的棕竹牙帽箸、乳帽镶银象牙箸、乌木镶银箸、虬角镶金箸。

知识链接　☞【筷子用法十二忌】

中国人使用筷子用餐是从远古流传下来的，古时又称其为"箸"，日常生活当中对筷子的运用是非常有讲究的。

一般我们在使用筷子时，正确的使用方法讲究的是用右手执筷，大拇指和食指捏住筷子的上端，另外三个手指自然弯曲扶住筷子，并且筷子的两端一定要对齐。在使用过程中，用餐前筷子一定要整齐码放在饭碗的右侧，用餐后则一定整齐地竖向码放在饭碗的正中。但要绝对禁忌以下 12 种筷子的使用方法。

1. 三长两短

意思是说在用餐前或用餐过程中，将筷子长短不齐地放在桌子上。这种做法是不吉利的，通常我们管它叫"三长两短"——代表"死亡"。

因为中国人过去认为人死以后是要装进棺材的，在人装进去以后，还没有盖棺材盖的时候，棺材的组成部分是前后两块短木板，两旁加底部共三块长木板，五块木板合在一起做成的棺材正好是三长两短，所以说这是极为不吉利的事情。

2. 仙人指路

这种做法也是不能被传统思想较深厚的人接受的，这种拿筷子的方法是，用大拇指和中指、无名指、小指捏住筷子，而食指伸出。这在北京人眼里叫"骂大街"。因为在吃饭时食指伸出，总在不停地指别人，北京人一般伸出食指去指对方时，大都带有指责的意思。所以说，吃饭用筷子时用手指人，无异于指责别人，这同骂人是一样的，是不允许的。还有一种情况也是这种意思，那就是吃饭时同别人交谈并用筷子指人。

3. 品箸留声

这种做法也是不行的，其做法是把筷子的一端含在嘴里，用嘴来回去嘬，并不时发出咝咝声响。这种行为被视为是一种十分不文明的做法。因为在吃饭时用嘴嘬筷子的本身就是一种无礼的行为，再加上配以声音，更是令人生厌。所以一般出现这种做法都会被认为是缺少家教，同样不被允许。

4. 击盏敲盅

这种行为被看作是乞丐要饭，其做法是在用餐时用筷子敲击盘碗。因为过去只有要饭的才用筷子击打要饭盆，其发出的声响配上嘴里的哀告，使行人注意并给予施舍。这种做法被视为极其下作的事情，被人所不齿。

5. 执箸巡城

这种做法是手里拿着筷子，做旁若无人状，用筷子来回在桌子上的菜盘里寻找，不知从哪里下筷为好。此种行为是典型的缺乏修养的表现，且目中无人，极易令人反感。

6. 迷箸刨坟

这是指手里拿着筷子在菜盘里不住地扒拉，以求寻找猎物，就像盗墓刨坟一般。这种做法同"执箸巡城"相近，都属于缺乏教养的做法，令人心生厌恶。

7. 泪箸遗珠

实际上这是用筷子往自己盘子里夹菜时，手里不利落，将菜汤流落到其他菜里或桌子上。这种做法被视为严重失礼，同样也是不可取的。

8. 颠倒乾坤

这就是用餐时将筷子颠倒使用，这种做法是非常被人轻视的，正所谓饥不择食，以至于都不顾脸面了，将筷子使倒，这是绝对不可以的。

9. 定海神针

在用餐时用一只筷子去插盘子里的菜品，这也是不行的，这是被认为对同桌用餐的人的一种羞辱。在吃饭时做出这种举动，无异于在欧洲当众对人伸出中指的意思是一样的，这也是不行的。

10. 当众上香

有的人往往出于好心帮别人盛饭，为了方便省事把一副筷子插在饭中递给对方。但是这种做法会被人视为大不敬，因为北京的传统是为死人上香时才这样做，如果把一副筷子插入饭中，无疑是被视同于给死人上香一样，所以说，把筷子插在碗里是严格禁止的。

11. 交叉十字

这一点往往不被人们所注意，在用餐时将筷子随便交叉放在桌上。这是不对的。北京人认为在饭桌上打叉子，是对同桌其他人的全部否定，就如同学生写错作业，被老师在本上打叉子的性质一样，不能被他人接受。除此以外，这种做法也是对自己的不尊敬，因为过去吃官司画供时才打叉子，这也就无疑是在否定自己，这也是很不文明的行为。

12. 落地惊神

意思是指失手将筷子掉落在地上，这是严重失礼的一种表现。因为北京人认为，祖先们全部长眠在地下，不应当受到打搅，筷子落地就等于惊动了地下的祖先，这是大不孝，所以这种行为也是不被允许的。但这有破法，一旦筷子落地，就应当赶紧用落地的筷子根据自己所坐的方向，在地上画出十字。其方向先东西后南北。意思是我不是东西，不该惊动祖先，然后再拿起筷子，嘴里同时说自己该死。

以上所说的12种筷子的禁忌，是我们日常生活中所应当注意的，作为一个礼仪之邦，通过对一双小小筷子的用法，就能够让人们看到我们深厚的文化积淀。

三、中国文化里的筷箸

自古以来，筷子就是人们生活中不可或缺的部分，由此派生出许多与筷子有关的文化，令人感到意趣无穷。

第六章　中外饮食器具文化

◎ 1. 诗歌与筷子

宋代女诗人朱淑贞在《咏箸》中有这样两句诗："两个娘子小身材，捏着腰儿脚便开。若要尝中滋味好，除非伸出舌头来。"前两句将筷子拟人化，形象生动有趣，后二句似乎又寄寓着这位宋代女诗人抑郁不得志而又无可奈何的心情。明代诗人程良规的《咏竹著》却为筷子唱了一首"无私奉献"精神的赞歌："殷勤问竹箸，甘苦尔先尝；滋味他人好，尔空来去忙。""一对湘江玉并看，二妃曾洒泪痕斑。汉朝四百年天下，尽在张良一箸间。"这是明朝开国元勋刘基的筷子诗，尽显一代名臣的恢宏气魄。相传，刘伯温初见明太祖时，太祖正在吃饭，于是就以筷子为题让刘伯温作诗，以观其志。刘伯温见太祖所用筷子乃湘妃竹所制，即吟曰："一对湘江玉并肩，二妃曾洒泪痕斑。"他见太祖面露不屑之色，遂高声续吟："汉家四百年天下，尽在留候一箸间。"诗借楚汉相争时，张良曾"借箸"替刘邦筹划战局，道出自己的政治抱负，最终博得明太祖赏识。清代著名文人、美食家袁枚的筷子诗读来又是另一番风味："笑君攫取忙，送入他人口；一世酸咸中，能知味也否？"诗人以筷喻人，意味深长，生动讽刺了人类追逐名利而送往迎来、失去自我。

◎ 2. 对联与筷子

在上海民间民俗藏筷馆里，挂着一副引人注目的对联："一笼藏日月；双筷起炎黄。"此联对仗工整，气势宏大且含义贴切。"玲珑自竹制来，古今饮誉神州萃；典雅由筷托出，中外扬名世界钦。"此联将筷子与中国文化的关系表现得淋漓尽致。

◎ 3. 谜语与筷子

《魏书》里有一则关于筷子的谜语："眠则俱眠，起则俱起，贪如豺狼，脏不入己。"这首谜语诗活灵活现地从一个侧面刻画出了筷子的使用特点，并使其人格化，形象逼真，诙谐有趣，富有人情味。民间还流传着许多以筷子为谜底的谜语，如"姐妹两人一样长，厨房进出总成双，千般辛辣酸甜味，总让她们第一尝"、"身体生来几寸长，竹家村里是家乡，吃进多少辛酸味，终身不得见爹娘"、"身体细长，兄弟成双，只会吃菜，不会喝汤"。

◎ 4. 小说与筷子

在中国古典小说里，筷子的身影时常出现，小说家常常借它来达到刻画人物性格的目的。据《开元天宝遗事》记载有："宋璟为宰相，朝野人心归美焉，时春御宴，帝以所用金箸令内臣赐璟。"但是因北魏时，曾规定上至王公下至百姓，私自打造金器的人是犯法的，所以当宋璟听说皇上赐他金箸，内心惶恐不安。玄宗见状安抚道："非赐汝金，盖赐卿以箸，表卿之直耳。"当宋

璟知道皇帝是表彰他如同筷箸一样耿直刚正时，才受宠若惊地接过金箸。但是他依然不敢以金箸进餐，仅仅是将其供在相府而已。

在《三国演义》中，筷子又成为罗贯中笔下的精彩一笔。曹操青梅煮酒论英雄，刘备意识到曹操的真实用意，赶忙巧借惊雷响声，佯装害怕将筷子失手落地，以表明自己是个胸无大志的庸人，从而消除了曹操的戒心，保全了自己。曹雪芹的《红楼梦》有"乌木三镶银箸"，又有"四楞象牙金筷子"出现在大观园的餐桌上。《红楼梦》第四十回中写道："凤姐手里拿着西洋布手巾，裹乌木镶嵌银筷，按席摆下。"由此可见贾府的荣华富贵。《儒林外史》第四回中有这样一段描写：范进中举不久，丧母守孝。恰在这时汤知县请他赴宴，山珍海味，美酒佳肴，还配有"银镶杯箸"。范进却推托谦让不肯入席。汤知县不明白其中的原委，经张静斋点拨，"换了一个瓷杯，一双象箸"。但范进仍然不肯进餐，再换上一双白色竹筷，"居丧尽礼"的范进这才用这双白色竹筷在燕窝里捡了个大虾圆子送进嘴里。原来，在这个装腔作势的守孝举人眼中，只有白竹筷才最合乎"孝道"，至于大吃荤腥是否有碍"孝道"反倒是无关紧要的。通过这段不动声色"换箸进食"的描写，小说作者以辛辣的笔墨，入木三分地揭露满口"诗方"、"子曰"的斯文君子，其实都是蝇营狗苟的伪君子。诸如此类在文学作品中亦多见不怪。一把筷子（即拾双筷子捆扎在一起）难以折断，而一双筷子则易折。在人们日常生活中，常把一把筷子比喻成一个集体，而单只的筷子便显得形单影吊，难以支撑大厦。团结便是力量，集体的力量是不可战胜的。在中外民间故事中，都讲到，一位父亲临死之前担心自己的几个儿子在他死后会闹不团结，于是用一根筷子容易断、几根筷子合起来不能断作喻来表达对儿子们的最后祝愿。

◎ **5. 戏曲与筷子**

"击箸和琴"，即是《春渚纪闻》卷中记载的一则佳话。南朝刘宋时的柳恽一次赋诗，冥思苦想而不得，于是就用笔敲琴，门客中有人"以箸和之"，奏出的哀韵使柳恽非常惊讶，于是"制为雅音"。事实上，借筷子为乐器的例子在文艺舞台上屡见不鲜。清音是流行于四川的曲艺品种之一，系清乾隆年间从民间小调发展而来的，大多是由一个人表演，演员左手打板，右手便执竹筷敲打竹板进行演唱。而在蒙古族人那里，筷子又被作为舞蹈表演的道具。这种舞蹈历史悠久，流行于内蒙古地区，起初多为男子独舞，新中国成立后发展成为男女群舞。表演时，舞蹈者左右手各执一束红漆筷，伴随着乐曲的旋律，用力敲打肩、腰、腿、脚等部位，并时而击地，时而互击，时而旋转，时而跪蹲，两肩和腰随之相应扭动，边打边舞，动作刚劲，节奏强烈，场面感人，具

有浓厚的草原气息，是牧民欢乐生活的反映。解放初期，蒙古族的筷子舞曾风靡全国，为人们喜闻乐见。民间还有用筷子敲击碟子的舞蹈，碟声悦耳，舞姿优美，别有韵味。在杂技节目中，也有借用筷子为表演道具的。

◎ **6. 民俗与筷子**

我们在前面讲到的民间对于用筷子的讲究即是鲜明的例子。另外，中国人历来有讨口彩的习俗，筷子就有快生贵子、快快乐乐等好寓意。筷子筷子，快生贵子，这是清代末年非常流传的。筷子是成双成对的，结婚时作为定情之物，两根筷子在一起，白头到老，永不分离。民俗中，恋人在七夕节的时候要互送筷子作为礼物，取的是"成双成对"的好口彩。目连戏是一种糅合宗教、民俗等多种因素的大型娱乐活动，《刘氏出嫁》是蜀人"搬目连"所必不可少的开场戏，戏中新娘上轿时，就要撒24双筷子并唱"撒筷歌"。这正是民间借筷子讨口彩以祈求"快生贵子"的文化心理在戏曲中的艺术再现。在东北新婚洞房花烛之夜，有人就从窗外扔进一把筷子的习俗，为的是讨个"快生贵子"的口彩。云南阿昌族娶亲接新娘时，在丈人家新郎官吃早饭用的"筷子"，必须要用足足有五六尺长的细荆竹特制，梢子上还带着一簇簇绿叶，并拴上鲜花之类的东西。当新郎拿起这双"筷子"时手常常抖得很厉害，有时还要用肩膀扛起来。有趣的是，新郎吃的菜也全是特制的，如油炸花生米、米粉、豆腐、水菜之类的东西，或是细得夹不起，或是滑得夹不住，或是软得一碰就碎。这顿饭常常把那些身强力壮、神气十足的新郎吃得满头大汗，给他一个下马威，让他今后对妻子要体贴一点！

◎ **7. 绘画与筷子**

清袁枚在《随园食单》中说："美食不如美器，斯语是也。"清代，在云南武定县出了个烙画筷子的名艺人武恬，他能在长不盈尺的筷子上烙画唐代画家阎立本的《凌烟阁功臣图》、《瀛洲十八学士图》，所绘人物须眉衣饰，栩栩如生，其技艺号称天下无双，出自他亲手制作的工艺筷亦是身价百倍。

◎ **8. 书法与筷子**

除此以外，筷子跟传统书法艺术也有很深的缘分。周作人在《吃饭与筷子》一文里，谈及西方人的刀叉和国人的筷子之异同时曾指出："刀叉与筷子也不好说在文化上有什么高下，总之因有这异同，用筷与用笔才有密切的关系，正如拿钢笔的手势出于拿刀叉一样。朝鲜、日本、越南、缅甸、新加坡各国之能写汉字，固然由于过去汉文化之熏陶，一部分是由于吃饭拿筷子的习惯，使得他们容易拿笔，我想这是可能的。"西方人由执刀叉而拿钢笔，国人由用筷子而执毛笔，知堂老人这番立足发生学的推论，倒是饶有意味。今上海

藏箸家蓝翔更是以箸代笔，练就一手他自称"野孤禅"的"双筷书法"，名声传出，求字者纷纷上门。1994 年 7 月 2 日《民族文化报》上还介绍了一位练竹筷书法非常有成就的部队文书。

◎ **9. 筷子博物馆**

上海的蓝翔在 1988 年创办了我国第一家专门收藏筷子的家庭博物馆。馆藏筷子 800 余种，共 1200 余双，其中不乏珍品，如清代暗钮银箸、鲨鱼皮叉双套筷、蒙古族刀筷等，流光溢彩，难以详述。蓝翔也收藏筷笼，以瓷、陶、竹制品居多。他收藏的筷子与筷笼无不洋溢着浓浓的民俗文化气息。

◎ **10. 筷子的寓意**

筷子外形直而不弯，常被古人寓以种种美德。一双筷子虽然只有两根木棍或者竹片，但是，第一，这两根木棍或者竹片都必须是直的，有一根弯曲或者两根都弯曲都无法使用。这反映了我们的祖先喜欢简洁而平直的观念。第二，这两根木棍必须一样长，至少要大体相等，否则使用起来就很别扭。这说明一种平等的理念，任何事物，有关的双方只有平等才能相互协作。第三，标准的筷子总是上半截方下半截圆，这正如古钱币的形状总是外圆内方一样，说明我们的祖先对方和圆的形状情有独钟，认为天是圆的，地是方的。

知识链接 ☞ 【**日本文化中的筷子**】

被称为"东方文明"的筷子，在亚洲和欧洲一些国家具有广泛的影响。如今日本已成为世界上生产、使用筷子最多的国家之一。日本还将这种普及使用筷子的新潮视为弘扬日本文化最基本的标志。

据说有位叫本田总一郎的学者，为感谢筷子一日三餐辛勤地为人们效劳，建议将每年的 8 月 4 日定为"筷子节"。这位学者的倡议立即得到人们的热烈响应。1980 年 8 月 4 日，"保卫日本的节日之会"分别在东京赤坂的日枝神社和新潟县三条市的八幡神社举办了供奉筷子的仪式。这一天，人们载歌载舞地庆祝这一庄严神圣的节日。从此，日本有了个"筷子节"。在这一天，家家户户都热热闹闹地庆祝一番，以感谢筷子一日三餐为他们服务。农村在播种、插秧、收获、生日或婚嫁的喜庆的筵席上都要换上新筷子，以表愉悦之情。

日本人一生与筷子关系之密切，真可谓"始于箸，终于箸"。小儿出生后第 101 天开始让他吃饭，庆祝仪式就叫作"箸立"。他们把从神

社寺院请来的神箸呼为长寿箸、延命箸、福寿箸之类，将长寿归功于筷子，大概也不无道理。筷子派的用场多了，忌讳便也多。人死了火化，由二人用筷子拾取、递接骨灰，装入骨灰罐，于是一生"终于箸"，因之，日常生活中忌讳两个人同时伸筷子夹一盘菜，忌讳用筷子递接食物。箸即柱，神佛住在这小柱上。从前，人们在山上用饭常常折树枝当筷子，但筷子一旦用过，那个人的灵魂便附着在上面，如随便扔掉，会祸从天降，所以一定要折断，使灵魂回到身上。这种习俗如今也常见，有的日本人吃完盒饭后随手会把筷子折断，就是这一习俗的体现。

第四节　美食与美器

"煎炒宜盘，汤羹宜碗，参错其间，方觉生色。"这无疑是清代诗人袁枚对美食与美器关系的一个精练总结。李白诗云："金樽清酒斗十千，玉盘珍馐直万钱。"美酒要配"金樽"，珍馐美味要用"玉盘"衬托，才能价值万千。杜甫在描写唐代宫廷盛宴餐桌上的奢侈华美时这样写道："紫驼之峰出翠釜，水精之盘行素鳞。"驼峰确为美味，烧好后用翠绿的"玉釜"端上餐桌，清蒸鱼则用晶莹透明的水晶盘装盛，诗句吟咏了美食与美器之美，写出食美、器美的高雅境界。这样的美食与美器的搭配，真是珠联璧合，满堂生辉。

纵观古代美食与美器的发展史，会发现器皿在饮食发展中扮演着极其重要的角色，美器与美食巧妙搭配，不仅能让美食锦上添花，而且能体现菜肴的艺术之美。肴以器美，美器与菜肴的美妙匹配，不仅在于器物本身的质、形、饰之美，更表现在它的组合之美。清代创制的烹饪用汽锅，不仅在造型构思上巧妙独特，而且在使用上能使原料成熟快，香味不易走失，并能保持原汁原味。现在，"汽锅鸡"已驰名国内外，并创制了"虫草汽锅鸡"、"人参汽锅鸡"、"黄芪汽锅鸡"等滋补药膳，成为食疗与养身的佳品。广西用竹筒制作的"竹筒饭"，不仅给人一种回归自然之感，更使原料的口味带有一种清新的青竹风味，增添了菜肴之美味。此外，用烧热的铁板配牛柳盛装的"铁板牛柳"，以笼作器、因笼成名的"粉蒸牛肉"等。不难看出，从古到今，我国在使用器具上已积累了很多经验。清代烹饪学家袁枚写的《随园食单》，就专列"器具须知"一节，他说："古语云：'美食不如美器'，斯语是也。"聪明的厨师常常能因时

而异，因人而异，因席而异，变换器具，给人以视觉上的美感。其中无不蕴含着历代劳动人民的聪明智慧和中国烹饪文化的博大精深，让人回味无穷。

目前，运用于餐桌上的餐饮器具正以"专业化、多元化、组合化"的新面孔亮相，为人们日常用餐增添新意和情趣。不仅碗、盆、碟、盘分工明细，"各自为政"，就连碗、盆也分出了汤盆、菜盆、翅盆……林林总总，不一而足。其实，饮食就像穿衣一样，既要考虑衣服本身的颜色、款式，也要讲究衣服与个人气质、相貌、肤色的搭配，而食物与器皿之间也存在这样一种关系。美食与美器的巧妙搭配，应追求器具用材、规格、花色等方面与菜肴的和谐统一，要充分考虑到器具与菜品的美学风格以及筵席主题的一致性，使其形成完美的统一体。美食与美器的搭配一般遵循下列几个规律。

一、菜肴与器皿在色彩纹饰上要和谐

在色彩上，没有对比会使人感到单调，但过分强烈的对比也会使人感到不和谐。美术家将红、黄、蓝称为原色；红与绿、黄与紫、橙与蓝称为对比色；红、橙、黄、赭是暖色；蓝、绿、青是冷色。因此，一般来说，冷菜和夏令菜宜用冷色食器；热菜、冬令菜和喜庆菜宜用暖色食器。但是要切忌"靠色"。如将绿色炒青蔬盛在绿色盘中，既显不出青蔬的仙绿，又埋没了盘上的纹饰美。如果改盛在白花盘中，便会产生清爽悦目的艺术效果。又如将嫩黄色的蛋羹盛在绿色的莲瓣碗中，色彩就格外清丽；盛在水晶碗里的八珍汤，汤色莹澈见底，透过碗腹，各色八珍清晰可辨。而对于"太湖银鱼"、"鸡茸蛋"等洁白如玉的菜肴配以奇花、红花瓷等色调稍深的盘碟，或带有色彩图案的器具，则能进一步体现菜肴的特色，给人以淡雅的色调效果，使人心情舒畅，增加食欲。对于"虾籽海参"、"五香爆鱼"等色泽较深的菜肴选用白色或浅色的盘碟，可以减轻菜肴的色暗程度，给人愉快的感觉；如果再用较深色的盘碟，就不会调和菜肴的色度，从而抑制人的食欲。

在纹饰上，食物的料形与器皿的图案要显得相得益彰。如果将炒肉丝放在纹理细密的花盘中，既给人以散乱之感，又显不出肉丝的自身美，反之，将肉丝盛在绿叶盘中，立时会使感到清心悦目。因此，器具上的图案和色彩应因菜制宜，应与菜肴相辅相成，相得益彰。

二、菜肴与器皿在形态上要和谐

中国菜品种繁多，形态各异，食器的形状也是千姿百态。对不同质地的菜点，应配以不同品种的器具，视菜肴质地的干湿程度、软硬情况、汤汁多少，配以适宜的平盘、汤盘、碗等，其不仅仅是为了审美，更重要的是为了便于食用。如平底盘是为爆炒菜而来，汤盘是为熘汁菜而来，椭圆盘是为整鱼菜而来，深斗池是为整只鸡鸭菜而来，莲花瓣海碗是为汤菜而来，等等。如果用盛汤菜的盘盛爆炒菜，便达不到美食与美器搭配和谐的效果。再者，菜肴与器具之间在品质、规格等方面要相称，不可以品质不一、差距过大。造型菜肴选料精、做工细、成本高，身价高于普通菜，盛装器具不仅宜大、宜精，而且要配套。高档酒席和名贵菜肴，要选配较高级的器具，如配一般的器具就会使酒席宴会的气氛和菜肴质量逊色，当然也不要奢华，要做到菜肴与器具和谐统一。

中国菜品种繁多，形态各异，故器具的形状也是千姿百态。可以说，在中国，有什么样的肴馔就有什么样的器具相配。因此，选用与菜肴适合的器具应根据菜肴的不同形状，运用"象形"、"会意"的手法，以取得相得益彰的效果。如有的筵席为提高宴会效果，采用几何形纹饰盘。这类盘以圆形、椭圆形、多边形为主，盘中的装饰纹样多沿盘器四周均匀、对称展开，有强烈的稳定感，有一种特殊的曲线美、节奏美和对称美。选用这类器具关键要紧扣"环形图案"这一特点，使菜肴与盘饰的形式、色彩浑然一体，巧妙自然，在统一中富有变化。再有现今流行的象形盘，这类器具是在模仿自然物的基础上设计而成的，以仿植物形、动物形、器物形为主，质地上除了采用瓷器、玻璃外，还采用木质、竹质、藤质甚至贝壳等天然材料，对于这些象形盘的使用，可依菜择盘，也可因盘设菜，总之就是要使菜点的形状与器具的形状相匹配，创造出和谐的艺术美。

三、菜肴与器皿在空间上要和谐

人们常说"量体裁衣"，用这样的方法做出的衣服才合体。食与器的搭配也是这个道理，菜肴的数量要和器皿的大小相称，才能有美的感官效果。汤汁漫至器缘的肴馔，不可能使人感到"秀色可餐"，只能给人以粗糙的感觉；肴馔量小，又会使人感到食缩于器心，干瘪乏色。一般来说，平底盘、汤盘（包括鱼盘）中有凹凸线食、器结合的"最佳线"——用盘盛菜时，以菜不漫

过此线为佳，用碗盛汤，则以八成满为宜。

四、菜肴掌故与器皿图案要和谐

中国名菜"贵妃鸡"盛在饰有仙女拂袖舞图案的莲花碗中，会使人很自然地联想到善舞的杨贵妃就醉百花亭的故事。"糖醋鱼"盛在饰有鲤鱼跳龙门图案的鱼盘中，会使人情趣盎然，食欲大增。因此要根据菜肴掌故选用图案与其内容相称的器皿。

五、一席菜食器上的搭配要和谐

一席菜的食器如果不是清一色的青花瓷，便是一色的白花瓷，其本身就失去了中国菜的丰富多彩的特色。因此，一席菜不但品种要多样，食器也要色彩缤纷。这样，佳肴耀目，美器生辉，蔚为壮观的席面美景便会呈现在眼前。餐具在运用、风格、艺术上都可以体现美。餐具材质也由陶、铜、金、银、漆器、玉、搪瓷，发展到现在盛行的不锈钢、高塑，真可谓异彩纷呈。但是没有哪一种质地的餐具能像瓷器那样使用广泛，生命力强。它不易吸水，清洁美观，外形雅致。无论居家还是经营餐厅，大都喜欢采用瓷器。

现在，大多数酒店对成型的菜肴一般都要进行点缀和围边，一是可使杂乱无章的菜肴变得整齐有序；二是使菜肴与盛器本身色彩协调，衬托菜肴之气氛，使人赏心悦目。所以在给菜肴搭配器具时就要考虑菜肴的点缀、围边将采用何种形式，是全部围上，还是部分点缀，要预留位子，以便对菜肴的美化。

总之，美食与美器的合理搭配，是一门艺术性和技术性较强的学问。美食离不开美器，美器需要美食相伴，要达到美食与美器的完美组合，其内在的奥妙还需我们不断实践和探讨。

第五节　外国饮食器具文化

西方进食的餐具主要是刀和叉，这与西方进餐以肉食为主有关。欧洲以畜牧业为主，主食是牛羊肉，用刀切割肉，送进口里，最为方便。

刀叉作为餐具使用时间较短，大概四五百年的历史。西方进食餐具最初只

用刀，早期的刀就是石刀或骨刀，掌握了炼铜技术以后，有了铜刀，铁器出现以后，才改用铁刀。刀用来宰杀、解剖、切割狩猎物或牛羊的肉，到了烧熟可食时，又兼作餐具，所以这时的刀并不是严格意义上的餐具。

15世纪前后，人们认为用刀把食物直接送进口里不雅观，改用叉叉住肉块送进口里显得优雅一些，这时才使用了双尖的叉。叉才是严格意义上的餐具，但叉必须与刀合起来使用，因为要先用刀切割在前，所以二者缺一不可。到17世纪末英国上流社会开始使用三尖的叉，到了18世纪才有了四个叉尖的叉子。

一、西方餐具

◎ 1. 叉子

在西方，进食用的叉子最早出现在11世纪的意大利塔斯卡地区，只有两个叉齿。当时的神职人员对叉子并无好评，他们认为人类只能用手去碰触上帝所赐予的食物，有钱的塔斯卡尼人创造餐具是受到撒旦的诱惑，是一种亵渎神灵的行为。意大利史料记载：一个威尼斯人在用叉子进餐后，数日内死去，其实很可能是感染瘟疫而死去；而神职人员则说，她是遭到天谴，警告大家不要用叉子吃东西。

12世纪，英格兰的坎特伯爵大主教把叉子介绍给盎格鲁—撒克逊王国的人民，据说，当时贵族们并不喜欢用叉子进餐，但却常常把叉子拿在手里，当作决斗的武器。对于14世纪的盎格鲁—撒克逊人来说，叉子仍只是舶来品，像爱德华一世就有7把用金、银打造成的叉子。

起初，叉子只是两个齿，而随着人们食物的不断丰富，这样的叉子已经无法撕扯开大块的肉，到了18世纪，法国出现了更大的带有四个齿的叉子，这样人们在进食的时候食物就不会轻易掉下来了。四个齿的刀叉一方面是由于其实际需要，一方面则是一种身份象征。18世纪法国因革命战争爆发，由于法国的贵族偏爱用四个叉齿的叉子进餐，这种"叉子的使用者"的隐含寓意，几乎可以和"与众不同"的意义画上等号。于是叉子变成了地位、奢侈、讲究的象征，随后逐渐变成必备的餐具。

19世纪早期，在德国和英国出现了多齿的叉子，很快这种叉子在美国受到了欢迎。叉子的装饰也和时代紧紧相扣，有的富装饰色彩、有的实用、有的简约。不仅作为人们的工具，还因其装饰程度不同规定了不同的人使用，这也反映了当时的社会等级制度和等级思想。

◎ **2. 餐刀**

西方餐具至今仍保留了刀子，由于很多食物在烹饪时都是切成大块的，食用者在食用时根据自己的意愿，再分切成大小不同的块。这一点与东方人特别是中国人在烹调开始前，将食物切成小块的肉丝、肉片等然后再进行加工的方法是有所区别的。

法国皇帝路易十三在位期间（1610~1643 年），深谙政治谋略的黎塞留大公不仅在使法国跻身于欧洲的主要强国之列做出了贡献，即便是对于一般的生活细节也很注意。当时餐刀的顶部并不是我们今天所熟悉的那样呈椭圆形状，而是具有锋利的刀尖。很多法国的官僚政要，在用餐之余把餐刀当牙签使用。黎塞留大公因而命令家中的仆人把餐刀的刀尖磨成椭圆形，不准客人当着他的面用餐刀剔牙，影响所及，法国也吹起了一阵将餐刀刀尖磨钝的旋风。

有趣的是，这种被去掉刀尖的餐刀在美国的餐桌文化中影响至深。18 世纪初，美国还很少有餐刀引入。后来引入到美国的刀具都是被削去了刀尖的。由于刚开始刀具在美国的使用并不是很广泛，而且被削去了尖，所以美国人不得不用勺子来代替刀子的某些功能。在切食物的时候他们要用勺子稳住正在切的东西，然后换另一只手来用勺子把食物送到嘴里。这种明显的美国式进食方式持续了很久，直到叉子成为人们使用广泛的工具之后。

◎ **3. 勺子**

勺子的材质多种多样，除了由贝壳和木头做成的之外，勺子的材料也曾采用过金属（如金、铁、铜等）。在公元前 1 世纪，罗马人发明了两种勺子，一种用来喝汤以及吃一些软质食物，它的头部比较浅，尾部有装饰性的设计；另一种设计很小，前面是碗状的头部，这种是用来吃贝类、蛋类食物的。

在中世纪，通常由木头制作而成的勺子由主人提供，贵族们通常拥有金质的勺子，但是其他的有钱人家只有银质的。然而，14 世纪初，铁质、铜质以及其他材料制成的勺子得到了普遍使用。合金材料的使用使得大部分家庭都能负担得起，并且加工制作更加便捷。那时，勺子或多或少地也成了身份的象征。而如今各种各样的勺子自然是数不胜数，带有各种装饰的勺子更是成为了艺术品。瓷质的勺子也得到推广和发展，人们不仅注重其使用性能，也逐渐地重视勺子的审美价值和健康卫生。新材料的诞生为人们的这些要求提供了很好的解决方案。

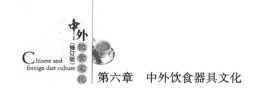

二、刀叉的使用

持刀叉的基本原则是右手持刀或汤匙，左手拿叉，用手轻握尾端，食指按在柄上。这里要特别注意，不要右手拿叉，而左手持刀或汤匙。另外，用刀叉吃东西时，应使用叉子将食物左边固定，再用刀子将食物切成一口的大小，然后用叉子蘸上调味料送入口中。

餐具刀、叉的数量应与菜的道数相等，并按上菜顺序由外向里排列，用餐时按顺序由外向中间排着用，依次是吃开胃菜用的、吃鱼用的、吃肉用的。所有的叉和匙都会朝上放置，所有的刀锋部分则都会向里放置。依照顺序用完餐后平行斜放在餐盘内。

刀叉使用时应注意刀口始终向内，如果吃到一半需暂时放下刀叉时，应将刀叉以八字形状放在餐盘上，表示还要继续吃。如果是吃完一道菜时，就应将餐具整齐地放在餐具中央到 4 点钟的方向，表示可以把餐盘拿走了。桌上前方横放的叉和匙是吃甜品的餐具，一定不要任意使用，必须依照上菜的顺序。

进餐时，一般都是左右手互相配合，即一刀一叉成双成对使用的。例外的是喝汤时，则只是把勺子放在右边——用右手持勺。

在一般的西餐厅和自助餐厅里，在桌子上摆放的刀叉，一般最多不超过三副。西餐厅会给你配置三副刀叉，刀叉有不同规格，按照用途不同而决定其尺寸的大小也有区别。吃肉时，不管是否要用刀切，都要使用大号的刀。吃沙拉、甜食或一些开胃小菜时，一般用较小号的叉与汤匙。喝汤时，要用大号汤匙。左边的小刀为牛油刀，专作涂抹面包之用，万万不能用其来切肉。但在专业的高级西餐厅或扒房里，对于三道菜以上的套餐，就需要在摆放的刀叉用完后随上菜再放置新的刀叉。由于有特别的讲究，扒房里用来切扒类的刀叉都是专用的，追求的是把扒类一刀切下去即完全分离的那份畅快淋漓的感觉。

思考题

1. 中国饮食器具的文化意蕴是什么？
2. 试阐述筷子与刀叉各自反映的文化特征。

第七章 | 世界饮食文化交流

第一节 中国各民族饮食文化交流

我国是一个统一的多民族国家。历史上，各民族人民之间的饮食交流，极大地丰富了各民族的饮食生活，形成了相互依存的关系，起到了互相促进的作用。

一、先秦时期

早在遥远的古代，中国各民族饮食方面的交流就非常频繁，匈奴等北方游牧民族和中原华夏民族有着密切的经济文化交流。匈奴人过着"逐水草迁徙"的游牧生活，食畜肉，饮湩酪，也吃粮食，而这些粮食大多来自中原地区。生活在中国东北部的古老民族东胡也是游牧民族，早在商代，东胡族就与商朝有过朝献纳贡的关系，到了春秋战国时期，燕国的"鱼、盐、枣、栗"素为东胡向往。

先秦时代民族间饮食交流的一个重要原因是民族大迁徙。究其原因，或因发生民族间的战争；或因统治阶级强迫迁移；或因自然环境的变化被迫离去；等等。迁徙之后，由于脱离了原来赖以生存的故土，到了新的生存环境中，经济生活发生了变化，饮食习俗也随之改变。丁零族是生活在中国北部和西北部地区的游牧民族，西汉时主要分布在今俄罗斯贝加尔湖以南地区。9世纪中叶，由于受到侵略而南迁，受到当地农耕民族饮食文化的影响，形成了以农业为主、又食肉饮酪的新型饮食结构，后渐渐与其他民族融合。

二、汉晋南北朝时期

中国封建社会发展到西汉，进入了鼎盛时期。建元三年（公元前 138 年），汉武帝多次派遣张骞出使西域各国，开辟了"丝绸之路"，为各民族间的文化交流创造了有利条件。西域的苜蓿、葡萄、石榴、核桃、蚕豆、黄瓜、芝麻、葱、蒜、芫荽、胡萝卜等果蔬，以及大宛、龟兹的葡萄酒先后传入内地，大大丰富了汉族地区的饮食生活。

在民族大融合时期，饮食文化的交流更加频繁，影响更为深远。一方面是北方游牧民族的甜乳、酸乳、干酪、漉酪和酥等食品相继传入中原；另一方面，汉族的肴馔和烹饪技术也被这些民族引进。如北魏孝文帝实行鲜卑汉化措施以后，匈奴、鲜卑和乌桓等民族将先进的汉族烹饪和饮食制作技术应用到本民族传统的食品烹制当中。馓子、粉饼等本为汉族的传统食品，亦为鲜卑等民族喜食。同样，鲜卑等游牧民族的乳酪和肉食也渐渐为汉族人民接受并食用。

三、隋唐至宋时期

隋唐时期，汉族和各民族的饮食交流又有了新的发展。唐初，高昌国的马乳葡萄及酿酒法引入长安，唐太宗李世民亲自监制，酿出了 8 种色泽的葡萄酒，"芳辛酷烈，味兼缇盎。既颁赐群臣，京师始识其味"。

唐朝与吐蕃亦有着密切的联系。据史料记载，唐太宗时文成公主下嫁松赞干布，唐中宗时金城公主嫁给吐蕃赞普尺带珠丹，从而唐与吐蕃"同为一家"。"公主（文成公主）到了康地的白马乡，垦田种植，安设水磨……公主使乳变奶酪，从乳取酥油，制成甜食品。"后唐朝使者到达吐蕃，见当地"馔味酒器……略与汉同"。唐代饮茶之风也传入吐蕃，酥油茶就是将藏族的酥油和汉族的茶叶合熬而成的。

宋、辽、西夏、金是我国继南北朝、五代之后的第三次民族大交融时期。契丹族本是鲜卑族的一支，他们以猎畜、猎禽、捕鱼和农业生产为生。牛、羊、鹿、鱼、黍稷、瓜豆等是契丹人的主要食物。契丹人进入中原后，宋、辽之间往来频繁，在汉族先进的饮食文化影响下，契丹人的食品日益丰富、精美起来。汉族的岁时节令在契丹境内一如宋地，节令食品中的年糕、粽子等也如宋式。到了元代，蒙古族统治者把契丹和华北的汉人统称"汉人"。

西夏是我国西北部党项人建立的一个多民族王国，公元 1044 年与北宋和

中外饮食文化

约后，在汉族饮食的影响下，西夏人的饮食逐渐多样化。肉食品和乳制品有肉、乳、酪、酥油茶；面食为花饼、干饼、肉饼等，如上所述，干饼、花饼为汉族传统食品。

四、元明清时期

公元1279年，忽必烈完成统一大业，增进了各民族的饮食交流。岭北蒙古地区的风味饮食醍醐、麆沆、野驼蹄、鹿唇、驼乳糜、天鹅炙、紫玉浆、玄玉浆传入内地后，在元代被誉为"八珍"。而汉族的烧鸭、芙蓉鸡、饺子、包子、面条等食物也为蒙古族的人民所喜食。

明朝时，汉族和女真、回族等民族的饮食交流空前活跃。如明代北京的节令食品中，正月的冷片羊肉、乳饼、奶皮、乳窝卷、炙羊肉、浑酒；四月的白煮猪肉、包儿饭、冰水酪；十月的酥糕、牛乳、奶窝；十二月的烩羊头、清蒸牛乳白等，均是回族、女真等民族的风味菜肴以汉法烹制而成。这些菜名已没有标明民族属性的文字，说明已经成为各民族共同的食品。

到了清代，汉族佳肴美点融进了满族、回族的食品中，而满族、蒙古族、回族等民族食品也融进了汉族的食品中，这是各民族饮食交流的一个特点。奶皮元宵、奶子粽、奶子月饼、奶皮花糕、蒙古果子、蒙古肉饼、回疆烤包子、东坡羊肉等是汉族食品民族化的生动体现，反映了满、蒙、维、回等民族为使汉族食品适合本民族的饮食习惯所做的改进。满族的萨其马、排叉；回族小吃豌豆黄；壮族名食荷叶包饭等发展成为名菜、名点广为流传。汉族传统食品白斩鸡、酿豆腐、馓子、麻花、饺子等也成为部分民族的节日佳肴。

第二节 中外饮食文化交流

饮食文化交流一般是指自文明史后不同地域、不同族群间的饮食文化的互通的过程与历史。回顾中华民族文明史，无论是处于统一还是分裂的政治状态中，与周边民族或异国的交往都是受到欢迎，并被积极接纳的。数千年间，这种不同人群、不同方式的持续交流，使得中华民族在不断丰富其他民族饮食文化的同时，也使自己的饮食生活更加多姿多彩，当然使得世界饮食文明更加丰富灿烂。

一、丝绸之路上的饮食文化交流

丝绸之路的开辟，从根本上改变了既往人类文明发展的走向，它是世界交通史上最为壮观并具有永恒魅力的印记。张骞（公元前164～公元前114），汉中成固（今陕西城固东）人，建元二年（公元前139年）奉汉武帝相约大月氏夹攻匈奴的政治之命出使西域。他从陕西（今甘肃陇西县）出发，越过葱岭，亲历大月氏（今阿富汗）、大宛（今吉尔吉斯）、康居（今乌兹别克、哈萨克）和大夏（今阿富汗北部）等中亚诸国，历时11年，于元朔三年（公元前126年）返回。元狩四年（公元前119年），张骞又奉命率300多人的使团，驱赶着"以万数"的牛羊、丝绸及金银之物出使乌孙，并在乌孙分遣副使数十人至大宛、康居、大夏、大月氏、安息（今伊朗）、身（yuan）毒、于阗（今新疆和田）、扜宷（今新疆于田）等国，张骞完成使命后偕同乌孙使者回到长安，分遣至各国的使者也相继回国。当时由中国通向西域的道路主要有天山北路和天山南路，中国丝绸从这里源源流向埃及、希腊和罗马等国，"丝绸之路"由此得名。西方的葡萄、苜蓿、石榴、胡瓜、胡桃、胡麻、胡豆、胡蒜等，随同汉王朝使者的归来和域外饮食文化持有者的到来也进入了中国。"汉使取其（葡萄、苜蓿等之）实来，于是天子始种苜蓿、蒲陶肥饶地。及天马多，外国使来众，则离宫别旁尽种蒲陶、苜蓿极望"——这是当时盛况的生动描写。张骞还带回了沿途的人文地理、经济政治等方面的信息，各国各地区人们食生产、食生活、食风俗等饮食文化内容是人们极为关注的：大宛"其俗土著，耕田，田稻麦。有蒲陶酒，多善马……（乌孙）行国（不定居），随畜，与匈奴同俗。"康居，"行国，与月氏大同俗。"奄蔡，"行国，与康居大同俗。"大月氏，"行国也，随畜移徙，与匈奴同俗。"安息"其俗土著，耕田，田稻麦，蒲陶酒"。条支，"耕田，田稻。"大夏，"其俗土著，有城屋，与大宛同俗。""宛左右以蒲陶为酒，富人藏酒至万余石，久者数十岁不败。俗嗜酒，马嗜苜蓿。"此外，外国客更是异域饮食文化的承载者，他们带来了异域饮食习尚、心理与观念，而在他们返回故国时则又充当了汉文化传播者的角色。汉武帝奉行隆礼来远政策，"乃悉从外国客，大都多人则过之，散财帛以赏赐，厚具以饶给之，以览示汉富厚焉。于是大角抵、出奇戏诸怪物，多聚观者，行赏赐，酒池肉林，令外国客遍观各仓库府藏之积，见汉之广大，倾骇之。"汉武帝来远、优远外交政策方面可谓是恢宏大度、精细周到，达到历史的极至。

二、求法过程中的饮食文化交流

自释教于两汉之际进入中土，其后自南北朝至宋为隆盛，这一历史文化主脉约维系了 2000 年之久。在这一漫长的历史中，印度等地弘法者来华，中国求法者西去和传法者东行，域外求法者前来中国，献身佛教的无数释子不断交流、融合，中外饮食文化也因之浸润扩散、息息不绝。

在众多的西行求法者队伍中，最著名的当然是玄奘了。玄奘，俗名陈祎，河南缑县游仙乡（今河南偃师市南）人。受从天竺来到长安的天竺佛教权威学者那烂陀寺戒法师之徒、印度学者波顿密多罗（意智光）的启示，于是决定"誓游西方，以问所惑，并取《十七地论》，以释众疑"，于唐太宗贞观三年（629 年）从长安出发，历尽艰辛，经过了西域一带 20 多个国家之后，到了天竺。玄奘在天竺留居 15 年，漫游了北、中、东、南、西五天竺，取经和弘法都得到了巨大成功。公元 643 年，玄奘由钵罗耶伽（今印度阿拉哈巴德）动身回国。他途经阿富汗、帕米尔南缘，沿喷赤河而上，经疏勒（今新疆疏勒）、于阗（今新疆和田）、鄯善（今新疆若羌）、敦煌（今甘肃敦煌）、瓜州（今甘肃安西县南），历时两年，于贞观十九年（645 年）正月二十四日到达长安。回国后，他应太宗皇帝要求，将其在外游历见闻撰成（弟子辩机录其口述《西域记》）十二卷，此即著名的《大唐西域记》。因玄奘"在西域十七年，经百余国，悉解其国之语，仍采其山川谣俗，土地所有"，故该书是距今 15 个世纪前"西域"文化和中外饮食文化交流史上弥足珍贵的文献。如书中记述阿耆尼国：境内"泉流交带，引水为田。土宜糜、黍、宿麦、香枣、蒲萄、梨、柰诸果。气序和畅，风俗质直，……戒行律仪，洁清勤励，然食三净。""三净"是指小乘佛教戒律中所说的三种净肉：不见其为我杀者，不闻其为我杀者，无我杀之疑者。"这三种净肉"对佛教徒并不禁止，是原始佛教的习惯。关于印度物产有专节记述，记有芒果等十几种珍异果树。关于"菩萨鹿王"故事的记述，表明印度曾有"国王畋原泽"、行"割鲜之膳"的饮食文化历史。

鉴真东渡日本是中日饮食文化史上具有十分重要历史意义的大事。鉴真（688－763 年），俗姓淳于，扬州江阳县（今江苏扬州）人。中国唐朝僧人，律宗南山宗传人，日本佛教律宗开山祖师，著名医学家。日本人民称鉴真为"天平之甍"，意为他的成就足以代表天平时代文化的屋脊（意为高峰）。晚年受日僧礼请，东渡传律，履险犯难，双目失明，终抵奈良。在传播佛教与盛唐

240

文化上，有很大的历史功绩。每次东渡，鉴真一行都会准备足够的食物：粮食、饼饵、菜蔬、鲜果、干果、腌菜、盐、酱以及烹调工具和饮食器具等。唐朝僧人的饮食习惯、饮食文化也随之传入了日本。据说，至今日本做豆腐的方法就是鉴真和尚从中国传入日本的。

三、贡使和商人：中外饮食文化交流史上的使者

自张骞出使西域成功之后，域外邦国的"朝"、"贡"使者便络绎不绝。历代史家以大国心态自居，将一切来访者称为"贡使"。所谓"贡使"，其实多为商人。他们一般是获得了某种官方凭信的商人。有了凭信，他们不仅获得了入境权，中方还会提供一切免费的奢华优待、厚重的赐礼等。而当他们返回故土的时候，往往满载着中国的丝绸、瓷器、茶、药、烹调器具、食物等，其中也有一些植物的种子。

唐朝是中国封建制历史上政治、文化、经济发展的一座高峰，也是中外历史文化交流极为频繁的时期。日本的遣唐使可谓一个典型的事例。至今，我们仍可以从日本民族的饮食习惯中看到中华饮食文化圈的影响所在。从唐代到明代的"唐"式食品以及当代的中华料理，已成为日本三大食风之一。

四、"郑和下西洋"与中外饮食文化交流

郑和出生于明洪武四年（1371 年），原名马三宝。洪武十三年（1381 年）冬，明朝军队进攻云南。马三保被掳入明营，被阉割成太监，之后进入朱棣的燕王府。在靖难之变中，马三保在河北郑州（在今河北任丘北）为燕王朱棣立下战功。永乐二年（1404 年），明成祖朱棣认为马姓不能登三宝殿，因此在南京御书"郑"字赐马三保郑姓，改名为和，任为内官监太监，官至四品，地位仅次于司礼监。宣德六年（1431 年），钦封郑和为三保太监。历史以"郑和下西洋"为题永久记录了中国第一位伟大的航海家和世界航海史上的这位先驱。

早在洪武七年（1374 年），明朝即派出使臣"赐文绮、陶铁器，且以陶器七万、铁器千就其国市马……其国不贵纨绮，惟贵瓷器、铁釜，自是赏赉多用诸物"。这些国家得到大量的好处，因而皆希望"入贡"。而明王朝亦慷慨赏赐各国使节中国的绫罗绸缎、金银器皿以及各类食品。

五、传教士：沟通中西饮食文化的桥梁

16 世纪中期以后，西方文化以天主教传教士为媒体相继进入中国。此后直至 20 世纪前期，3 个多世纪的时间里，他们极大地影响了中国社会的政治和生活。他们自觉或不自觉地传播西方饮食文化和近现代饮食文明，并起到了不容低估的启蒙、补益中国传统饮食文化的积极作用。尤其值得一提的是，为对儒汉东方文化实施"基督"教化，传教士的遴选是非常严格的，一般都是宗教感情和信念笃深又学识渊博、性格修身皆优秀的人。他们潜心研究中国文化，努力认识、适应中国文化，不失时机地推动西方文化在中国的影响与传播，同时向西方介绍中国。他们在中国长期生活，直接认识中国饮食生活，并将自身的饮食生活习惯、观念、知识等展示给中国。

John Fryer（傅兰雅，1839～1928 年），出生于英格兰海德镇，近代在中国办报的英国传教士、学者，中文报纸《上海新报》主编，后加入美国国籍。清政府曾授予三品官衔和勋章。独译或合译西方书籍 129 部，是在华外国人中翻译西方书籍最多的一人。他的父亲也是传教士，少年时代的傅兰雅便萌生了研究中国的决心。为此傅兰雅的母亲常按她的理解做中国饭，以便从饮食做先期适应的准备。

传教士不仅给中国带来了西方饮食文化的文明和习尚，传来了西方饮食文化的理论和知识，而且许多具体食品品种及制作工艺也被中国人掌握。明末来华的汤若望在自己的京中寓所曾用模焙鸡蛋饼款待华人僚友，后被中国仕宦阶层所雅慕，效法流传。至清中叶时，仍有官府家厨用为延宾点心，号称"西洋饼"。清咸丰二年（1852 年）来华的美国传教士高丕弟的夫人办学传授西方文化，于同治五年（1866 年）编写出版《造洋饭书》，书中介绍了 200 多种西菜、西点的制法。

六、华侨：向世界传播中华饮食文化的群体

中国历史上海外移民的现象一直存在着，华侨遍布世界各地，他们成了中华饮食文化向海外传播的群体力量。不同历史时期和不同人群的外移基本是迫于战乱、自然或社会灾难等原因，是生计艰难所致，而且外移者大多是社会下层的普通老百姓。由于这类人长期受到中国传统的小农自然经济和宗法制度的影响，他们多聚居，声气呼应、联系紧密；而且大都以低微的体力劳动谋生。前者决定了群体故土文化的维系，延长了其飘散的历史过程；后者则决定了许

多人以经营中华餐馆为谋生手段。对于移居的中国人来说，开餐馆是最易于从事的职业，所需的技艺简易、成本低廉、劳动密集（一般是家庭经营）。而且中华肴馔的独特魅力对世界各地的人们具有普遍而强烈的异文化吸引力。

南宋末年时，东南亚一带的中国移民已成规模。其中，商人占了相当大的比重。"中国贾人至者，待以宾馆，饮食丰洁。"其饮食用料主要有：谷类——稻、麻、粟、豆等；肉类——鸡、鸭、山羊、牛、鱼等；果实类——木瓜、椰子、蔗、芋、槟榔等；香料类——沉檀香、茴香、胡椒、红花、苏木等；酒类：基本以槟榔、椰子等酿成。

清朝中叶后期至民国的100多年间，部分中国人远涉重洋，到世界各地去谋求新的发展。一些国家的"唐人街"、"中华街"，正是华侨社会性聚居的真实写照。他们在新的土地上保持着故土的文化，展示和传播着中华文化，并逐渐渗入当地的主体文化。正是他们使世界直接、真切地认识和感受到了中国饮食文化的魅力。

以美国为例，80多万的华人里有13%从事中式餐饮业，纽约一地就有中国餐馆1000多家。华人移民美国的高潮始于19世纪后期，受到西方文化影响最早并有较强的闯荡精神的广东、福建等东南沿海地区的劳苦民众，纷纷越海赴美求生。因此，唐人街的餐馆较多地保留了广东菜式，唐人街以外的中国餐馆则是顺应了美国人的饮食习惯，成为"美国式的华夏饮食文化"，为美国人接受并喜爱。20世纪70年代开始，华人出于"淘金"、求学、闯世界等多种原因涌向海外，成为又一次移民的高峰。他们同样也成为中国饮食文化的海外承续和传播者。根据2006年的调查报告显示，目前超过半数的海外华人依然在从事餐饮及相关行业。

第三节　饮食文化交流的例证

一、番茄

据说番茄的老家在秘鲁和墨西哥，原本是一种生长在森林里的野生浆果。当地人认为番茄是有毒的果子，因而称之为"狼桃"，只用来观赏，无人敢吃。后来，在1554年前后，英国有个名叫俄罗达拉里的公爵到南美洲游历，

第一次见到番茄，被这种色彩艳丽、形态美妙的果子深深吸引，于是就把它带回了英国，并作为稀世珍品献给他的情人伊丽莎白女王，以示对爱情的忠贞，并将其种植在御花园中。因此，番茄作为观赏植物，便有了"爱情果"的美名。虽然有了这么美的名字，依然在很长一段时间没有人敢食用。因为番茄与有毒的颠茄有很近的亲缘关系。

最早吃番茄的人，据说是一位名叫罗伯特的人。1830 年，他从欧洲带回几棵番茄苗，栽种在他的家乡新泽西州萨伦镇的土地上。但是，番茄成熟后，却一个也卖不出去，因为人们把它看作有毒的果实。罗伯特不得不大胆向全镇人宣布：他将当众吃下 10 个番茄，看看它究竟是不是有毒。结果，罗伯特的行动证明了番茄没有毒。

番茄是明代时传入中国的，很长时间作为观赏性植物。书于 1621 年的《群芳谱》载："番柿，一名六月柿，茎如蒿，高四五尺，叶如艾，花似榴，一枝结五实或三四实，一数二三十实。缚作架，最堪观。来自西番，故名。"

二、土豆

土豆的原产地在南美洲中央安第斯山脉附近。印第安人在公元 6 世纪左右开始栽培这种植物。1540 年，西班牙人贝多罗将土豆带回西班牙，这是历史上土豆首次进入欧洲的记录。最初，由于土豆吃起来有浓浓的土腥味，并没有被端上餐桌，而是被西班牙人当作观赏植物，后由意大利传入法国、德国等地。而英国人是 1586 年从中美洲直接引进的。

后来，由于土豆适宜贫瘠的土地种植，且耐寒、易储存，渐渐地被部分欧洲农民当作越冬食物。再加上欧洲各国出现战争，爆发严重饥荒，农民发现土豆是度过荒年的最佳食物。数百万人因为吃了土豆才没有被饿死。随着食用者的增多，很快，人们就发明了各种各样令土豆变得美味的烹饪方法，于是，土豆被堂堂正正地端上了餐桌，并成为人们喜爱吃的食物之一。

17 世纪时，土豆已经传播到中国，由于土豆非常适合在粮食产量低的地区生长，所以很快在内蒙古、河北、山西、陕西等北部省份普及，土豆成为贫苦阶层的主要食品，对维持中国人口的迅速增加起到了重要作用。

三、豆腐

据五代谢绰《宋拾遗录》载："豆腐之术，三代前后未闻。此物至汉淮南

王亦始传其术于世。"南宋理学家朱熹也曾在《素食诗》中写道:"种豆豆苗稀,力竭心已腐;早知淮南术,安坐获泉布。"诗末自注:"世传豆腐本为淮南王术。"淮南王刘安,是西汉高祖刘邦之孙,刘安雅好道学,欲求长生不老之术,不惜重金广招方术之士,却在一次无意之中创制出了白而嫩的东西。当地胆大农夫取而食之,竟然美味可口,于是取名"豆腐"。刘安从而成为豆腐的老祖宗。

宋明以后,豆腐文化更加广为流传,许多文人名士也走进传播者的行列。北宋大文豪苏东坡善食豆腐,他在出任杭州知府期间,曾亲自动手制作东坡豆腐。到了明代,很多医书都介绍了豆腐在医学上的种种用法。有趣的是清代大臣宋荦记载了关于康熙皇帝与豆腐的一段故事。时值康熙南巡苏州,皇帝新赐大臣的不是金玉奇玩,而是颇具人情味、乡土气息的豆腐菜。

豆腐传入日本是在唐代。天宝十二年(757年),鉴真东渡日本,带去了豆腐制作方法。日本人吃豆腐的习惯与中国不太一样,一般不用油盐,吃的是豆腐的清淡本味。至今日本许多豆腐菜谱直接采用汉名。如"元月夫妻豆腐"、"二月理宝豆腐"、"三月炸丸豆腐"、"四月烤串豆腐"、"五月团鱼豆腐",等等,这种选择性变化被称为"豆腐历"。

继日本之后,朝鲜、泰国、马来西亚、新加坡、印度尼西亚、菲律宾等周边国家也从中国学到了豆腐制作技艺。随着大批华人外行,中国豆腐走到了西欧、北美。

20世纪80年代以来兴起一股引人瞩目的"豆腐热",高蛋白、低脂肪、低胆固醇的豆腐食品越来越受到世界人民的喜爱,成为科学界一致推崇的美味营养的保健佳品。

第四节 中西饮食文化之比较

一个国家、一个地区的饮食文化往往是这个国家和地区文化的缩影。虽然饮食文化在西方不够发达,不能典型反映其文化的特点,但这种不发达本身也是一种文化发展的结果,所以对中西饮食文化的具体比较仍有意义,有助于跨越文化鸿沟,有助于世界性的文化融合。

一、饮食观念上的差异

中国人的饮食是一种体验性饮食和感受性饮食，体验是以感受为基础的，而感受又是通过感官的体验来实现的。感官的感受特别是人的味觉，满足了人最重要的本能的自然需求，因而带给人一种巨大的充实感和无穷无尽的快乐。因此，中国人在饮食时，注重的不是食物的营养而是食物的口感和进餐时的精神享受，整个饮食活动表现出深刻的体验性和感受性。人们在进餐时，追求一种难以言传的"意境"，即通常所说的"色、香、味、形、器"。人们多从味觉、视觉、嗅觉、触觉等方面直观地把握饮食文化，而不论营养是过度，还是不足，也不论食物的各种营养成分是否搭配得当，只要口味好、色彩美、造型佳，便乐意享受。现代生活中，人们在品尝菜肴时，往往会说这盘菜"好吃"，那道菜"不好吃"；然而若要进一步问什么叫"好吃"，为什么"好吃"，"好吃"在哪里，恐怕就很难说得清楚了。

体验性和感受性表现特别明显的例证之一是中国饮食文化特别重视对于"味"与"和"的追求。中国文化的审美意识最初起源于人的味觉器官，这从"美"字的本义可以看出。《说文》中的"美"字从"羊"从"大"，其本义为"甘"，也就是说中国人最初的美意识源于"甘"这样的味觉感受性。而"甘"字主要是指适合人的口味，所谓"羊大"，是指肥大的羊的肉对人们来说是"甘"的。所以"甘"给人以味觉上美的感受性，可见中国人最原初的美意识，起源于"肥羊肉的味甘"这种古代人们味觉的感受性。孙中山在阐明烹调与文明的关系时，也着重强调了"味"。他说："烹调之术本于文明而生，非深孕乎文明之种族，则辨味不精。辨味不精，则烹调之术不妙。中国烹调之妙，亦足表明进货之深也。"而美味的产生在于调和，最终要使食物的本味、配料和辅料的味道、加热以后的味道以及调料的调和味道，交织融合协调在一起，使之互相补充、渗透、水乳交融。如中国人熬制鸡汤、鱼汤，做熟之后，调料的味道和鸡、鱼的醇厚之味很好地融合在一起。

西方人的饮食重认识、重功利、讲究科学性、充满理智性。他们强调饮食的营养价值，注重食物所含的蛋白质、脂肪、热量和维生素等的含量，而对食物的色、香、味、形等倒并不注重。即使口味千篇一律甚至比起中国的美味佳肴来说，简直单调得如同嚼蜡，但理智告诉他：这种食用方法最有营养，所以一定要吃下去。在西方的宴席上，可以讲究餐具，讲究用料，讲究服务，讲究菜之原料的形、色方面的搭配；但不管怎么豪华高档，牛排都只有一种味道，

毫无艺术可言。而且作为菜肴，鸡就是鸡，牛排就是牛排，纵然有搭配，那也是在盘中进行的，一盘"法式羊排"，一边放土豆泥，旁边放着羊排，另一边配煮青豆，加几片番茄便成；一道"红焖鸡"做好后放几块在盘子一边，其他几处再放黄油炒面条、煮青豆、炸土豆条、红菜头丝和生菜叶，再加两枚刻鸡蛋花（熟鸡蛋刻上花纹），各占一方。色彩上对比鲜明，但在滋味上各种原料互不相干、调和，各是各的味道，简单明了。

二、饮食方式上的差异

在饮食方式上，吃中餐时，无论是什么样的宴席，不管是什么目的，都只会有一种形式，就是大家都围坐在餐桌旁，厨师做好饭菜以后，将所有的饭菜都置于餐桌中央，大家根据各自的喜好自行选取相应的饭菜，即各取所需。它既是一桌人享用的对象，又是大家交流感情的媒介。然而，在吃西餐时，主人将食物一一陈列出来，大家各取所需，不必固定在位子上吃，走动自由，这样做，吃是一个目的，但主要还是为了社交的需要，这种方式便于个人之间的感情交流，不必将所有的话摆在桌面上，也表现了西方人对个性、对自我的尊重。此外，中餐讲究丰盛，品种多样，从主菜到汤，到甜点，到水果，可谓琳琅满目，且对上餐次序也非常讲究。而西方人在宴客时，则是以牛、羊、猪排等为主食，餐后甜品以甜为主，种类有煮烩类、炸制类、酥皮类、布丁类、冰糕类。

在入席以后的用餐顺序上，中西方也有差异。传统中餐的上菜顺序是：先上冷菜、饮料和酒，然后再上小炒，最后上鱼、肉等烧制时间较长的菜，待吃到一定程度的时候，上主食，最后上甜点和水果。西餐桌上，冷菜最先上，也称为开胃小菜，一般有冷盘和热盘的区别，作为第一道菜，一般与开胃酒并用。汤是西餐中的第二道菜。汤有清汤、奶油汤以及浓汤三种，冷菜和汤同时就着面包吃。喝过汤之后，上热菜。热菜是西餐的主要部分，接下来是甜点，西餐的甜点基本上可以分为四种，即冰激凌类、烩水果类、布丁类和干点。然后是咖啡或者红茶，饮咖啡一般要放糖和奶油。至于水果，不是必需品，可上可不上。

在食用餐方面，中西差异就更为明显了。中国人包括亚洲一些国家，使用的是筷子、汤匙，吃饭用碗盛。而西方人则是盘子盛食物，用刀叉即切即吃，喝汤也有专门的汤匙。筷子和刀叉作为最具代表性的两种餐具，代表着两种不同的智慧，不仅仅是带来了进食习惯的差异，也影响了东西方两种不同的生活

方式，更重要的是影响了东西方人的生活观念。

三、饮食对象上的差异

从"食"的角度来看，中国人的主食以谷类及其制品如面食为主，副食则以蔬菜为主，辅以肉类。据西方植物学者的调查，中国人吃的蔬菜有600多种，比西方多6倍。实际上，在中国传统菜肴里，素菜是平常食品，荤菜只有在节假日或生活水平较高时，才进入平常的饮食结构，所以自古便有"菜食"之说，菜食在平常的饮食结构中占据着主导地位。现如今，人民生活水平提高了，肉食在日常生活中也变得更加平常，但是以蔬菜为主导的意识仍植根于人们的观念中。西方人的主食以肉类、奶类为主，他们秉承着游牧民族、航海民族的文化血统，以渔猎、养殖为主，以采集、种植为辅，荤食较多，吃、穿、用都取之于动物，连西药也是从动物身上摄取提炼而成的，奶类食品也大都是取之于动物。

从"饮"的角度来看也是如此。中国人习惯饮茶，茶的性味平和，需要通过细品方能领略个中真味，悠远绵长，与植物性格相合。而西方人则喜欢酒、咖啡等具有刺激性的饮料，尤其是酒，有着水样的外形，火样的性格，具有较强的刺激性，会使人神经兴奋进而麻痹，西方有许多以浓烈为特点的著名的酒；咖啡则以苦、醇、香而著称，饮后会使人兴奋，后力很足；茶类也多是红茶、奶茶等，口味比较重，总的来讲是比较热情奔放的。

从原料选用的角度来看。西人认为菜肴是充饥的，所以专吃大块肉、整块鸡等"硬菜"，而中国的菜肴是"吃味"的，所以中国烹调用料上也显出极大的随意性。许多西方人视为弃物的东西，在中国都是极好的原料，西方人不吃动物内脏，这在中国是难以理解的；西方人因鸡脚食之无肉，故将其与鸡骨、鸡毛视为同列而弃之，而在中国，鸡脚则为鸡身上相当贵重的部位，美其曰"凤爪"。西餐、日餐吃鱼、吃鸡，大都要去头、尾，去皮，动物内脏一概摒除。而中国厨师，用鸭掌可以做"金鱼鸭掌"，用鱼头可以做"砂锅炖鱼头"，用猪肠可以做"九转大肠"，用猪脚可以做"白云猪手"，连猪心上的血管，也可做"烩管廷"。平常的原料，外国厨师无法处理的东西，一到中国厨师手里就可以化腐朽为神奇，足见中国饮食在用料方面的随意性之广博。有的外国人认为，中国人因为一向很穷，吃不起肉，所以连肠、肚、肝、肺等内脏和头、脚等一齐都吃。这显然是对中国饮食文化的无知，才会产生如此令人啼笑皆非的想法。

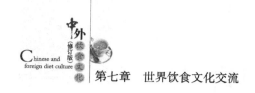
四、饮食文化特征的差异

中西方文化的根本差异在于对人与自然的关系问题上的看法，中国文化重视人与自然、与社会的和谐统一。这种"天人合一"的"中坚思想"，成为中国文化发展的根基，始终贯穿中国文化的发展过程之中。而天人相分作为西方传统文化的"中坚思想"，贯穿西方思想史，成为西方文化发展的根基。可以说，天人合一与天人相分的区别，是中西文化差异中最根本、最核心的差异。中西方这两种不同的文化，同样也影响到各自的饮食文化。天人合一思想指导下的中国饮食观是体验性的，并且注重调和性，而天人分离思想指导下的西方饮食观是理智性的，强调的是个性。

天人合一的思想不但要求人与自然的统一，还要求人与人、人与社会之间的和谐统一，反映在饮食上就是注重调和。中国人认为只有不同的东西综合起来才能形成美，于是在烹饪上就形成了以和为美的观念，反映在饮食观念上就是五味调和。它重视菜肴的整体风格，强调通过对不同食物原料的烹饪调制，使烹饪过程中的各种味道调和在一起，创造出新的综合性的美味，达到中国人认为的饮食之美的最佳境界——"和"，以满足人的生理和心理的双重需要。中国人饮食不但注重"味"的"和"，而且注重"色"、"香"、"形"、"质"等诸多要素的"和"。如通过食物的本色、采用不同食物来配色、加入佐料来润色等手段实现食物的颜色之和。在调和观念指导下烹制出来的成品，整体虽然流光溢彩、秀色可餐，但是每种食料的个性和本色几乎都被淹没了，这与中国文化注重群体认同、贬抑个性、讲平均、重中和的中庸之道是相通的。

西方个性突出的饮食观念则是从天人相分与形式结构出发，注重个体特色，强调通过对食物原料的制作加工，保持和突出各种原料的个性，创造出西方人心目中饮食的最佳境界——"独"，同时满足人的生理需要。西方人的菜肴往往是通过主菜、配菜和调料分别烹制、组装而来的，这与中国菜肴的烹制有着天壤之别。不但如此，西方人在加工制作菜肴的过程中，还会根据食料的种类、性状、质地等不同而使用不同的炊事工具。西方人进餐时和中国人也有不同，中国人进餐用筷子，而西方人用刀叉。这些都表明和体现了西方人在人际关系上既保持个性独立，又不失对他人的尊重，人与人之间从而构成了一种相对宽松、自由平等的关系。

思考题

1. 中华民族饮食文化交流的主要方式有哪些?
2. 中外饮食文化交流的途径有哪些?
3. 中西饮食文化之间有什么差异?